作者简介

李红 工学博士，博士后，教授。国家级白酒评酒委员，国家一级品酒师，国家高级酿酒师。中国食品发酵工业研究院酿酒与传统发酵部副主任，中央企业青年岗位能手，钱江特聘专家，珠江科技新星，徐州"双创"人才，德国慕尼黑工业大学（TUM）访问学者，曾在英国 Bri（英国酿酒研究国际）从事研究工作。

近年来主持多项国家项目和企业横向项目，项目围绕酿酒企业关心的问题开展，解决科学问题，进行技术开发转化工作，多个课题取得一定的理论突破，技术成果在企业实现应用。

在国内外学术期刊发表论文 100 多篇，SCI 论文十几篇，获奖论文十几篇，获国家发明专利十余项，取得科技成果十余项，其中，国际领先水平六项，八项达到国际先进水平，获省部级科学技术进步奖十余项。

创建了"天龙八部"白酒知识体系、"六脉神鉴"白酒感官品评体系、"独孤九鉴"白酒酒体设计体系、"六道轮回"白酒真实性鉴定技术体系、"食全酒美"美食美酒搭配理论。

笑傲白酒江湖之宝典

秦含章

白酒泰斗秦含章先生为本书题写的书名

序言

中国酒业协会理事长
王延才

中国白酒源远流长，至今已有上千年的历史，但是中国白酒还有很多未解之谜，需要科研人员不断地探索和研究。中国白酒产业虽然很大，但是现代化程度还不高，还需要全行业继续努力。白酒是中国独有的酒种，可直接借鉴的国外研究成果不多，中国白酒的发展还需要中国的科研人员自己去研究，去总结。白酒是消费品，在中国有几亿的消费者，白酒的科研成果还需要向大众进行传播，使广大消费者真正了解中国白酒，做到科学认知，理性消费，这也是促进中国白酒产业健康发展的关键。

李红博士是我们中国酒业协会的白酒国家评委，他根据白酒品评的特点，前几年，在行业里提出了白酒的"六脉神鉴"品评体系，并在国家品酒师职业资格鉴定培训中使用，反响良好。白酒的品评是利用人的视觉、嗅觉、味觉等来鉴别白酒质量优劣的一门检测技术。它既是判断酒质优劣的主要依据，又是决定勾兑调味成败的关键，具有快速而又较准确的特点。白酒品评对于生产者来说，可以及时确定产品等级，便于分级、分质贮存；同时又可以掌握在贮存过程中酒的变化，通过品评可以及时发现酒中的各种杂味，以便于在贮存过程中采取有效的工艺方案进行处理；品评也是产品验收、确定质量优劣、把握产品出厂质量的重要手段；品评还是检验勾兑、调味效果比较快速和灵敏的一种好的方法，有利于节省时间，及时改进调味方法，使产品质量稳定。因此，掌握一定的品评知识和品评技能，对于消费者、爱好者及专业人士来说，都是非常有必要的。李红博士的"六脉神鉴"品评体系，通俗易懂，简单好记。

除了品评体系外，《笑傲白酒江湖之宝典》这本书按照认识白酒、评价白酒、设计白酒、购买白酒、消费白酒、创新白酒的逻辑，以全新的视角，系统全面地对中国白酒进行了剖析。而且每部分又自成体系，是李红博士自己的总结，完全原创，角度新颖，每个体系都取了一个非常形象的名字。例如，"天龙八部""六脉神鉴""七步成师""勾三调四""六道轮回""食全酒美""知行合一"及"身怀六甲"。这既有利于向白酒消费者、爱好者等非专业人士普及白酒知识，也有利于酒类从业者，更加科学系统地掌握相关知识和理论。整体上来说，此著作整体思路严谨，总结到位，利用许多武侠招式揭秘白酒知识的真谛，让枯燥的理论朗朗上口，过目不忘。

与此同时，《笑傲白酒江湖之宝典》还对在品酒师、酿酒师及酒体设计技能培训中遇到的问题，进行了梳理，结合学员们遇到的实际情况，进一步总结，因此本书从实际出发，回归实际问题，深入浅出，是酒类销售人员、酒类爱好者很好的指导书籍，为酒类从业人员提供了一些思路及秘法口诀。

酒类消费者、酒类爱好者、酒类销售者以及酒类从业者都可以阅读《笑傲白酒江湖之宝典》这本书，希望各位读者都能从本书中各取所需，提高白酒知识水平。

中国酒业协会秘书长
宋书玉

中国食品发酵工业研究院总经理
董建辉

四川发展纯粮原酒股权投资
基金董事长
刘斌

茅台集团白金酒公司总裁
陈宁

［白酒江湖］精英序言集

李红是我们酒行业的博士后，非常年轻，善于总结，是中国酒业协会的白酒国家评委，品酒水平也不错。

其所著的《笑傲白酒江湖之宝典》是对白酒知识的重新提炼，内容涉及白酒的感官品评、酒体设计等，形式别具一格，非常系统，也非常易懂，书中的「武林秘法」生动有趣、形象逼真，有利于记忆，值得各位酒类从业者、爱好者一读。

《笑傲白酒江湖之宝典》内容涉及广，同时结合实际培训中遇到的问题，总结出一套「天龙八部」知识体系、「六脉神鉴」品酒技术、「勾三调四」白酒勾调技术及「六道轮回」鉴真假技术，是一部货真价实的酒类宝典，是「让知识系统，让技术易懂，学而不忘，学以致用」的真实体现。

《笑傲白酒江湖之宝典》从白酒起源、发展、品评、勾调等方面着手分析，利用武侠招式完美为白酒品评、白酒勾调、白酒真假辨别等专业知识进行剖析讲解，其观点独特，内容系统，浅显易懂，是一部不可多得的白酒专业知识书籍。

《笑傲白酒江湖之宝典》是李红博士从业多年的智慧结晶，从实际出发，总结到位，内容深入浅出，让白酒从业者眼前一亮。书中含有许多独树一帜的观点。相信书中的观点、品评知识，对各位酒类从业者具有一定的启示意义。另外，李红博士的国家品酒师课程非常精彩，我公司有很多人员都参与过其培训，非常受益。

笑傲白酒江湖之宝典

李 红 著

中国轻工业出版社

图书在版编目（CIP）数据

笑傲白酒江湖之宝典/李红著. —北京：中国轻工业出版社，2022.8
ISBN 978-7-5184-2676-8

Ⅰ.①笑…　Ⅱ.①李…　Ⅲ.①白酒—基本知识　Ⅳ.①TS262.3

中国版本图书馆 CIP 数据核字（2019）第 218905 号

责任编辑：江　娟　秦　功　　责任终审：劳国强　　封面书名题字：腾　蕾
策划编辑：江　娟　　　　　　整体设计：锋尚设计　　责任监印：张　可

出版发行：中国轻工业出版社（北京东长安街 6 号，邮编：100740）
印　　刷：三河市万龙印装有限公司
经　　销：各地新华书店
版　　次：2022 年 8 月第 1 版第 2 次印刷
开　　本：720×1000　1/16　印张：26.75
字　　数：510 千字
书　　号：ISBN 978-7-5184-2676-8　　定价：160.00 元
发行电话：010-85119835　传真：85113293
网　　址：http://www.chlip.com.cn
Email：club@chlip.com.cn
如发现图书残缺请与我社邮购联系调换
220885K1C102ZBW

前言

  酒是人类文明的瑰宝，中国酒文化源远流长。由于酒的风味组成非常复杂，因此发现酒的质量之美是一门技术活，酒成了人们日常生活中一个既熟悉又陌生的东西，学习一定的白酒知识，正确掌握品酒技能，是提高从业人员的业务水平，提高酒类爱好者和消费者鉴赏水平的重要基础。

  每一门专业知识都博大精深，白酒也一样，如果能从宏观上系统地把握一门专业知识体系，对学习和创新往往能起到事半功倍的效果。品评是一门涉及多学科的专业技能，现有的品评图书，注重专业性，让非专业人员学习起来难度大，不易掌握。针对这些问题，为了能让不同背景的人员能够迅速学会白酒相关知识、品酒技能、白酒酒体设计技能、名优白酒真伪鉴定技能，并且做到易学易会，而且终身难忘，笔者根据多年在酒类研究、酒类感官品评、消费者科学方面的科研成果及在酒类品评技能培训教学方面的经验，形成了一套国内独特的酒类培训教学体系，即"一体系三技术"。一体系是指白酒的天龙八部知识体系，三技术是指"六脉神鉴"品酒技术，"勾三调四"的白酒勾调技术及"六道轮回"的名优白酒真伪鉴定技术。

本书的读者定位是酒类销售人员、酒类爱好者、酒类科研人员和酒类从业人员等。

由于笔者水平所限，在书的内容上，可能不够全面、不够确切、不够深刻，篇幅的比重不够合理，甚至有错误的地方，欢迎读者批评指正。

本书在撰写过程中承蒙国家品酒师王姝的建议和指导，在插图绘制方面得到金伟鋆工程师的帮助，谨此表示感谢。

希望本书的出版能对我们国家白酒产业的发展起到促进作用。

笔者

2019 年 5 月

目录

第一章　天龙八部，一统白酒之江湖　　　　　　　　1

第一节　学习存在的问题　　　　　　　　2

第二节　白酒的知识体系　　　　　　　　3

第三节　白酒的关键技术　　　　　　　　6

第二章　酒酒归饮，中国白酒之概论　　　　　　　　7

第一节　酒与白酒　　　　　　　　9

第二节　白酒产业　　　　　　　　59

第三节　饮酒与健康　　　　　　　　77

第三章　七步成师，逐步修炼以成师　　　　　　　　83

第一节　感官与感觉　　　　　　　　84

第二节　白酒品评的四要件　　　　　　　　108

第三节　七步成师　116

第四章　六脉神鉴，白酒品鉴之利剑　123

第一节　品酒四诊　124

第二节　建立品酒的三观　129

第三节　白酒品评的"六脉神鉴"　130

第四节　影响品评的主观因素　181

第五章　勾三调四，白酒勾调之利器　185

第一节　认识白酒勾调　186

第二节　科学认识新工艺白酒和勾兑　193

第三节　勾三调四勾调法简介　197

第四节　勾三调四勾调法口诀　199

第五节　勾三六四全五的解读　222

第六节　勾三调四勾调法实践示例　225

第七节　酱香型白酒的勾调　236

第八节　基酒是酒体勾调的前提　238

第六章　六道轮回，鉴别白酒之真伪　241

第一节　认识真假酒　242

第二节　六道轮回鉴真伪体系　248

第三节　六道轮回鉴真伪的详细介绍　252

第七章　食全酒美，美美与共之原则　291

第一节　什么是美美与共　292

第二节　美美与共的文化　294

第三节　美美与共之基本原则　294

第四节　食物与酒的化学反应　297

第五节　美美与共的酒美原则　298

第六节　食配白酒的建议　300

第八章　知行合一，感官消费之科学　305

第一节　感官消费者科学　309

第二节　白酒感官测试的方法　312

第三节　感官消费者科学数据处理方法　328

第四节　感官评价和消费者科学部门　341

第九章　身怀六甲，酒品创新之主线　345

第一节　酒品创新的意义　346

第二节　酒品创新方向的探讨　346

第三节　世界其他烈酒　355

第四节　鸡尾酒　374

第五节　预调酒　404

第六节　洋河蓝色经典绵柔型白酒的创新解析　407

附录　415

参考文献　417

第一章

天龙八部，
一统白酒之江湖

第一节　学习存在的问题

近年来，笔者承担了我们国家酒行业的国家品酒师和国家酿酒师职业资格的培训认证工作。在培训当中，接触到了各种不同教育背景的学员，有博士学历的，也有小学学历的，有专业从事酒类生产或研究的，也有销售人员或酒类爱好者，为了让所有的学员都能听懂非常专业的酒类知识，需要对课程和讲课的讲义进行系统的策划。除此之外，作者在多年的培训教育当中发现，教育学习中容易存在3个问题。

（1）学习不系统，不能了解所学知识的系统边界。不系统就会影响认识的高度，使认识有较大的局限性。

（2）很多难点内容，特别是一些重要的技术内容，讲得不通俗，学起来不容易懂，始终一知半解。

（3）学过的内容很容易忘掉。这就容易导致低水平地重复学习以前的内容。

由于以上三个方面的原因，就导致不能很好地学以致用。

为了让所有的学员都能在轻松快乐当中学有所获，学有所用，作者把这四个问题，始终贯穿到培训的所有工作当中。据此提出了培训教育工作的使命：让知识系统，让技术易懂，学而不忘，学以致用。

根据培训教育工作的使命，提出了我们培训教育工作的口号：九九归真，大道至简。

所谓的九九归真是指把酒类所有知识进行很好的归纳，总结成合理的系统，以解决学习不系统的问题。大道至简指的是将涉及酒类的一些难点或重点技术，进行很好的凝练，深入浅出，能够用"望文生义"的形象语言表达出来，真正做到大道至简，从而解决不容易懂的技术问题。

只有解决了不系统和不易懂的问题，才可以真正达到"学而不忘，学以致用"的目的。

因此，我们培训教育的承诺是：

九九归真成系统，大道至简容易懂，

学而不忘成大师，学以致用必成功。

也就是说，我们将酒类方面各种错综复杂的知识经过高屋建瓴的总结，形成一个个体系，将一些复杂的技术总结成简单的口诀让大家一听就懂，这样就会让学过的东西终生不忘，积累到一定的程度就成为这方面的大师，只有学会的东西才能学以致用，通过学以致用就可以把知识转化成生产力，助推人生的成功。

第二节　白酒的知识体系

关于如何读一本书有一些理论，其中很受大家推崇的就是，读书要先读薄，再读厚。用这个方法来指导读一本书，是有效果的。我们知道一本专业的书籍通常都有几十甚至几百页，那么如果说我们一点点地去抠书中的细节部分，可能很难读得下去，也不会有更大的收获。那么第一遍呢，我们就先把厚书读薄。也就是说，在我们第一遍读的时候应该粗读，把读不懂的、弄不通的部分给它放过去，只读自己能理解的，先大致了解一下整体的框架和内容就可以了，也许在往后推进的过程中，前后对照，前面不懂的部分就可以豁然开朗了。即使不懂，带着问题前行也不失为一种办法。

那么，我们去学一门专业或者一个具体的技术问题，该怎么去学，效果会更好呢？作者觉得用系统论的方法去学或研究一门专业是一种非常好的办法。用系统论的方法解构我们所要学的知识，或研究的内容，会让我们从系统的角度，站在宏观的高度上去全面把握。这对我们全面认识所学习的知识或所研究的问题，是非常有用的，只有全面把握了，才能知道自己的短板，才不会"坐井观天"，才能提出知识或问题的发展方向，这对创新是非常有用的。

下面作者用系统论的思想来全面解析有关白酒的知识体系。应该说与白酒有关的知识非常多，可以说纷繁复杂，这些纷繁复杂的知识之间有没有关联呢？能不能在这些纷繁复杂的知识中找到一根主线，将所涉及的知识串起来呢？

作者通过对白酒的知识体系进行研究后发现，原来白酒的知识体系按照创新发展的主线可以分成八个子系统，为了形象概括这个由八个子系统构成的白酒知识体系，作者给它取了个形象的名字，这个名字就是"天龙八部"。白酒的天龙八部知识体系见图1-1。

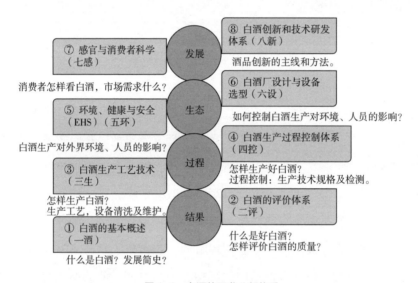

图1-1　白酒的天龙八部体系

从图1-1可以看出，白酒知识体系的第一部分的内容就是涉及白酒本身的内容，简单地说，这部分回答的是白酒是什么的问题。

第二部分的内容就是白酒的评价，回答的是什么是好白酒的问题。

第三部分的内容就是白酒的生产，回答的是白酒是怎么生产出来的问题。

第四部分的内容是白酒的生产控制，回答的是如何稳定地生产出质量合格的白酒。

第五部分的内容是白酒的生产对外界的影响，回答的是如何消除或减少白酒生产对人和环境的影响。

第六部分的内容是白酒工厂设计问题，回答的是如何设计一个高效低碳的白酒厂的问题。

第七部分的内容是消费白酒的消费者问题，回答的是消费者如何评价白酒的问题。

第八部分的内容就白酒的创新，回答的是如何准确快速地改进和创新白酒产品的问题。

为了轻松地记住这个天龙八部体系，作者将每一部分抽提了一个关键字，在这个关键字前面再加上表达顺序的中文数字，这样这八个部分就是"一酒，二评，三生，四控，五环，六设，七感，八新"。如果进一步分析可以发现，这八个部分可以归结成四个层次，即结果、过程、生态和发展。

作者将这八个部分和四个层次用一首诗来表达，即形成了白酒天龙有八部的诗，具体如下：

白酒天龙有八部

酒和酒评是结果，三生四控过程产，

五环六设生态建，七感八新赢发展。

酒和酒评是结果，指的是针对酒本身的所有知识和酒的评价的内容，属于酒产品即结果这一层级。

三生四控过程产，指的是第三部分酒的生产和第四部分酒的生产控制的内容，属于酒类生产即过程这一层级。

五环六设生态建，指的是第五部分的酒类生产对外界环境的影响和第六部分酒类工厂设计的内容，属于酒类生产的生态问题。

七感八新赢发展，指的是第七部分有关感官和消费者的内容以及第八部分的技术和产品创新的内容，属于酒类企业发展这一层级。

第三节　白酒的关键技术

　　本书的书名称为"笑傲白酒江湖之宝典"，其目的是让读者通过本书的学习，轻松全面地把握白酒的知识体系，掌握和白酒紧密相关的几项关键技术，练就一身本领，从而驰骋白酒行业。

　　白酒的知识体系就是天龙八部，所有的白酒知识都可以统一到这个天龙八部里。除了这个天龙八部体系外，还需要掌握哪几门技术？作者认为，还需掌握白酒的品鉴技术、勾调技术、真伪鉴别技术、餐酒搭配技术、感官和消费者评价技术等。本书对这些重要的技术均有涉及。

第二章

酒酒归饮，
中国白酒之概论

通过第一章的分析，可以清晰地看出，整个白酒的知识体系可以分解成八个部分，每一部分的内容又可自成独立的体系，其中第一部分的内容就是针对中国白酒本身的。

为了能够全面了解中国白酒，可以按照"我是谁""从哪里来"和"到哪里去"的逻辑来了解中国白酒。根据这个逻辑，作者提出从"酒""酒关联的产业"和"酒的饮用"三个方面来全面解析中国白酒，其中"酒"的部分，回答的是"我是谁"的问题，而"酒的产业"回答的是"从哪里来"的问题，而"酒的饮用"，解析的是"到哪里去"的问题。

酒是从产业中来，最终要到消费者中去的。为了清晰地表达这个逻辑，作者用"酒酒归饮"四个字来概括，第一个酒字表达的是酒，第二个酒字，指的是酒关联的产业，归饮两字表达的是生产出来的酒，最终都要回归到消费者中去，被饮用掉。因此"酒酒归饮"四个字表达的就是酒、酒的产业和酒的饮用这三块内容，其所包含的主要内容如图2-1所示。

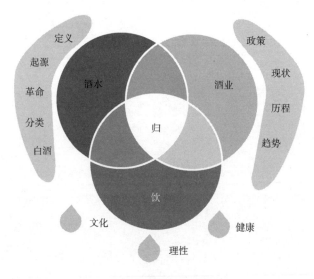

图2-1 酒酒归饮体系

为了深入了解"酒酒归饮"所包含的内容，并且便于记忆，作者用一首绝句来进行概括，诗的内容如下。

中国白酒之概论

酒起革命分白酒，发展政策现程势，

饮酒文化理性健，酒酒归饮成体系。

第一句描述的是"酒酒归饮"，第一个酒字主要涉及的内容包括酒的内涵、酒的起源、酿酒技术的革命、酒的分类和中国白酒等五个方面。

第二句描述的是"酒酒归饮"，第二个酒字主要涉及的内容包括国家对白酒产业的发展政策、行业发展现状、行业发展历程和行业发展趋势等。

第三句描述的"酒酒归饮"，后两个字"归饮"所主要涉及的内容包括饮酒文化、理性饮酒和饮酒健康等三方面的内容。

第四句的意思是说用酒酒归饮来分析中国白酒是一个比较系统的体系。

第一节　酒与白酒

一、　酒为何物

（一）　传统怎么解释酒

一般来讲，当我们遇到一个生字或不明白一个字的意思的时候，一般的做法是查《新华字典》。同理，如果想要弄清楚酒字的意思，我们也可以查《新华字典》。通过查询《新华字典》可知，《新华字典》给出的解释是"酒是用高粱、米、麦或葡萄等发酵制成的含乙醇的饮料。"

显然，这个解释并不是从酒字本身的造字方式来解释的，而是接近现代酒类专业的解释。为了弄清古人造这个酒字的初衷，进一步查询了清代人启蒙课堂采用的学汉字的书籍《澄衷蒙学堂字课图说》，见图2-2。

从图2-2可以了解到，清代人给出的对酒字的解释，其实和现代的《新华字典》给出的解释是非常接近的。但是从图2-2还可以看到，酉字就是酒的意思。酉字是象形文字，本义是指酿器中形成的像水一样的东西。

其实从酒的造字方式来讲，酒字是会意字，具体来说，酒字从"氵"，从"酉"（yǒu）。那酒字是怎么会意的呢？"氵"本义是水，也是象形字，而"酉"本义就是酒，刚才解释了也是象形字。酒字就是两个象形字结合在一起的会意字，即酒就是酿器中形成的具有水一样外形的东西。

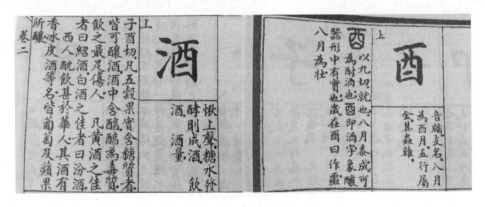

图2-2　清代人怎样解释酒和酉字

国外的很多蒸馏酒，例如白兰地、威士忌及伏特加等都有生命之水的美称，那么根据中国古人造酒字的本义，作者认为可以把中国的酒称为收获之水，成功之水，中国白酒可以称为人间的珍露。

（二）　从专业的角度解释酒

酒首先是一种食品，一种供人饮用的食品，过去统称为饮品或饮料。

饮料曾经是一个大概念，包括不含酒精的非酒精饮料和含酒精的酒精饮料，因此酒就是酒精饮料，也是我们俗称的硬饮料，非酒精饮料俗称软饮料。2008年以后，国家标准倾向于将酒和饮料区分开来，即现在的饮料就是过去的软饮料，饮料也叫饮品，其定义为"经过定量包装的，供直接饮用或按一定比例用水冲泡饮用的，乙醇含量（质量分数）不超过0.5%的制品，也可为饮料浓浆或固体形态"。

因此在现在的国家标准体系中，酒一般不再称为饮料了，即酒一般不再称为酒精饮料了，为了和饮料有所区分，酒称为饮料酒，即认为是具有饮料的外观特性，但是含有酒精，在国家标准当中，含有酒精是指酒精含量高于0.5%（体积分数）。在这里有一种特殊情况，即酒精含量不高于0.5%（体积分数）的啤酒，在啤酒界，称为无醇啤酒，无醇啤酒虽然酒精含量不高于0.5%（体积分数），但因为其基本上是按照啤酒的工艺流程来生产，因此把它当作啤酒来监管，其产品属性还是啤酒，也就是酒。

因此，中文里的酒，不严格地讲，也可以称为一种饮料，一种饮品，酒精饮料，但是如果严格地讲，称为饮料酒则更为准确。

（三）　酒的本质

纵观全世界的酒，酒的本质可以用两句话来总结，那就是"酒含酒精是根本，零点五度分酒饮"。这两句话的意思是说，酒的本质是要含有酒精，酒精含量0.5%vol是区分酒和饮料的界限，只有酒精含量大于0.5%vol时，才能算作是酒。

但是对于中国的酒来说，其本质绝不仅仅是含有酒精，中国的酒，尤其是中国白酒绝对是个复杂的多组分体系，除了乙醇和水外，还含有众多的微量成分。例如中国白酒，除了约98%的水和乙醇外，还含有1%~2%的风味成分，每种风味成分的含量不高，但是种类数以千计，包括酯、酸、醇、醛等化合物，这些化合物虽然含量不高，但是风味阈值却很低，因此其风味强度很高，对白酒的风格和风味都有巨大的影响。因此，对中国白酒来说，还要加上两句即"中国白酒讲格味，二帕微风决酒品。"这两句话的意思是说，中国白酒讲究风格和风味，2%的微量风味成分决定酒的品类和品质。

二、 酒的起源

（一） 酒九归一理论

我们中国素来就有酒的故乡之称，是世界上酿酒最早的国家之一，也是酒文化最早的发源地。酒的酿造，在我们国家已有相当悠久的历史，在中国数千年的文明发展史中，酒与文化的发展基本上是同步进行的。

但是关于酒起源的问题，由于没有文字记载，而且因为年代久远，可考的证据也非常有限，现在已经很难做出准确的回答。但按照一般的认知逻辑，笔者认为酒的发展应该是沿着由浅到深、由简单到成熟的路径前进的。酒在中国的发展路径具体为：未知新产品的发现→试品尝，功效价值的发现→开始有名字→发明酿酒技艺，人工模拟酿酒→名人酿酒，开始流行→醴→黄酒→白酒→露酒→新生代酒品创新，如图2-3所示。

图 2-3　酒品演变的 "酒九归一" 途径

为了深刻理解酒的这一演变历程，作者把酒的演变历程用 "酒九归一" 四个字来概括，并用一首律诗将酒的演变历程概括其中。酒九归一的意思是指酒的演变过程可以概括为九个阶段，九步之后则回归到开始，重新按照前面的九步逻辑重新发展演变，只是第二次循环的步骤可能会有一些跨越，但总体的演变路径是不会变的。诗的全文内容如下：

酒九归一

发现无名有功现，三才有名四发明，

五现名人促流行，六七八步三革命，

九步露酒因养生，酒九归一是路径，

螺旋上升途相同，酒品创新有保证。

诗的第一句"发现无名有功现"，是指酒演变的第一步是酒这种人类前所未知且无名的东西被发现，其实这可以算作酒的真正的起源。酒演变的第二步就是人类开始尝试品尝这种未知无名的东西，类似于神农尝百草，试验其口感和饮后对人的影响，从而逐渐发现了酒的一些功效。

第二句"三才有名四发明"，是指酒演变的第三步，酒开始被人们认识，开始有了自己的名字，之后就进入到了第四步，发明了简单的酿酒技术，开始尝试酿酒。

第三句"五现名人促流行"，是指酒演变的第五步，一些历史人物开始宣传酒，推崇酒，开始更大规模的酿酒，这导致了酒的兴起。

第四句"六七八步三革命"，是指酒演变的第六、七和八步，为了提高质量，对酿酒技术进行了较大的革新，总结起来，人类酿酒技术发展到今天，总共经历了三次重大的技术革命。关于酿酒技术的三次革命的具体内容，会在后面单独介绍，这里先不赘述。

第五句"九步露酒因养生"，是指酒演变的第九步，由于健康养生的需要，开始出现了以露酒为代表的健康养生酒。

第六句"酒九归一是路径"，指酒经历了九步的演变之后，因新生代酒品开发的需要，重新回到第一步，进入到下一个新兴酒品演变的周期，这就是酒从起源到发展成熟，到再次升级发展的路径。

最后两句"螺旋上升途相同，酒品创新有保证"，是指新兴酒品的发展演变需从第一步重新开始，但是螺旋式上升是从第一步开始的，不断地经过这个"酒九归一"路径的螺旋上升，酒类产品的创新就可以得到保证。

（二） 酒的起源之四说

一谈到酒的起源，就免不了涉及历史时间的问题，对于一部分理工科的人来说，历史知识往往会薄弱些。为了更好地了解酒的起源时期，有必要先对一些重要的时期做一些了解。

现代科学证明，地球是在大约 50 亿年以前形成的，生物是在大约 40 亿年以前出现的，人类是 500 万年以前出现的。中国历史，不论是神话传说还是野史或正史，总有关于时间段的记载，总结起来有"远古、太古、上古、中古、近古"共"五古"的叫法，那么这"五古"具体对应的时间是怎样的呢？

一般来说中国远古史的奠基就是盘古开天地，伏羲氏以前就属于远古了，三皇五帝时期是太古，夏商周秦汉时期是上古，魏晋南北朝隋唐时期是中古，宋元明清时期属于近古。

所以我们的老祖先盘古氏距今至少有 500 万年的历史了。盘古氏下来就是天地人三皇，这个时期属于太古时期，太古时期太久远太古老，没有文字只有传说，所以太古史是很难考证的。

为了更好地掌握这些历史时期，笔者特地用一首诗将相关内容总结于其中，诗文如下：

五古分登各有期

生物地球有人类，四十五十五百万，

鸦片战争分五古，远古伏羲追到盘，

太古三皇和五帝，上古夏禹下到献，

中古魏晋到隋唐，近古宋元明清前。

诗中的第一句和第二句描述了生物、地球和人类出现的时间，从目前来看，地球和其他星球最大的区别就是地球上有生物，更为神奇的是地球上还有人类。按照进化论，应该是先有地球，再有生物，最后有人类，三者出现的时间分别为 50 亿年前，40 亿年前和 500 万年前。

第三句的"鸦片战争分五古"，是指鸦片战争将历史时期分为古代和近代，它是古代和近代的分水岭。

第四句的"远古伏羲追到盘"，是指远古时期从伏羲氏向前追溯到盘古开天辟地时，即 500 万年前到 1 万年前。

第五句的"太古三皇和五帝"，是指从伏羲到三皇五帝时期属于太古时期。即从公元前 8000 年到公元前 2000 年左右。

第六句的"上古夏禹下到献"，是指上古时期是从夏朝一直到汉献帝。夏朝起始于约公元前 2000 年。汉献帝大约是公元 200 多年。

第七句的"中古魏晋到隋唐"，是指中古时期是从魏晋一直到唐朝，大约从公元 300 年到公元 900 年。

第八句的"近古宋元明清前"，是指近古是从宋朝开始，一直到清朝的鸦片战争前这一段时期，大约从公元 900 年到公元 1840 年。

关于酒的起源时间虽然很难准确进行考究，但是关于酒的兴起，则有更多的文字记载，有人将这些材料用来证明酒起源的时间，由"酒九归一"的酒的演变发展理论来看，这应该是不准确的，其实这时候的酒已经演变到了第三个阶段，甚至第五个阶段，酒已被广泛接受，酿酒技术开始得到推崇。但是可以肯定的是，酒的起源应该在此之前。关于这方面的文字记载很多，总结起来，有"远猿太黄上仪康"之"四说"流传比较广，下面将这"四说"分别进行具体的介绍。

1. 起源于远古猿酒之说

猿酒即猿猴所造之酒，猿猴造酒的事发生在远古时期。远古时期没有文字，考古发现也很少，关于这时期的事情，都是后人所写，是传说的记录，也有可能是后人杜撰的，听起来都像神话故事，按照现代人的思维甚至难以理解。

远古时期的传说很多，其中就有一个关于猿猴造酒的故事，这个故事是说当人类还处在未进化完成的猿人时代，已经有猿猴会酿酒了。"猿猴造酒"的说法听起来似乎荒唐可笑，但是按照现代所掌握的酿酒原理来看，其实还是很有科学道理的。

猿猴造酒在古籍中已有很多记载，其中清代成书的《清稗类钞·粤西偶记》中明确提到了猿酒之说，原文为"粤西于乐府中多猿，善采百花酝酒，樵子入山，得其巢穴者，其酒多至数石，饮之香美异常，名曰猿酒。"

根据现代酿酒理论，水果富含葡萄糖、果糖等小分子糖，而谷物粮食则主要含有大分子的淀粉，也就是说水果可以不经过糖化就可以直接发酵，而且水果上聚集的酵母菌也远高于粮食谷物，另外水果的含水量也是远高于粮食谷物的，因此，如果水果不能被及时吃掉的话，时间稍稍一长，少则一两天，多则一星期，就可以被其自身所携带的微生物发酵，水果所含的可发酵性糖类就会被野生酵母转化成酒精，也就是酒的核心成分。

2. 起源于太古黄帝之说

《黄帝内经·素问》成书于汉代，根据该书的记载，黄帝与古代的医疗专家岐伯在讨论医学问题时，明确提到了"汤液醪醴"四个字。这里的醪和醴都是酉字作为偏旁，和酒都有关系。后人据此就推断，在黄帝时期就已经明确有酒了，黄帝属于太古时期，如果这是事实，说酒起源于黄帝时期是不为过的。但是大家都认为《黄帝内经》不是黄帝写的，而是后人假借黄帝之名而写的书，里面关于黄帝的对话是不是事实，目前还没有其他可以辅证的材料，因此，其可信度有待进一步考证。

3. 起源于上古仪狄之说

《酒诰》中有一段关于酒的文字记载，原文为"酒之所兴，肇自上皇；成之帝女，一曰杜康。有饭不尽，委之空桑，积郁成味，久蓄气芳，本出于此，不由奇方。"

《酒诰》是晋朝的文人江统撰写的，这段文字里明确说到了酒，内容也是在描述酒的起源，所以可以看得出来，晋朝人也在探讨酒的起源，对我们来说，至少可以得到的信息是晋朝已经非常明确有酒了。

成之帝女说的就是仪狄，仪狄是夏禹的一个属下，和夏禹的女儿不但认识，关系还应该不错。《世本》中明确记载有"仪狄始作酒醪"，《吕氏春秋》中也有"仪狄作酒"的文字。这些都说明仪狄在酒的发展过程是一个不可回避的人物。

成书于汉代的《战国策》的作者是刘向，刘向在《战国策》中更加详细记载了关于仪狄作酒的事件，具体内容为"昔者，帝女令仪狄作酒而美，进之禹，禹饮而甘之，曰：'后世必有饮酒而亡国者。'遂疏仪狄而绝旨酒。"

为了让读者更好地掌握关于仪狄作酒的内容，作者用现代的语言，作诗一首，诗的内容如下：

仪狄作酒

夏禹属下有仪狄，禹女说他进禹酒，

进而远之禹所为，从此下旨不酿酒。

第一句"夏禹属下有仪狄"，指夏朝的国君禹，有一位属下名叫仪狄。

第二句"禹女说他进禹酒"，指禹的女儿，说服仪狄酿酒进献给禹。

第三句"进而远之禹所为"，指仪狄因为进献酒给禹而受到了禹的疏远。

第四句"从此下旨不酿酒"，指禹从此之后就下了旨意，以后不许再酿酒。

4. 起源于上古杜康之说

另一则传说认为酿酒始于杜康，杜康也是夏朝时代的人。东汉《说文解字》中解释"酒"字的条目中有"杜康作秫酒"。《世本》中也有同样的记载。

"杜康造酒"经过曹操在《短歌行》中的名句"何以解忧，唯有杜康"的传颂，杜康在很多人的心目中早已经成了酒的发明者。但是按照作者提出的"酒九归一"理论，杜康时期，实际上已经发展到了酒的第五个发展阶段，即"五现名人促流行"的阶段，实际酒的起源时间应该要远在这之前。

因为曹操，杜康火了，关于杜康的故事自然就多了，和杜康有关的地方至少就有三处，一是出生地，二是酿酒地，三是酿酒水源地。据说杜康出生在陕西白水县康家卫村，杜康成年后来到了河南汝阳县从事酿酒工作，具体的酿酒地点是杜康矾和杜康河，杜康酿酒使用的水是泉水，这个泉位于现在的河南伊川县皇得地村，这个泉的名字为上皇古泉。

为了更好地掌握关于杜康造酒的相关内容，作者围绕酒祖杜康，以诗的形式将相关内容进行总结概括，诗的内容如下：

酒祖杜康

两岸三地生白水，康家卫村往夏追，

来到汝阳作秫醪，或矾或河名已贵，

汲水伊川皇得地，上皇古泉现有碑，

人称酒祖酒芳菲，何以解忧没有谁。

第一句借"两岸"代表陕西和河南两省。诗的第一句和第二句的意思是说，和杜康紧密关联的是陕西和河南两省的三个地方，其中的出生地是陕西白水县的康家卫村，其生活的年代可以追溯到夏朝。

第三句和第四句的意思是指杜康来到了河南汝阳，开始酿造高粱酒，具体的酿酒地点现在命名为杜康矾和杜康河，这些地方因为杜康而显得高贵。

第五句和第六句的意思是，杜康酿酒采用的水是河南伊川皇得地村的上皇古泉，上皇古泉现在立有石碑，如图2-4所示。

最后两句的意思是杜康被后人称为酒祖，由其发明的酿酒技术酿造的酒，酒香芳菲，用来排忧解愁是没有其他酒能与之相提并论的。

因为和杜康有紧密关系的地方有三个县，分别是陕西白水县、河南汝阳县和河南伊川县。这三个县都有关于杜康酿酒的古文献记载，因此这三个县都有围绕杜康的杜康酒及相关的杜康主题建筑。20世纪70年代，河南伊川、汝阳、陕西白水三地各建起了杜康酒厂，三家酒厂生产的酒都叫杜康酒，由于当时尚未实施商标法，因此其产品也均未以"杜康"作为商标注册，仅作为酒的特定名称使用。

1981年，国家工商局经与河南、陕西两省及相关部门协调后，决定由伊川杜康酒厂注册"杜康"商标，注册登记号为152368。因为考虑到汝阳和白水两家酒厂生产杜康酒已有10年历史，在当地市场也都小有名气，又规定汝阳杜康酒厂和白水杜康酒厂可无偿使用"杜

图2-4　上皇古泉泉碑

康"商标。1983年《商标法》实施后，伊川杜康便与汝阳杜康、白水杜康签署商标共用协议，最终的结果便是一个商标三家共用。在共用"杜康"商标的十多年间，伊川、汝阳、白水三家酒厂通过在商品包装上注明企业名称的方式以示区分，实际使用的区别性标识是"伊川杜康""汝阳杜康""白水杜康"，按地名小字体、杜康大字体组合而成，并逐步形成了各自的产品特色和消费群体，也各自获得了诸多荣誉。1992年，"杜康"商标进入续保期，三家企业因商标问题起争端，在监管部门的协调下依旧未能解决问题。1996年12月14日，国家商标局最后同意白水杜康酒厂可以申请注册带有地名的杜康商标，注册号为915685，全称为"白水杜康"的商标被正式核准注册。此后20余年，白水杜康酒厂以这枚915685号"白水杜康"商标为基础陆续注册了100余枚防御型商标，这些防御型商标虽在形状、颜色、排列等方面各有变化但主体内容均包括"白水杜康"四字标识。

在经历了36年的纷争之后，2009年3月29日，杜康战略合作协议签字

仪式暨新闻发布会在洛阳举行,伊川杜康和汝阳杜康终于握手言和,合并成为洛阳杜康控股公司,伊川、汝阳成为该公司下属两个生产基地。而洛阳杜康与白水杜康的商标纠纷仍在继续之中,在目前的市场中,洛阳杜康公司的"杜康"注册商标和白水杜康公司的含有"杜康"二字的注册商标均合法存在。

(三) 白酒起源之四说

关于白酒(Baijiu)的起源问题,说法不一。白酒属于蒸馏酒。蒸馏酒与酿造酒相比,在制造工艺上多了一道蒸馏工序,蒸馏。蒸馏器的发明往往被看作是蒸馏酒制作的必要条件,因此,在考古上,把蒸馏器的出现看作是白酒可能的起源时间。但是蒸馏器不一定用来蒸馏白酒,也有可能用来蒸馏其他物质,如香料、水银等。

根据对文献的研究,总结起来,中国白酒的起源有四个比较主流的说法,作者将中国白酒起源的内容用一首诗来概括,诗的内容如下,诗句的内容比较简单,这里就不逐句解释。

中国白酒起源之四说

白酒出现要蒸馏,史料考古来探究,

源于东汉唐宋元,此四之说是主流。

1. 蒸馏酒起源于东汉之说

上海博物馆收藏了东汉时期的青铜蒸馏器。用此蒸馏器做蒸馏实验,蒸出了酒精度为 14.7%~26.6%vol 的蒸馏酒。在安徽滁州也出土了一件类似的青铜蒸馏器。所以有人认为东汉已有蒸馏酒。

2. 蒸馏酒起源于唐代之说

唐朝诗人白居易生于公元 772 年,74 岁即公元 846 年卒,其曾写过一首《荔枝楼对酒》的诗,诗的内容如下:

　　　　　荔枝新熟鸡冠色，烧酒初开琥珀光，

　　　　　欲摘一枝倾一酨，西楼无客共谁尝。

　　其中第二句中提到了烧酒二字，有人认为这里所提到的烧酒即是蒸馏酒。第三句的酨发音和意思同盏。唐朝诗人陶雍也有"自到成都烧酒熟，不思身更入长安"的诗句。

　　3. 蒸馏酒起源于宋代之说

　　成书于宋代的《丹房须知》中描述了一种蒸馏器即"抽汞器"。南宋周去非在 1178 年写成的《岭外代答》中记载了一种广西人升炼"银朱"的用具，其基本结构与《丹房须知》中的描述大致相同。南宋张世南的《游宦纪闻》卷五中也记载了一种蒸馏器，用来蒸馏花露。

　　因为宋代已经出现了蒸馏器，并广泛使用，所以蒸馏酒起源于宋代的说法也比较流行。

　　4. 蒸馏酒起源于元代之说

　　明代医学家李时珍在《本草纲目》中有名文记载，说"烧酒非古法也，自元时始创。其法用浓酒和糟，蒸令汽上，用器承取滴露，凡酸坏之酒，皆可蒸烧。近时惟以糯米或粳米或黍或大麦蒸熟，以普瓦蒸取。其清如水，味极浓烈，盖酒露也。辛、甘、大热、有大毒。过饮败胃伤胆，丧心损寿，甚则黑肠腐胃而死。与姜、蒜同食，令人生痔。盐、冷水、绿豆粉解其毒。"

　　清代檀萃的《滇海虞衡志》中记载说"盖烧酒名酒露，元初传入中国，中国人无处不饮乎烧酒"。

　　文物考古专家在央视新闻中表示，西汉海昏侯墓出土了一件蒸馏器，若此蒸馏器用于蒸馏白酒，那么，中国白酒的历史或可再提前几百年。海昏为豫章郡县名，汉高祖六年（公元前 201 年）设。

　　海昏侯墓出土的蒸馏器是个新发现，在以往的（考古）发现里面，能够作为蒸馏器发现得很少。原来有过几批，比这个小，没有这么复杂。

（四） 酒的起源总结

上面对酒的起源，白酒的起源都进行了较为详细的探讨，便于读者进一步了解酒起源的内容，笔者用一首诗将相关内容进行概括，诗的内容如下。

酒的起源

酒九归一历史长，远猿太黄上仪康，

白酒东汉唐宋元，中国酒都酒流芳。

第一句的意思是说按照酒九归一的理论，酒的历史很长。第二句的意思是说酒的起源有起源于远古的猿酒、太古的黄帝时期、上古的仪狄和杜康之四说。第三句的意思是说中国白酒的起源有起源于东汉、唐朝、宋朝和元朝之四说。第四句的意思是说，从世界来看，中国可以称得上是世界的酒都，中国的酒流芳百世，源远流长。

三、 三次酿酒技术革命

酒之所以称为酒，是因为其中含有一定量的酒精即乙醇，因此简而言之，酒的核心要素就是酒精。现代科学对酒精形成的机理研究得比较清楚，现在我们都知道要想获得酒精，首先要有可发酵性糖，再次必须要有微生物，主要是酵母菌将可发酵性糖通过代谢转化成酒精，产生酒精之后的一个关键的步骤就是分离提取得到酒精。在现代科学之前，人们对酿酒的这三大关键过程的机理了解很少，但是这并没有阻止智慧的人类在实践当中，发明相关可应用的技术，来提高酒的酒精含量，提高酒的质量。

由"酒九归一"理论可知，酒经历了九个漫长的进化阶段，才发展到目前这个形态，这是酒的魅力所在，因为是酒让人类在没有现代科学理论指导的情况下，一步步克服困难，使酿酒技术趋于成熟。总结起来，酒发展到现在经历了糖化、发酵和蒸馏三次技术革命，详细情况如下。

（一）　糖化革命

由"酒九归一"理论可知，酒最初的出现，不可能是有人"无中生有"的一个发明，最初应该是人们发现了自然界形成的"酒"，然后通过尝试性品尝后，发现了酒的功效，然后才会有意识地人为去酿造酒。

最初的酿酒技术应该是很简单的，没有专门的糖化这一步骤，没有这一过程，会使酿造所得到的酒的质量一致性不好，为了解决这一问题，我们的祖先发明了将谷物先发芽，再用发芽的谷物进行酿酒的技术。这是一次重大的技术突破，由于这一技术的突破，大大提高了原料的收得率和酒精转化率，可以称得上是酿酒技术的一次革命性的变化。发芽的谷物在古汉语里称为蘖，采用这一技术酿酒之后，由于糖化效果大大提高，使酒的含糖量大大提高，酒的甜度也大大提高了，入口性也好，这时候为了区分这种酒，古人用醴来称呼。这一技术就是"蘖造醴"，因为在《黄帝内经》中记载有醪醴，商代的甲骨文中也记载由不同种类的谷芽酿造的醴，另外《周礼·天官·酒正》中也提有到"醴齐"，根据这些资料，可以推断在太古和上古时期就发明了这种技术，所处的年代最早可以追溯到黄帝时期，距今约有1万年。

（二）　发酵革命

由于蘖造醴技术的发明，让酒的质量有了较大的提高，但是这个时候的酒的酿造，还是利用原料自身携带或空气当中的微生物进行发酵，由于原料自带的微生物数量少，微生物种类很不稳定，就使得可发酵性糖的发酵效果并不是很好，因此酒的残糖高，酒精量并不高，这种酒跟之前的酒相比虽然有了较大的质量改观，但是口感偏腻，酒味偏淡。明代宋应星的《天工开物》就提到"古来曲造酒，蘖造醴，后世厌醴味薄，遂至失传，则并蘖法亦亡。"

为了解决醴酒发酵时微生物偏少的问题，中国古人发明了曲，并发明了曲酿酒的技术，由于曲上富集了大量的各种各样的微生物，包括酵母菌。由于这种技术的采用解决了醴酒发酵度偏低的问题，使酒的酒精含量大大提高，酒的质量也大大提高。曲的利用也是一项重大的技术突破，使得这个时候酿造出的酒才称得上是真正意义上的酒，这一技术简称为"曲酿酒"。

酒曲的起源已无资料可考，关于酒曲的最早文字可能就是成书于周朝的《书经·说命篇》中的"若作酒醴，尔惟曲蘖"。由此可以推断出曲酿酒的技术应该在距今3000年前。

在这里介绍一下曲，大家有没有想过，古人为什么把用于酿酒的糖化发酵剂叫作酒曲或曲呢？这是因为用于酿酒的糖化发酵剂的作用和曲字的本义是吻合的。曲字的本义是什么呢？曲字是象形文字，其外形就像一根直直的竹子被弄弯了一样，如图2-5所示。

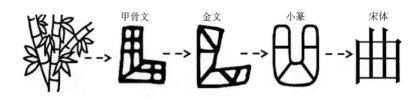

图2-5　曲字的造字演变

因此，曲的本义是和弯曲、变形有关的，如图2-6所示。而酿酒的曲，正好具有让酿酒原料例如高粱在加曲前后，发生变形的特性，使高粱从饱满的谷粒变成了瘪瘪的糟，因而古人就用曲来称呼具有这一类特性的东西。

酒曲酿酒是中国酿酒的精华所在，对中国白酒来说，"要做酒，曲先有"。酒曲中所包含的微生物种类繁多，不但有原核的细菌，也有真核的霉菌和酵母，数量更是惊人，每克曲中微生物的数量有上千万甚至上亿个。使用曲来生产产品，从而实现了人类对微生物的使用，这一技术是我们中国人独具特色的一大发明。日本有位著名的微生物学家坂口谨一郎教授认为，这一发明甚至可与中国古代的四大发明相媲美，这是从利用微生物对人类所做出的贡献来说的。

酒曲有很多种，也有很多分类体系，主要的分类体系有六种，具体如下。

按照原料的生熟，可以将曲分为生麦曲和熟麦曲。

图 2-6　常见的弯曲形状

按照制曲原料来分，原料主要有小麦和稻米，故分别称为麦曲和米曲。用稻米制的曲，种类也很多，如用米粉制成的小曲，用蒸熟的米饭制成的红曲或乌衣红曲、米曲（米曲霉）。

按酒曲中微生物的来源，分为传统酒曲（微生物的天然接种）和纯种酒曲（如米曲霉接种的米曲，根霉菌接种的根霉曲，黑曲霉接种的酒曲）。

另外，按曲中的添加物来分，又有很多种类，如加入中草药的称为药曲，加入豆类原料的称为豆曲（豌豆、绿豆等）。

按曲的形体大小可分为大曲（草包曲、砖曲、挂曲）、小曲（饼曲）和散曲。

按照曲的用途可以将曲分为豉曲、醋曲、酱曲（酱油曲、豆酱曲和面酱曲）和酒曲（白酒曲、黄酒曲和红酒曲，这里的红酒是指红曲酒，不是指葡萄酒）。

现代大致将酒曲分为五大类，分别用于不同的酒，分别如下。

（1）用于黄酒酿造的麦曲。

（2）用于红酒即红曲酒酿造的红曲。目前，因为红曲酒的量很小，在我们国家分类管理上，将其归类为黄酒的一个品种。

（3）主要用于黄酒和小曲白酒的酿造小曲。

（4）用于大曲白酒酿造的大曲。大曲的原料主要是小麦，也有用小麦和大麦，加上一定数量的豌豆制成的含有多菌类多酶的曲块。做法是把原料润湿后制成坯块，俗称踩曲子，然后入培养室中自然升温，根据品温的高低，又将大曲分为低温曲、中温曲、高温曲和中高温曲，分别应用于不同香型白酒的生产，培养时间大约是 1 个月，再经过至少 3 个月的储存，才能用于酿酒。最高品温在 50℃以下的曲称为低温曲，最高品温在 50~60℃的曲称为中温曲，最高品温在 60℃以上的曲称为高温曲。高温大曲蛋白酶活力较高，尤其以耐高温的芽孢杆菌居多，曲块呈现褐色，具有较浓的酱香气味。

（5）用于代替大曲或小曲的麸曲。麸曲是现代才发展起来的一种曲，以麸皮为培养基，接种纯种霉菌，进行培养而制得。麸曲可用于全部或部分代替大曲或小曲，进行白酒的酿造，麸曲酿酒现在是我们国家白酒生产的一种重要的操作方法。

是非曲直

曲直变化曲本义，原料变形得曲名，

曲系分类六依据，生料微生加大用，

酒曲酿酒有五种，大小麸曲和黄红，

低中也有高中高，低温五零高六零。

第一句和第二句是指曲的本义是和曲直变化有关的，酿酒的曲之所以叫曲是因为其让酿酒原料发生了变形，从而获得了曲这名字。

第三句和第四句，描写了曲的六大分类依据，一是按原料的生熟来分类；

二是按原料的种类来分类；三是按微生物的来源来分类；四是按制曲时是否添加特殊原料来分类；五是按成品曲块的形体大小来分类；六是按曲的用途来分类，可以分为豉曲、醋曲、酱曲和酒曲四种。

第五句和第六句，描写了所常见五类酒曲，分别是用于白酒的大曲、小曲和现代麸曲，及用于黄酒的麦曲和红曲。

第七句和第八句，进一步描写了大曲的分类，大曲根据制曲时曲心能达到的最高品温，将大曲分为低温曲、中温曲、高温大曲和中高温曲四类。低温和高温的分界点是50℃和60℃。

（三） 取酒革命

曲的利用，使酒的发酵度和酒精含量发生了革命性的变化，酒更接近酒的本质。但是用曲酿的酒，在当时，还存在三个问题，一是固形物或固体糟含量很高，即使经过过滤，酒的浊度也很高，影响酒的饮用体验；二是对固态发酵来说，发酵后所得到的液态酒很少，酒的得率不高；三是曲酿造的酒的酒精度依然还是不太高。为了解决这些问题，智慧的中国古人，发明了用蒸汽提取发酵所得到的酒的方法，这一技术称为"火烧酒"。这一技术的采用，使酒进一步发生了革命性的变化，所得到的酒非常清亮，几乎无色，酒度从原来的几度提高到几十度。火烧酒技术也是酿酒技术史上一次划时代的革命，是第三次酿酒技术革命。

针对三大酿酒技术革命作诗一首，诗的内容如下，诗句的内容较为浅显，这里就不逐句进行介绍。

三大革命

糖化革命糵造醴，发酵革命曲酿酒，

真洁烈酒始蒸馏，三大革命我最久。

四、 酒的分类

酒在酒类专业领域里的名字是饮料酒，饮料酒在我们国家可以分成三大类：一类是发酵酒，有时也称为酿造酒，因易产生误解，现在倾向于只叫发酵酒；第二类是蒸馏酒；第三类是配制酒，也称为露酒。

（一） 发酵酒

发酵酒的定义是以粮谷、水果、乳类等为主要原料，经发酵或部分发酵酿制而成的饮料酒。

发酵酒可以进一步分成六类：①啤酒；②葡萄酒；③果酒；④黄酒；⑤奶酒（发酵型）；⑥其他发酵酒。

（二） 蒸馏酒

蒸馏酒的定义是以粮谷、薯类、水果、乳类等为主要原料，经发酵、蒸馏、勾兑而成的饮料酒。

蒸馏酒可以分成八类：①白酒；②白兰地；③威士忌；④朗姆酒；⑤伏特加；⑥杜松子酒（金酒）；⑦奶酒（蒸馏酒）；⑧其他蒸馏酒。

（三） 配制酒

配制酒也称为露酒，其定义是以发酵酒、蒸馏酒或食用酒精为酒基，加入可食用或药食两用的辅料或食品添加剂，进行调配、混合或再加工制成的，已改变了其原酒基风格的饮料酒。

为什么配制酒也称为露酒呢？是因为中国自古以来就有露酒的称呼，那么为什么称为露酒呢？笔者认为，露酒的称呼和露的本义有关系。

露的意思见图2-7。从图2-7可以看出，露的本义是指水气腾布地面，所以露字是雨字头，雨字下面就是路字，这说明中国古人，最早应该是从地面上的露水发现了露，但是后来，发现露在草木的枝叶上也容易形成。在草

木上形成的露水比在地面形成的露水要干净，甚至可以直接饮用，这种露水
中也可能溶解有草木的一些成分。这种现象和过程就是中国老百姓把动植物
浸泡在酒里面一样，所以中国古代人把这种酒称为露酒，用现代的语言来表
达的话，就是配制酒。

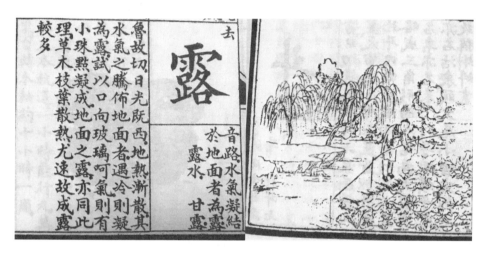

图2-7　露的字义

配制酒可以分成四类：

（1）植物类配制酒（植物类露酒）；

（2）动物类配制酒（动物类露酒）；

（3）动植物类配制酒（动植物类露酒）；

（4）其他类配制酒（其他类露酒）。

这里对第四类配制酒做进一步解释，其他配制酒是什么样的配制酒呢？
是非动植物配制酒，即加入的辅料既不是动物原料也不是植物原料，例如矿
物质或金箔。例如金箔酒，其就是指允许使用金箔作为食品添加剂而制成的
酒，其最大使用量为 0.02 克/千克。

世界卫生组织食品添加剂法典委员会于 1983 年正式将黄金列入食品添加
剂范畴。

金箔首次被用于餐饮中始于 16 世纪的欧洲大陆。在中国，金箔医用价值

由来已久，明代李时珍《本草纲目》记载，食金，镇精神、坚骨髓、通利五脏邪气，服之神仙。尤以箔入丸散服，破冷气，除风。

通常来讲，黄酒和白酒被称为是中国的国酒，因为这两种酒是源于中国，而且基本上也是中国独有。如果按照这个属性，笔者觉得露酒也应该算是中国的国酒。因为露酒在我们国家具有悠久的历史，其中名气最大的当属竹叶青酒，竹叶青酒似乎都成了中国保健酒、露酒的代名词了。

竹叶青酒就是非常有名的露酒，竹叶青酒远在古代就享有盛誉，最初是以黄酒加竹叶合酿而成的配制酒。可能是因为竹叶青酒有非常好的感官特点，以及良好的营养健康效果，使其具有良好的口碑。很多朝代都有关于竹叶青酒的记载，但是随着酿酒技艺的变化，具体的酿制工艺可能不太一样。

例如在西晋初年，就有"苍梧竹叶青，宜城九酝醝（cuō）"的诗句。诗句中的竹叶青就是竹叶青酒，这说明竹叶青酒在当时人们心目中的地位已经很高了，受到文人墨客的赞赏。苍梧是地名，在今天的广西壮族自治区境内，产美酒竹叶青。诗句里面的醝就是白酒的意思。宜城也是地名，在今天的湖北省境内，宜城名酒是九酝类的醇酒。多次连续酿造而成的酒称为酎（zhòu），《礼记·月令》记载有"孟春三月，天子饮酎，用礼乐。"汉·刘歆在《西京杂记》中也写道："宗庙八月饮酎，皇帝待祠。以正月作酒，八月成，名曰酎，又名九酝。"九这个字是基础数字里面最大的一个数，在汉语里一般当多讲，如九牛一毛，九死不悔。九酝并不一定正好发酵九次。从曹操给汉献帝的《上九酝酒法奏》的奏章里可知，九酝是一种多次投料、连续发酵的新工艺，类似于现代的浓香和酱香工艺。曹操得法于南阳人郭芝，当时襄阳归南阳郡管，郭芝的酿九酝酒法，可能得自于宜城民间，这可由宜城九酝醝的名气而知。

唐朝诗人杜甫也有直接谈到竹叶青酒的诗句，诗的原文为"崖密松花熟，山杯竹叶青"。《水浒传》中也多处提到饮用竹叶青酒，例如有"野店初尝竹叶青""三杯竹叶穿胸过，两朵桃花飞上来。"可见民间酿造和饮用竹叶青酒是非常广泛的。实际上在宋朝，杭州、泉州、成都都有酿造竹叶青酒的记载。

由此可以看到，中国中医药与中国酒相结合，酿制露酒的做法是有源远流长的历史和广泛的社会基础的。

现在的竹叶青酒被山西杏花村酒厂注册成了注册商标，所以现在一谈到竹叶青酒，就会想到杏花村竹叶青酒。杏花村竹叶青酒，与汾酒同一产地，属于汾酒的再制品。它以汾酒为原料，另以淡竹叶、陈皮、木香、檀香、砂仁、山柰等十余种中药材为辅料，经浸泡等传统工艺，辅以科学勾兑技术，再制而成。

此酒色泽金黄色带微绿，透明，有药材形成的独特而悦人的芳香，口味甜绵，微苦温和，饮后香甜爽口，没有刺激性，酒精度为 45% vol，糖分为10%。该酒驰名中外，并与汾酒齐享美名，远销日本、朝鲜及东南亚和欧洲各国。在 1963 年和 1979 年的全国第二届、第三届评酒会上均被评为国家名酒。

为了深刻理解酒的意义及其分类，作者特围绕酒的分类用一首诗来总结概括，诗的内容如下：

饮料酒分类

酒不叫酒加饮料，露酒蒸发三类酒，

露酒配制蒸发酿，露酒蒸发四八六，

三类国酒我都有，三个代表都悠久，

竹叶青白和黄酒，名不虚传品质优。

第一句是指酒是人们的日常用语，在国家标准术语里酒是不叫酒的，而是称为饮料酒。

第二句是指饮料酒可以分为露酒、蒸馏酒和发酵酒三类酒。这句是按照倒序的方式列举出了三类酒即露酒、蒸馏酒和发酵。这三类酒的名称是由其制造的最后一道主要工序决定的，如果最后一道重要工序为与辅料或添加剂混合配制，则这类酒称为配制酒或露酒，如果最后一道重要工序是蒸馏，则这类酒称为蒸馏酒，如果最后一道重要工序是发酵，则称为发酵酒。

第三句是指露酒也称为配制酒，发酵酒也称为酿造酒。

第四句是指露酒可以进一步分为四类，蒸馏酒可以进一步分为八类，发酵酒可以进一步分为六类。

第五句是指在三类酒当中，我们国家都有自己的典型代表。

第六句是指我们国家的三类国酒的历史都很悠久。

第七句是指竹叶青酒、白酒和黄酒可以称为中国的国酒。

第八句是指三类国酒，名气都很大，品质也都很优秀。

五、 中国白酒

（一） 中国白酒的定义

什么是白酒，在我们国家现在是有国家标准定义的。按照相关国家标准，白酒的定义是以粮谷为主要原料，用大曲、小曲或麸曲及酒母等为糖化发酵剂，经蒸煮、糖化、发酵、蒸馏而制成的白酒。

这个定义是从过程和结果两个维度对白酒进行了约束，也就是说，白酒不仅要求最终的成品酒要和我们传统印象当中的白酒相似，也对制造这种白酒的过程提出了要求。

其中过程维度，从原料情况、用曲情况、主要过程工序三方面进行了约束，而成品维度主要从白酒的"白"进行了约束。其实白酒最初之所以称为白酒，应该和白酒的外观清亮透明，颜色偏浅几乎无色的属性有关系。

（二） 国家名优酒

国家名优酒是国家名酒（也称为中国名酒或简称名酒）和国家优质酒（简称国优）合称。国家名酒是国家级评酒会评出的全国金质奖章酒，为我们国家评定的质量最高的酒。在"国家名酒"之外，还有"国家优质酒"，国家优质酒的评比与国家名酒的评比同时进行，是国家评酒会评出的全国银质奖章酒。

从中华人民共和国成立之后到目前为止，我们国家举行过五次国家级的评酒会，最终，总共评出了国家名酒 17 种，优质酒 53 种，笔者称之为"十七大名酒，五十三国优"。

第一届国家评酒会于 1952 年在北京举行，共评出国家 4 大名酒，分别是茅台酒、汾酒、泸州老窖特曲、西凤酒。

第二届国家评酒会于 1963 年在北京举行，共评出国家 8 大名酒，9 种优质酒。8 个国家名酒分别是五粮液、古井贡酒、泸州老窖特曲、全兴大曲、茅台酒、西凤酒、汾酒、董酒。

第三届国家评酒会于 1979 年在大连举行，共评出国家名酒 8 种，优质酒 18 种。这届评出的 8 个国家名酒分别是五粮液、古井贡酒、泸州老窖特曲、剑南春、茅台酒、洋河大曲、汾酒、董酒。

第四届国家评酒会于 1984 年在太原举行，评出国家名酒 13 种，优质酒 27 种。这届评酒会评出的国家名酒较前三届增加了黄鹤楼、双沟大曲和郎酒共 3 个。

第五届国家评酒会于 1989 年在合肥举行，共评出国家名酒 17 种，优质酒 53 种。这届评酒会评出的国家名酒较前四届增加了宝丰酒、宋河粮液、沱牌大曲和武陵酒共 4 个。

1. 十七大名酒

便于读者记忆，笔者用一首绝句将十七大名酒进行了概括，诗的内容如下，诗句后面的数字代表这句诗句里面所含有的酒的数量。

十七大名酒

茅台董酒和郎酒（3），五兴剑舍大泸州（5），

西汾宝宋井河沟（7），加上黄陵十七酒（2）。

第一句中包含了 3 个国家名酒分别是贵州茅台酒、董酒和四川古蔺县郎酒。

第二句包含了来自四川的 5 个浓香型的国家名酒，它们分别是五粮液、全兴大曲、剑南春、沱牌大曲（现在力推舍得品牌）和泸州老窖。

第三句包含了 7 个国家名酒，它们分别是西凤酒、汾酒、河南宝丰酒、河南的宋河酒、来自安徽的古井贡酒和来自江苏的洋河大曲与双沟大曲酒。

第四句包含了 2 个国家名酒，它们是来自湖北的黄鹤楼酒和来自湖南的酱香型酒武陵酒。

2. 五十三国优

相对国家名酒来说，大家对国家优质酒的了解就要少很多，这里面不乏有很多原因，例如很多曾经的国家优质酒的生产企业，近年来发展得并不是太好，广告宣传少，有些企业甚至已不复存在，其实这里还有一个重要的原因就是国家优质酒的数量偏多，不容易被大家记住。为了便于读者记忆，作者用一首七律对五十三个国家优质酒进行了概括，诗的内容如下，诗句后面的数字代表这句诗句里面所含有的酒的数量。

五十三国优

三丛四德叙珍习（7），诗仙太白沟双洋（7），

宝玉津张迎林湄（7），杜府滩安浏口汤（7），

三燕沙黔筑宁德（7），二老三高湘西阳（7），

吉龙赤凤哈老白（4），石龙川塔金六坊（7）。

为了让读者了解诗句中每个字所代表的酒名，笔者用列表的方式将诗句中的字和酒名进行一一对应，见表 2-1 和表 2-2。

表2-1　　　　　　　　　　前四句所代表的国家优质酒

诗句	序号	酒名	香型	诗句	序号	酒名	香型
三	36	广西三花酒	小曲米香	宝	23	宝莲大曲酒	大曲浓香
丛	17	丛台酒	大曲浓香	玉	34	黑龙江中国玉泉酒	大曲兼香型
四	10	四特酒	大曲其他香型	津	28	天津津酒	大曲浓香
德	14	湖南德山大曲酒	大曲浓香	张	29	河南张弓大曲酒	低度大曲浓香
叙	15	四川叙府大曲酒	大曲浓香	迎	38	河北迎春酒	麸曲酱香
珍	9	珍酒	大曲酱香	林	22	林河特曲酒	大曲浓香
习	1	习酒	大曲酱香	湄	26	湄窖酒	大曲浓香
诗	3	诗仙太白陈曲酒	大曲浓香	杜	5	杜康酒	大曲浓香
仙	18	仙潭大曲酒	大曲浓香	府	4	孔府家	大曲浓香
太	11	太白酒	大曲其他香型	濉	19	濉溪特液	大曲浓香
白	12	湖北白云边酒	大曲兼香型	安	20	安酒	大曲浓香
沟	6	江苏双沟特液	低度大曲浓香	浏	13	湖南浏阳河小曲酒	小曲米香
双	2	双洋特曲酒	大曲浓香	口	8	口子酒	大曲浓香
洋	7	江苏洋河大曲	低度大曲浓香	汤	21	汤沟特曲酒	大曲浓香

表2-2　　　　　　　　　　后四句所代表的国家优质酒

诗句	序号	酒名	香型	诗句	序号	酒名	香型
三	16	三溪大曲酒	大曲浓香	吉	46	吉林龙泉春酒	麸曲浓香
燕	45	河北燕潮酩酒	麸曲浓香	龙			
沙	32	白沙液	大曲其他香型	赤	47	内蒙古赤峰陈曲酒	麸曲浓香
黔	42	黔春酒	麸曲酱香	凤	53	北凤酒	麸曲其他香型
筑	41	筑春酒	麸曲酱香	哈	51	哈尔滨老白干酒	麸曲清香
宁	44	宁城老窖	麸曲浓香	老			
德	43	德惠大曲酒	麸曲浓香	白			
二	27	二峨大曲酒	大曲浓香	石	37	广东石湾玉冰烧酒	小曲其他香
老	40	辽宁大连老容酒	麸曲酱香	龙	30	哈尔滨特酿龙滨酒	大曲酱香

续表

诗句	序号	酒名	香型	诗句	序号	酒名	香型
三	25	三苏特曲	大曲浓香	川	39	辽宁凌川白酒	麸曲酱香
高	24	高沟特曲酒	大曲浓香	塔	50	辽宁凌塔白酒	麸曲清香
湘	35	广西湘山酒	小曲米香	金	48	辽宁金州曲酒	麸曲浓香
西	33	湖北西陵特曲酒	大曲兼香型	六	49	山西六曲香酒	麸曲清香
阳	31	晋阳酒	大曲清香	坊	52	山东坊子白酒	麸曲其他香型

五十三个国家优质酒的具体名单如下：1. 习酒（大曲酱香）；2. 双洋特曲酒（大曲浓香）；3. 诗仙太白陈曲酒（大曲浓香）；4. 孔府家（大曲浓香）；5. 杜康酒（大曲浓香）；6. 江苏双沟特液（低度大曲浓香）；7. 江苏洋河大曲（低度大曲浓香）；8. 口子酒（大曲浓香）；9. 珍酒（大曲酱香）；10. 四特酒（大曲其他香型）；11. 太白酒（大曲其他香型）；12. 湖北白云边酒（大曲兼香型）；13. 湖南浏阳河小曲酒（小曲米香）；14. 湖南德山大曲酒（大曲浓香）；15. 四川叙府大曲酒（大曲浓香）；16. 三溪大曲酒（大曲浓香）；17. 丛台酒（大曲浓香）；18. 仙潭大曲酒（大曲浓香）；19. 濉溪特液（大曲浓香）；20. 安酒（大曲浓香）；21. 汤沟特曲酒（大曲浓香）；22. 林河特曲酒（大曲浓香）；23. 宝莲大曲酒（大曲浓香）；24. 高沟特曲酒（大曲浓香）；25. 三苏特曲（大曲浓香）；26. 湄窖酒（大曲浓香）；27. 二峨大曲酒（大曲浓香）；28. 天津津酒（大曲浓香）；29. 河南张弓大曲酒（低度大曲浓香）30. 哈尔滨特酿龙滨酒（大曲酱香）；31. 晋阳酒（大曲清香）；32. 白沙液（大曲其他香型）；33. 湖北西陵特曲酒（大曲兼香型）；34. 黑龙江中国玉泉酒（大曲兼香型）；35. 广西湘山酒（小曲米香）；36. 广西三花酒（小曲米香）；37. 广东石湾玉冰烧酒（小曲其他香）；38. 河北迎春酒（麸曲酱香）；39. 辽宁凌川白酒（麸曲酱香）；40. 辽宁大连老容酒（麸曲酱香）；41. 筑春酒（麸曲酱香）；42. 黔春酒（麸曲酱香）；43. 德惠大曲酒（麸曲浓香）；44. 宁城老窖（麸曲浓香）；45. 河北燕潮酩酒（麸曲浓香）；46. 吉林龙泉春酒（麸曲浓香）；47. 内蒙古赤峰陈曲酒（麸曲浓香）；

48. 辽宁金州曲酒（麸曲浓香）；49. 山西六曲香酒（麸曲清香）；50. 辽宁凌塔白酒（麸曲清香）；51. 哈尔滨老白干酒（麸曲清香）；52. 山东坊子白酒（麸曲其他香型）；53. 北凤酒（麸曲其他香型）。

（三）　五届评酒会

五届评酒会，即为五届国家评酒会，因为这五届评酒会对推动中国酒行业的发展起到重要的作用，尤其对中国白酒的发展更是意义深远，因此有必要对五届评酒会进行一些必要的介绍。为了让大家能够全面了解五届评酒会的情况，特对五届评酒会举办的时间，地点，主持单位，主持人，评酒办法及评酒结果等六个方面进行较为详细的介绍，并且针对每一届评酒会作诗一首或几首，以便记忆。

1. 第一届全国评酒会

（1）时间　1952 年。

（2）地点　北京市。

（3）主持单位　中国专卖事业总公司。

（4）主持评酒工作专家　朱梅和辛海庭。

（5）评酒办法　根据市场销售信誉，结合化验分析结果，评议推荐国家名白酒。

1952 年中国专卖事业公司召开了第二届专卖工作会议。会议之前收集了全国的白酒、黄酒、果酒、葡萄酒的酒样 103 种。由北京试验厂（现北京酿酒总厂）研究室进行了化验分析，并向会议推荐了 8 种酒。

会议确定了四条入选条件：①品质优良，并符合高级酒类标准及卫生指标；②在国内获得好评，并为全国大部分人所欢迎；③历史悠久，在全国有销售市场；④制造方法特殊，具有地方特色，无法仿制。

（6）评酒结果　根据北京试验厂（后来的北京酿酒总厂）研究室化验分析的结果和推荐意见，将历史悠久、在国内外有较高的信誉，不但经销全国，而且出口国外的贵州茅台酒、山西汾酒、泸州老窖特曲和陕西西凤酒评为国

笑傲白酒江湖之宝典

家名酒。

（7）总结　第一届全国评酒会于 1952 年在北京举行。那时酿酒工业尚处于整顿恢复阶段，国家除接收少数官僚资本家的企业外，大多数酒类生产是私人经营的。当时对酒类的生产是由国家专卖局进行管理，在这种情况下举行的第一届评酒会不可能系统地选拔推荐酒的样品。这一次评酒实际上是根据市场销售信誉结合化验分析结果评议推荐的。根据分析结果和推荐意见，将四款酒评为我国的四大名酒。

第一届全国评酒会的准备工作和条件较差，但评选出的四大名酒对推动生产、提高产品质量起到了重要作用，并为以后的评酒奠定了良好基础，树立了基本框架，开创了我国酒类评比历史的新篇章，为我国酒类评比写下了极为珍贵的一页。

为了让读者便于了解第一届国家评酒会的相关情况，作者用一首诗进行了概况，诗的内容如下：

第一届评酒会

五二北京届第一，主持单位中专司，

朱辛两人看检意，国家名酒定了四，

茅台有名缘遵义，泸州来自川盆地，

汾西两酒始唐时，茅泸西汾名再起。

第一句和第二句的意思是说第一届国家评酒会于 1952 年在北京举行，主持这届评酒会的单位是中国专卖事业总公司。

第三句和第四句的意思是说具体的工作由朱梅和辛海庭两个人主持，他们俩根据检验结果和推荐意见，定了四个国家名白酒。

第五句至第八句列举四个国家名酒，意思是说茅台酒有名应该是和其来自遵义有关，泸州老窖酒来自适合浓香型白酒生产的四川盆地，汾酒和西凤酒起源史都和唐朝有关，这四个酒历来都有名，此次被评上了国家名酒，使

38

其名声再次鹊起。

2. 第二届全国评酒会

（1）时间　1963 年 10 月。

（2）地点　北京市。

（3）主持单位　原食品工业部食品工业局。

（4）主持评酒工作专家及评酒委员　主持第二届国家评酒工作专家的是周恒刚，评酒委员有 11 人。

（5）评酒办法　本次采用按混合编组大排队的办法进行品评。品评由评酒委员独立思考，按照酒的色、香、味百分制写评语，采取密码编号、分组淘汰，经过初赛、复赛和决赛，按得分多少择优推荐。

（6）评酒结果　第二届国家评酒会总共评出了国家名酒八种，国家优质酒九种。

8 种国家名酒为：五粮液（四川宜宾）、古井贡酒（安徽亳州）、泸州老窖特曲酒（四川泸州）、全兴大曲酒（四川成都）、茅台酒（贵州仁怀）、西凤酒（陕西西凤）、汾酒（山西杏花村）和董酒（贵州遵义）。

9 种国家优质酒为：双沟大曲酒、龙滨酒、德山大曲酒、全州湘山酒、桂林三花酒、凌川白酒、哈尔滨高粱糠白酒、合肥薯干白酒和沧州薯干白酒。

本届评酒会充分显示了我们国家酿酒工业的发展，名酒数量从 8 种增加到 18 种。其中白酒 8 种，称为"八大名白酒"，而且还涌现了 9 种国家优质酒。

（7）总结　1952 年评选出八大名酒后，在全国引起强烈轰动，促进了酒类产品市场销售声誉的大步提高；在酒企业中不但树立了榜样，而且各地掀起了学先进、赶先进的群众运动，全行业掀起了生产新高潮。全国各地涌现出许多品质优良独具风格的饮料酒。

本届评酒未分香型评酒，也没有按原料和糖化剂的不同分别编组，而是采取混合编组大排队的办法进行评选，仅分为白酒、黄酒、果酒和啤酒四个组分别进行。由于白酒评比中没有分香型评酒，造成了以香气浓者占优势，致使香气较弱的清香和酱香型白酒得分较低，并不能真正反映不同风格的特点。

为了让读者便于了解第二届国家评酒会的相关情况，笔者用一首诗进行了概括，诗的内容如下：

第二届评酒会

食品工业之部局，六三十月京城评，

周公混排分组淘，初复决赛三百评，

择优推荐根据分，国家名酒前八名，

贵州两酒茅台董，五兴泸州西汾井。

第一句和第二句把第二届国家评酒会的主持单位、举办的时间和地点进行概括。意思是说国家食品工业部的食品工业局于1963年10月在北京举办了第二届国家评酒会。

第三句到第六句把主持人和评酒方案进行了介绍。意思是说以周恒刚为首的评酒委员对酒样按照混合大排序的方式，根据酒色香味三个方面的质量情况，对酒样进行百分制打分，根据得分高低进行了初赛、复赛和决赛的三轮淘汰赛，最终将得分前八名的酒定为推荐国家名酒。

第七句和第八句则对八个国家名酒进行列举，意思是说贵州省有两个国家名酒分别为茅台和董酒，还有五粮液、全兴大曲、泸州老窖、西凤酒、汾酒和古井贡酒。

3. 第三届全国评酒会

（1）时间　1979年8月3日至8月15日。

（2）地点　辽宁省大连市。

（3）主持单位　原轻工业部。

（4）主持评比工作专家及评酒委员　主持评酒工作专家：周恒刚和耿兆林。

评酒委员共有 22 人，其中有 5 名特聘评委，另外 17 名是经考核后聘请的国家白酒评酒委员。

（5）评酒办法 采取密码编号，分香型评比的办法。样品少的一次决赛，超过 6 个的进行初评、复评、终评。同一省的酒初评不碰面，上届名酒不参加初评，复评时作为种子选手分别编在各小组进行品评。

评比按香型、生产工艺和糖化剂分别编为大曲酱香、浓香和清香，麸曲酱香、浓香和清香；米香；其他香型及低酒精度等组，分别进行评比。

评比办法是按照酒的色泽 10 分，香气 25 分，口味 50 分，风格 15 分打分，总计 100 分。

（6）评酒结果 通过评比，由评酒委员会推荐，轻工业部审定，第三届全国评酒会共评出国家名白酒 8 种，国家优质酒 18 种。

8 种国家名酒，茅台酒、汾酒、五粮液、剑南春酒、古井贡酒、洋河大曲酒、董酒、泸州老窖特曲酒。

18 种国家优质酒：西凤酒、宝丰酒、郎酒、武陵酒、双沟大曲酒、淮北口子窖、丛台酒、白云边酒、湘山酒、三花酒、长乐烧酒、迎春酒、六曲香酒、哈尔滨高粱糠白酒、燕潮酩酒、金州曲酒、双沟低度大曲酒（酒精度 39%vol）、坊子白酒。

本届评酒将白酒首次按香型、生产工艺和糖化发酵剂分别编组。

（7）总结 本届评酒会确定了五种香型（酱香型、浓香型、清香型、米香型及其他香型）白酒的风格特点，统一了打分标准。由于当时对兼香型定义不明确，经过评酒委员讨论表决，本届评酒取消兼香型的分类类别，归类到其他香型类别。确定了按照色、香、味和风格四大项进行综合评定的基础，并合理地分配了各项分值；统一了各香型酒评比用语；该方法能较全面地反映产品质量的真实性，对指导生产、引导消费、评选名优产品起到了巨大的推动作用。

总的来说第三届评酒会准备充分，组织严密，方法科学，评定合理，令人信服。尤其是白酒评比，其历史作用是重大的，是中国评酒史上的里程碑。

为了让读者便于了解第三届国家评酒会的相关情况，作者用两首诗进行了概括。其中第一首诗对第三届国家评酒会的会务情况和评比方案进行总结。诗句的内容如下：

第三届评酒会

周耿主持轻工定，七九八月大连评，

按香操作分曲度，初复终评四百评，

大曲麸曲酱浓清，米其低度五九型，

二十二人分两组，低度一组单独评。

第一句和第二句对第三届国家评酒会主持单位、主持人、举办的时间和地点进行描述。意思是说第三届国家评酒会由国家轻工业部主持，具体工作由周恒刚和耿兆林两人负责，于 1979 年 8 月在大连举行。

第三句到第八句描述了本届评酒的评酒方案。意思是说本届评酒按香型、曲的种类、酒度的高低进行分组，经过初评、复评和终评三轮淘汰赛，对酒样从色香味格四个方面采用百分制打分。具体分了五个香型和九类，分别是大曲酱香组、大曲浓香组、大曲清香组、麸曲酱香组、麸曲浓香组、麸曲清香组、米香型、其他香型组和低度组共 9 个组。这个评酒会总共有 22 位评委，他们分成两组，其中 1 组专门评低度酒组，另外一组评其他的 8 组。

第二首诗重点描述了第三届评酒会的评比结果，诗的内容如下：

第三届评酒会之评奖结果

委推部审定八金，银质奖章十八名，

三届名酒下西兴，南洋新上两新星。

意思是说根据评酒委员会推荐和国家轻工部的审核，最终确定了 8 个国家金质奖章酒即国家名酒，18 个国家银质奖章酒即国家优质酒。通过第三届评酒会的评比，原第二届国家评酒会评出的国家名酒西凤酒和全兴大曲酒这次落选了，而剑南春和洋河两款酒是这届评酒会新评上的国家名酒，成为两颗新星。

4. 第四届国家评酒会

（1）时间　1984 年 5 月 7 日至 5 月 16 日。

（2）地点　山西省太原市。

（3）主持单位　中国食品工业协会。

（4）主持评酒工作的专家组及评酒委员　主持评酒工作的专家组由周恒刚、沈怡方、曾纵野、高月明、曹述舜、沈宇光和叶贤佐共 7 人组成，每个人的情况及分工如下。

周恒刚，男，河北省廊坊地区轻工局副局长，高级工程师，担任白酒专家业务组组长。

沈怡方，男，江苏省食品发酵研究所的高级工程师，担任白酒专家业务组副组长。

曾纵野，男，黑龙江省商学院的副教授，担任白酒专家业务组副组长。

高月明，男，黑龙江省轻工业厅食品工业公司科长，副总工程师，担任白酒专家业务组成员。

曹述舜，男，贵州省轻工业厅科研所所长，工程师，担任白酒专家业务组成员。

沈宇光，男，辽宁省沈阳市浑河酒厂工程师，担任白酒专家业务组成员。

叶贤佐，男，四川省宜宾地区名曲酒公司副科长，技师，担任白酒专家业务组成员。

此次评酒会的评酒委员有 30 位，他们都是从国家白酒评酒委员中挑选出来的，为了挑选此次评酒会的评酒委员，主持单位中国食品工业协会于 1984 年 4 月在江苏省淮安市组织了一次专门的考试，经考核最终择优聘请了 30 名国家白酒评酒委员。

（5）评酒办法　采用按香型、糖化剂编组，密码编号，分组初评淘汰，再进行复赛，选优进行决赛的办法。

本届参赛样品较多，考虑到评酒效果和时间，把 30 名评酒委员分成两组：其中一组专门评浓香型白酒，另一组评浓香型以外其他香型的酒。

为做好保密工作，每轮评比结果都以密码编号出现，将出线酒返回编组，重新编号进入下一轮评比。酒样编码后当即密封，评比结束组织有关方面共同拆封、按得分多少择优推荐，再由国家质量奖审定委员会审查定案。

（6）评酒结果　国家质量奖审定委员会于 1984 年 8 月 6 日发表通报公布了预评名单，广泛征求各方面意见并于 1984 年 8 月 31 日定案发奖。

获得这次国家优质食品金质奖（国家名酒称号）的有 13 种：贵州茅台酒、山西汾酒、四川五粮液、江苏洋河大曲酒、四川剑南春酒、安徽古井贡酒、贵州董酒、陕西西凤酒、四川泸州老窖特曲酒、四川全兴大曲酒、江苏双沟大曲酒、武汉黄鹤楼酒、四川郎酒。

获得银质奖（国家优质酒称号）的有 27 种：湖南武陵酒、哈尔滨特酿龙滨酒、河南宝丰酒、四川叙府大曲酒、湖南德山大曲、湖南浏阳河小曲酒、广西湘山酒、广西三花酒、江苏双沟特液（低度）、江苏洋河大曲（低度）、天津津酒（低度）、河南张弓大曲酒（低度）、河北迎春酒、辽宁凌川白酒、辽宁大连老窖酒、山西六曲香酒、辽宁金州曲酒、湖北白云边酒、湖北西陵特曲酒、黑龙江中国玉泉酒、广东石湾玉冰烧酒、山东坊子白酒。

（7）总结　本届评酒会是按照酒类专业组分期召开的，即白酒单独的评比会。参加评选的产品应是双优（部优和省优）产品，单项产品年产值 100 万元以上，参加评比的酒样，种类比历届都多，绝大多数白酒风格典型，酒体协调，酒质比上届有所提高，从本届开始，评酒员考核增加理论文字题。麸曲酒质量有较大提高，酱香、清香型低度酒相继问世。

为了让读者便于了解第四届国家评酒会的相关情况，作者用三首诗进行了概括。其中第一首诗对第四届国家评酒会的主持单位、专家组情况及举办的时间地点进行描述，诗句的内容如下，诗句的意思较为浅显，这里就不逐句解释。

第四届评酒会

中食协会首主持，八四五月太原评，

主持小组七人成，周方曾宇曹贤明。

第二首诗重点描述了第四届评酒会评比方案，诗的内容如下，诗句的意思较为浅显，这里就不逐句解释。

第四届评酒会之评奖办法

按香操作分曲种，初复决赛四百评，

初步淘汰剩复赛，复赛选优决赛拼，

三十评委分两组，浓香其他平行评，

根据得分来推荐，国家质奖审委定。

第三首诗重点描述了第四届评酒会的评比结果，诗的内容如下，诗句的意思较为浅显，这里就不逐句进行解释。

第四届评酒会之评奖结果

十三名酒四届有，还有二十七国优，

四届增三有四郎，加上双沟黄鹤楼。

5. 第五届国家评酒会

（1）时间　1989 年 1 月 10 日至 1 月 20 日。

（2）地点　安徽省合肥市。

（3）主持单位　中国食品工业协会。

（4）主持评酒工作的专家组及评酒委员　主持第五届国家评酒会工作的

专家组由沈怡方（已故）、于桥（已故）、高月明（已故）、曹述舜（已故）、曾祖训和王贵玉组成。

此次评酒会的评酒委员有79位。为了挑选此次评酒委的评酒委员，主持单位中国食品工业协会于1988年12月10日至12月13日在湖南长沙市组织了一次考试，对全国的国家白酒评酒委员进行了考核，根据考试成绩，择优录取了44名正式评委（其中6名是专家组的成员，他们免试录取），同时还特聘了35名特邀全国评酒委员。

（5）评酒办法

①按基层申报的产品香型、酒精度、糖化剂分类进行品评。香型分为酱香、清香、浓香、米香、其他香型5类。

酒精度分为40~55度（含40度和55度），40度以下两档。

糖化剂分为大曲、麸曲和小曲3种。

②酒样密码编号。采用淘汰制，进行初评、复评、终评。

③评酒采用百分制，其中色泽10分，香气25分，口味50分，风格15分。去除每组酒样的最高及最低分后计分统计。

④对上届获得的国家名酒（金质奖）和国家优质酒（银质奖）进行复查认定。

由于参加评比的酒样多达362种以上，在评酒时，将评酒委员（含特邀评委）分为4大组，进行品评。其中第一、二组进行上届名酒和优质酒的复查；第三组进行浓香型白酒以外其余香型白酒的品评；第四组进行浓香型白酒的品评。

（6）评酒结果　获得这次金质奖（国家名酒称号）的有17种，其中13种为上届国家名酒经本届复查确认，新增加4种，即武陵酒、宝丰酒、宋河粮液、沱牌曲酒。经复查确认的国家名酒和国家优质酒中有部分降度、低度酒都可分别采用国家名酒和国家优质酒的标志。

获得银质奖（国家优质酒称号）的有53种，其中25种为上届国家优质酒经本届复查确认，新增加28种。

（7）总结　第五届国家评酒会工作横跨 1988 年和 1989 年，最终的评酒时间和结果公布时间是 1989 年 1 月份，还处于中国农历年的 1988 年，因此有些企业在宣传的时候把这届评酒会的时间说成是 1988 年，其实也没有什么大问题。

此届评酒会之前，国家轻工业部于 1988 年 9 月组织商业部、国家技术监督局和中国食协等单位，在辽宁省朝阳市召开了"酒类国家标准审定会"，通过了"浓香型白酒"等 6 个国家标准。第五届评酒会就是按照这些标准对白酒进行评选的。

为了让读者便于了解第五届国家评酒会的相关情况，笔者用三首诗进行了概括。其中第一首诗对第五届国家评酒会的主持单位、专家组情况及举办的时间地点进行描述，诗句的内容如下，诗句的意思较为浅显，这里就不逐句进行解释。

第五届评酒会

中食协会再主持，八九一月合肥评，

主持小组六人成，方桥月明曹王曾。

第二首诗则重点描述了第五届评酒会评比方案，诗的内容如下，诗句的意思较为浅显，这里就不逐句解释。

第五届评酒会之评奖办法

按香操作分曲度，酱浓清米其五型，

大曲麸曲小三种，高低酒度四十定，

密码品评淘汰制，初复终评四百评，

七十五人分四组，四组只评浓香型，

一组二组查名优，三组评比其余剩。

第三首诗则重点描述了第五届评酒会的评比结果，诗的内容如下，诗句的意思较为浅显，这里就不逐句进行解释。

第五届评酒会之评奖结果

十七名酒五届生，五三国优也产生，

五届增四要舍得，河南宋宝湘武陵。

（四）十八种中国白酒

中国白酒的发展体系是一个开放的体系，会与时俱进地融入现代科技，发展至今中国白酒现在已经有 18 种主要的类型。16 种香型固态法白酒、液态法白酒和固液法结合白酒如图 2-8 所示。

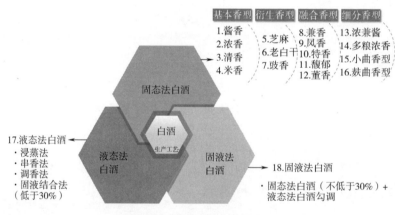

图 2-8　三类十八种中国白酒

1. 固态法白酒

以粮谷为原料，采用固态（或半固态）糖化、发酵、蒸馏，经陈酿、勾兑而成的，未添加食用酒精及非白酒发酵产生的呈香呈味物质，具有本品固有风格特征的白酒。

固态法白酒就是我们通常讲的中国传统白酒。固态法白酒一般是按香型进一步分类，据笔者统计，现在已形成"12+4"即 16 种香型的固态法白酒。

固态法白酒没有统一的标准，每个香型基本（除细分香型之外）都有自己的执行标准。16种香型的白酒包括酱香、浓香、清香、米香、芝麻香、老白干、豉香、兼香、风香、特香，还有2个香型得到行业认可，但没有国家标准，即董酒的药香和馥郁香，另外还有四个大香型之下的细分香型，包括浓兼酱、多粮浓香、小曲清香、麸曲清香。

（1）酱香型白酒　酱香型白酒的典型代表是茅台酒，又称茅型酒。由于它有类似酱油的香气，故称酱香型白酒。其实称作酱香也不确切，但因其主体香味成分还尚未确定，还在研究之中，故而暂称之为酱香型。质量好的酱香型白酒应该无色或微黄，清亮透明，无悬浮物，无沉淀，酱香突出，香气幽雅，空杯留香持久，酒体醇厚，丰满，诸味协调，回味悠长，具有本品典型风格。

（2）浓香型白酒　浓香型白酒的典型代表是泸州老窖特曲，过去也称为泸型酒。其主体香味是己酸乙酯，与适量的丁酸乙酯、乙酸乙酯和乳酸乙酯等构成复合香气。质量好的浓香型白酒应该无色或微黄，清亮透明，无悬浮物，无沉淀，具有浓郁的己酸乙酯为主体的复合香气，酒体醇和谐调，绵甜爽净，余味悠长，具有本品典型的风格。

（3）清香型白酒　清香型白酒的典型代表是山西汾酒，其主体香味是以乙酸乙酯为主体构成的复合香气。质量好的清香型白酒应该是无色或微黄，清亮透明，无悬浮物，无沉淀，清香纯正，具有乙酸乙酯为主体的优雅、谐调的复合香气，酒体柔和谐调，绵甜爽净，余味悠长，具有本品典型的风格。

（4）米香型白酒　米香型白酒的典型代表有桂林三花酒和全州湘山酒，其主体香味是以乳酸乙酯和β-苯乙醇为主体构成的复合香气。质量好的米香型白酒应该无色，清亮透明，无悬浮物，无沉淀，米香纯正，清雅，酒体醇和，绵甜、爽冽，回味怡畅，具有本品典型的风格。

（5）芝麻香型白酒　芝麻香型白酒是以山东景芝白干酒和江苏的梅兰春酒为代表，芝麻香型白酒的特征指标是3-甲硫基丙醇，国家标准要求高度酒的 3-甲硫基丙醇的含量不低于 0.5mg/L。质量好的芝麻香型白酒应该无色或微黄，清亮透明，无悬浮物，无沉淀，芝麻香幽雅纯正，醇和细腻，香味谐调，余味悠长，具有本品典型的风格。

（6）老白干香型白酒　老白干香型白酒是以河北衡水老白干为代表，具有以乳酸乙酯、乙酸乙酯为主体的复合香气。质量好的老白干香型白酒应该无色或微黄，清亮透明，无悬浮物，无沉淀，醇香清雅，具有乳酸乙酯和乙酸乙酯为主体的自然谐调的复合香气，酒体谐调、醇厚甘洌、回味悠长，具有本品典型的风格。

（7）豉香型白酒　豉香型白酒以广东玉冰烧酒为代表，其主要香味成分是二元酸二元酯（庚二酸二乙酯、辛二酸二乙酯与壬二酸二乙酯）和 β-苯乙醇。好的豉香型白酒应该无色或微黄，清亮透明，无悬浮物，无沉淀，豉香纯正，清雅，醇和甘洌，酒体丰满、谐调，余味爽净，具有本品典型的风格。

（8）兼香型白酒　兼香型白酒以白云边酒为代表，闻香以酱香为主，略带浓香，入口后浓香较突出，口味较细腻，后味较长，在浓香型酒中品评，它酱味突出，在酱香型中品评，它浓香突出。质量好的兼香型白酒应该无色或微黄，清亮透明，无悬浮物，无沉淀，浓酱谐调，幽雅馥郁，细腻丰满，回味爽净，具有本品典型的风格。

（9）凤香型白酒　凤香型白酒以陕西西凤酒为代表，其以乙酸乙酯为主，辅以一定量的己酸乙酯，构成该酒酒体的复合香气。质量好的凤香型白酒应该无色或微黄，清亮透明，无悬浮物，无沉淀，醇香秀雅，具有乙酸乙酯和己酸乙酯为主体的复合香气，醇厚丰满，甘润挺爽，诸味谐调，尾净悠长，具有本品典型的风格。

（10）特香型白酒　特香型白酒是以江西樟树四特酒为代表，特香型白酒的特征香气成分是丙酸乙酯，2018 年 4 月 1 日实施的特香型白酒的国家标准要求高度优级特香型白酒丙酸乙酯的含量不低于 20mg/L。质量好的特香型白酒应该无色或微黄，清亮透明，无悬浮物，无沉淀，幽雅舒适，诸香协调，具有浓、清、酱三香，但均不露头的复合香气，绵柔醇和，醇甜，香味谐调，余味悠长，具有本品典型的风格。

（11）馥郁香型白酒　馥郁香型白酒是在传统湘西民间酿酒工艺基础之上，大胆吸纳现代大、小曲工艺各自优点，将三种工艺有机结合，形成的全国唯一的馥郁香型白酒工艺。多粮颗粒原料，清蒸清烧，大小曲并用，小曲培菌糖化、大曲配糟泥窖固态发酵、窖泥提质增香、发酵时间30~60天，溶洞贮存陈酿、精心勾兑。

香味具有前浓、中清、后酱独特风格。闻香浓中带酱，且有舒适的芳香，香气馥郁而协调，酒体醇厚、丰满、圆润，浓、清、酱三者兼而有之，入口绵甜、柔和细腻，体现高度酒不烈、低度酒不淡的口味，余味长且净爽。质量好的馥郁香型白酒应该无色或微黄，清亮透明，无悬浮物，无沉淀，馥郁香幽雅，酒体醇厚丰满，绵甜圆润，余味净爽悠长，具有本品典型的风格。

（12）董香型白酒　2008年9月，贵州省"董香型"地方标准将董酒正式确定为"董香型"。董香型也叫药香型，该香型的白酒以董酒为代表，董酒产于贵州遵义，因厂址坐落在北郊董公寺而得名，董酒公司主要产品为酒精度28%~68%vol的董酒。抗日战争时期，浙江大学西迁遵义，教授们践行实地了解民情来到董公寺，品饮董酒（当时叫程家窖酒）后，赞不绝口，教授们认为，此酒融汇130多种纯天然中草药参与制曲，是百草之酒，而"董"字由"艹"和"重"组成，"艹"与"草"同义，"重"为数量多之意，故"董"字寓意"百草"。

董酒是我国白酒中酿造工艺非常特殊的一种酒品，它采用优质高粱为原料，以贵州大娄山脉地下泉水为酿造用水，小曲、小窖制取酒醅，大曲、大窖制取香醅，酒醅香醅"串香"而成。风格既有大曲酒的浓郁芳香，又有小曲酒的绵柔、醇和、回甜，还有淡雅舒适的"百草香"植物芳香。

董酒的生产工艺和配方在当今世界上独一无二，在蒸馏酒行业中独树一帜。历代传承着中国传统文化深厚的根基，代表了中华民族千年沉淀的养生文化，它是中国白酒行业中极具中华民族特色的传统产品。为保护这一传统名产，"董酒工艺与酿造配方"于1983年、1994年、2006年先后三次被国家轻工业部、国家科学技术部、国家保密局列为科学技术保密项目"国家秘密",严禁对外做泄密性宣传,可参观、不拍照、不介绍,保密期限为长期。

董酒特征指标是丁酸和丁酸乙酯,对于优级董香型白酒来说,两者含量之和要求不低于0.30mg/L。质量好的董香型白酒应无色或微黄,清澈透明,无悬浮物、无沉淀,香气幽雅,董香舒适,醇和浓郁,甘爽味长,具有本品典型的风格。

(13)浓酱兼香型白酒 浓酱兼香型白酒的生产工艺主要有两种:一种是以白云边为代表的采用类似于传统酱香型白酒的多轮次固态堆积发酵工艺;另一种是以高粱等粮食为主要原料,稻壳为辅料,融汇传统浓香型和酱香型生产工艺之精萃而生产的白酒,该种工艺的兼香型白酒将酱香型与浓香型分型生产,取长避短,有机组合。

这种工艺生产的浓兼酱香型白酒是以黑龙江玉泉酒为代表。玉泉酒采用酱香、浓香分型发酵产酒,浓香型酒发酵60天,酱香型酒发酵30天,半成品酒各定标准,分型贮陈,按比例科学勾调而成。

这种浓酱兼香型白酒闻香以浓香为主,带有明显的酱香,入口绵甜、较甘爽,浓、酱协调,后味带有酱香,口味柔顺、细腻。

(14)多粮浓香型白酒 传统的浓香型白酒有两个典范:一个是泸州老窖;另一个是五粮液。两者最大的区别是泸州老窖只用了高粱为原料,而五粮液用了五种粮食作配方。另外,在酿造工艺方面,泸州老窖用的是原窖工艺,即酿酒取出与放回都在同一个窖池,而五粮液用的是跑窖工艺,即这个窖池取出母糟,却在另一个窖池发酵。不同的粮食配方和工艺,导致同属浓香型的两种白酒有了不同的风格。

多粮浓香型白酒是以多种粮谷为原料酿造的白酒,常以高粱、大米、糯米、小麦和玉米5种粮食为原料,稻壳为辅料,按照传统浓香型生产工艺酿造的白酒。多粮浓香型白酒以五粮液、剑南春、沱牌和全兴大曲为代表。五粮液的5种原料配比为高粱36%、大米22%、糯米18%、小麦16%、玉米8%。

酿酒界流行"高粱香、大米净、糯米绵、小麦躁、玉米甜、大麦冲"这么一句话，这句话基本上描述了不同的原料对白酒品质品格的影响。

质量好的多粮浓香型酒应该无色或微黄，清亮透明，无悬浮物，无沉淀，具有幽雅的以己酸乙酯为主体的多粮复合香气，酒体醇厚丰满，绵甜柔顺，余味爽净，酒味全面，具有本品典型的风格。

（15）小曲白酒　这里的小曲白酒是指以小曲替代大曲酿造的白酒，不包括小曲酿造的米香型白酒和豉香型白酒。目前最成功的小曲白酒就是小曲清香型白酒，小曲清香型白酒以云南玉林泉和重庆的江津小曲酒为代表。小曲清香型白酒采用的是清蒸清烧，小曲培菌糖化，配糟发酵的工艺，四川小曲清香型白酒的发酵时间为 7 天，云南小曲清香型白酒的发酵时间为 30 天。

小曲清香型白酒的糟香明显，有粮香，回甜突出，清香纯正，具有乙酸乙酯和独有的糟香构成的复合香气，其中的糟香较为突出，酒体醇厚、醇甜柔和、香味谐调、余味爽净。

质量好的云南小曲清香型白酒应该无色或微黄，清亮透明，无悬浮物，无沉淀，醇香清雅、纯正，酒体醇和谐调，爽净，回味怡畅、甘洌，具有本产品特有的风格。

（16）麸曲白酒　十七大名酒都是以大曲酿造的酒，但是实践表明以大曲作为糖化发酵剂酿造白酒也存在一些问题，首先在制造大曲的时候要消耗大量的小麦、大麦和豌豆等大量的粮食，其次在酿酒时，用曲量大，发酵周期长，出酒率低，每斤酒的耗粮高。

为了节约粮耗，克服大曲酒出酒率低的问题，20 世纪 50 年代以来，推广使用了培养纯种微生物的麸曲酒母的酿酒技术，应用优良的糖化菌和发酵菌进行酿酒，这对提高淀粉的利用率和出酒率都起到了促进作用，使制酒工艺向现代技术进了一步，使用麸曲所酿造的白酒称为麸曲白酒。麸曲白酒是以高粱、薯干、玉米及高粱糠等含淀粉的物质为主要原料，采用纯种麸曲酒母代替大曲（砖曲）作糖化发酵剂，经蒸煮、糖化、固态法发酵、蒸馏、贮存、勾兑而制成的，未添加食用酒精及非白酒发酵产生的呈香呈味呈色物质，具有麸曲风格的白酒。

以麸曲替代传统大曲酿造的白酒，有麸曲酱香型白酒、麸曲浓香型白酒，也有麸曲清香型白酒等，在这三种麸曲香型的白酒中以麸曲酱香型白酒和麸曲清香型白酒最为成功。麸曲清香型白酒以北京红星二锅头为代表，其品评要点与大曲清香型白酒基本相同，但闻香麸皮味明显，糟香也较明显，具有麸皮的香味。

麸曲酱香型白酒以高粱、小麦、水等为原料，以麸曲为糖化发酵剂，经固态法发酵、蒸馏、贮存、勾兑而成的，未添加食用酒精及非白酒发酵产生的呈香呈味呈色物质，具有麸曲酱香型风格的白酒。质量好的麸曲酱香型白酒应该无色或微黄，清亮透明，无悬浮物，无沉淀，酱香明显，香气较幽雅，有空杯留香，酒体醇厚，诸味谐调，回味长，具有本品典型的风格。

2. 液态法白酒

液态法白酒是指采用液态法发酵的白酒，液态法发酵的白酒，是在麸曲的基础上向现代技术又前进了一步，采用液态法发酵替代固态法发酵，效率更高。

液态法白酒，笔者称之为第十七种中国白酒，其定义为"以含淀粉、糖类物质为原料，采用液态糖化、发酵、蒸馏所得的基酒（或食用酒精），可调香或串香，勾调而成的白酒。"液态法白酒有统一的国家标准，标准代号为GB/T 20821，作者将这个标准称为"一标"。

质量好的液态法白酒应该无色或微黄，清亮透明，无悬浮物，无沉淀，具有纯正、舒适、谐调的香气，具有醇甜、柔和、爽净的口味，具有本品的风格。

3. 固液法白酒

麸曲白酒和液态法白酒，因为菌种单纯，在一定程度上影响了我国白酒固有的风味，所以液态法白酒、麸曲白酒与大曲白酒相比，风格风味都有差异，为了既保持传统固态法白酒的特点，又提高效率，固液法白酒应运而生。

固液态法白酒，笔者称之为第十八种中国白酒，其定义为"以固态法白酒（不低于30%）、液态法白酒、食品添加剂勾调而成的白酒"。固液法白酒，也有统一的国家标准，标准代号为 GB/T 20822，作者将这个标准称为"二标"。

质量好的固液法白酒应该无色或微黄，清亮透明，无悬浮物，无沉淀，具有本品特有的香气，酒体柔顺、醇甜、爽净，具有本品的风格。

全部18种中国白酒所执行的标准号见表2-3。

表2-3　　　　　　　　　　　18种中国白酒所对应的标准

序号	名称	国家标准
1	酱香型白酒	GB/T 26760—2011
2	浓香型白酒	GB/T 10781.1—2006
3	清香型白酒	GB/T 10781.2—2006
4	米香型白酒	GB/T 10781.3—2006
5	芝麻香型白酒	GB/T 20824—2007
6	老白干香型白酒	GB/T 20825—2007
7	豉香型白酒	GB/T 16289—2018
8	兼香型白酒	GB/T 23547—2009
9	凤香型白酒	GB/T 14867—2007
10	特香型白酒	GB/T 20823—2017
11	馥郁香型白酒	GB/T 22736—2008
12	董香型白酒	DB52/T 550—2013
13	浓兼酱香型白酒	GB/T 23547—2009
14	多粮浓香型白酒	GB/T 10781.1—2006
15	小曲清香型白酒	GB/T 26761—2011
16	麸曲清香型白酒	GB/T 10781.2—2006
17	液态法白酒	GB/T 20821—2007
18	固液法白酒	GB/T 20822—2007

（五）　九五之中

　　"九五之中"是笔者提出的概念，所谓的"九五之中"是九五之中国白酒的简称，即指中国白酒的九和五。白酒香型风格之所以有这么多种，是因为中国白酒不是简单的酒精水溶液，而是多组分体系，虽然其主要成分是水和乙醇，二者含量甚至占到了白酒的98%，但是其余2%的组分包含丰富的微量成分，这些微量成分虽然含量不高，但是这些微量成分的种类非常丰富，包括酯、酸、醇、羰基化合物、含硫化合物、吡嗪类化合物等，正是这些微量成分的差异，才使得中国白酒呈现出各种不同的风格特征。

　　要想全面了解每一种白酒的风格类型，总结起来可以从风格定义、典型代表、原料、曲、设备、工艺、成分特征、品评要点及评语共九个方面入手，如图2-9所示。影响中国白酒风格的根本因素，笔者认为主要有五种，如图2-10所示，分别为：①原产地；②原料；③曲，即糖化发酵剂；④生产设备；⑤生产工艺。便于记忆，笔者称为中国白酒的九五之中。

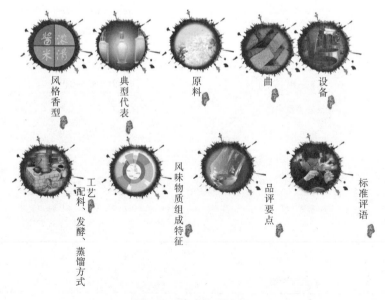

风格香型　　典型代表　　原料　　曲　　设备

工艺（配料、发酵、蒸馏方式）　　风味物质组成特征　　品评要点　　标准评语

图2-9　中国白酒的九格

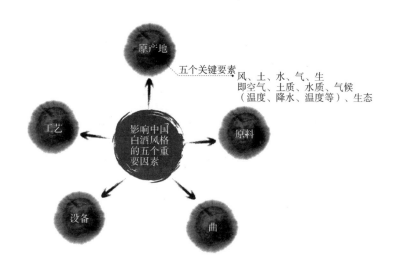

图 2-10　影响白酒风格的五个重要因素

　　影响原产地的核心要素，笔者总结起来主要也有五个，分别为风、土、水、气、生，即空气、土质、水质、气候（温度、湿度等）和生态。

　　笔者用一首诗，把中国白酒的九个方面和影响中国白酒风格的五个重要因素及原产地的五个核心要素总结在一起，诗的名字为"九五之中"，诗的内容如下：

九五之中

酒格有九格为先，影响风格因五种，

格典原曲设六工，七分八点九酒评，

原地原料制曲用，设备工艺五不同，

原产地域五要素，风土水气生态情。

　　第一句的意思是说对中国白酒进行解析的话，可以将中国白酒解析为九个方面，其中首先要把握的是酒的风格。

　　第二句的意思是说影响酒的风格重要因素有五种。

第三句和第四句列举了中国白酒的九个方面，即风格、典型代表、原料、制酒用的曲、设备、工艺、成分、感官品评要点和第九部分的评语。

第五句和第六句列举了影响白酒风格的五个重要因素，即原产地、原料、曲、设备和工艺。

第七句和第八句列举了影响原产地的五个核心要素，即空气、土质、水质、气候和生态环境。

（六） 三类十八种白酒的口诀

笔者用一首诗对十八种中国白酒进行总结，将这些白酒融合在一首诗里面，这样便于理解和记忆，诗的题目为"中国白酒三类十八种"，诗的内容如下：

中国白酒三类十八种

固液固液结合多，固态香型四一二，

酱浓清米芝白豉，兼凤特馥董融合，

液许三精一水串，一标到底也不错，

固液固态三成多，二标一标同原则。

第一句是说中国白酒可分为固态法白酒、液态法白酒和固液结合法白酒三大类型。

第二句是说固态法白酒一般是按香型进行分类，目前中国白酒的香型可分为4类16种（12+4），所谓的四类是指基本香型、衍生香型、融合香型和细分香型。

第三句和第四句则列举了12种被行业认可的香型，即酱香、浓香、清香、米香、芝麻香、老白干香、豉香、兼香、凤香、特香、馥郁香和董香。

第五句和第六句则重点描写了液态法白酒。意思是说液态法白酒允许添加三精（食用酒精、香精、糖精等甜味剂）和一水，也可以串香。所有的液态法白酒都执行一个标准即 GB/T 20821，只要是合法合格的液态法白酒，其实也是不错的白酒。

第七句和第八句则重点描写了固液法白酒。意思是说固液法白酒要求固态法白酒的量不低于 30%，固液法白酒执行的是 GB/T 20822 标准，固液法白酒对待外来添加物的原则同液态法白酒。

第二节　白酒产业

一、 白酒产业的发展政策

（一） 白酒的消费税政策

我国消费税占总税收的比重在 7% 左右。2017 年白酒消费税金额占消费税整体比例不到 5%，烟草和燃油占比 80%，奢侈品等其他消费税合计占比约为 13%。从全国范围来看，白酒的消费税虽然占比不多，但是其对白酒行业的影响较大，因此，有必要对白酒行业的消费税进行了解。

白酒消费税始于 1994 年，最初实行从价定率征收，粮食类白酒的税率为 25%，薯类白酒的税率为 15%。

2001 年 5 月，国家颁布了《财政部、国家税务总局关于调整酒类产品消费税政策的通知》（财税〔2001〕84 号），根据该通知，财政部和国家税务总局调整酒类消费税的征收办法和税率，在原从价征收的基础上，再对每斤白酒从量征收 0.5 元的消费税。该政策初衷是扶优、扶强、做大白酒规模企业，遏止、打击小酒厂或地下手工作坊，规范行业管理，优化白酒市场。该通知的第五条规定，外购或委托加工已税酒和酒精生产的酒（包括以外购已税白酒加浆降度，用外购已税的不同品种的白酒勾兑的白酒，用曲香、香精对外购已税白酒进行调香、调味以及外购散装白酒装瓶出售等）外购酒及酒精已纳税款或受托方代收代缴税款不予抵扣消费税。因此，外购已税白酒生产白酒是不能抵扣已纳的消费税。国家税务总局决定停止执行外购或委托加工收回已税酒和酒精生产的酒，其外购酒及酒精已纳税款或受托方代收代缴税款准予抵扣政策。此项政策出台的原因是当时大量白酒生产企业采用外购基酒勾兑生产白酒，并进而扣除了购进基酒已交的消费税。

2006年国家取消粮食类白酒与薯类白酒的差别税率，粮食酒和薯类白酒的从价税率统一为20%，这对大企业较为有利。

2009年8月明确了白酒消费税最低计税价格核定细则，使税收基准从严。细则指出若计税价格低于销售单位对外销售价格70%以下的，最低计税价格由税务机关在销售单位对外销售价格50%至70%范围内自行核定。

2017年5月出台消费税新规，从价税的基准从照生产环节价格，调整为最低计税价格为最后一级销售单位对外销售价格的60%，税率还是20%，从量税要求按照销量每千克1元计算缴纳。

从税按照最低计税价格为最后一级销售单位对外销售价格的60%的20%进行征收，例如酒厂存在三级销售公司，酒厂给一级销售公司的价格为50元，一级销售公司给二级销售公司的价格为100元，二级销售公司给三级销售公司的价格为150元，三级销售公司给经销体系的价格为200元，则在2017年消费税新规之前，厂家往往会按照50元（即酒厂给一级销售公司的价格）计算从价消费税，则从价消费税 = 50元×（50%～70%）×20% = 5～7元。在新规之后，厂家必须按照200元（即最后一级销售公司的对外价格）来计算从价消费税 = 200元×60%×20% = 24元。理论从价税率 = 消费税率20%×最终销售单位对外销售价格的60% = 12%。

（二） 生产许可证制度

要想生产白酒首先要办理白酒生产许可证，白酒生产许可证的办理，可以追溯到1999年。1999年国家质量技术监督局下发【质技监局质发1999】282号通知，即《关于白酒产品生产许可证发证工作有关问题的通知》，该通知指出，"近年来，酒类产品制假售假违法行为猖獗，后果严重，影响恶劣。

为扭转这一状况，国家经贸委、国家质量技术监督局等八个部门联合下发了《关于严厉打击制售假冒伪劣酒类产品违法行为的通知》。《通知》要求对白酒产品按照国家生产许可证有关法规、规章实行生产许可证管理。"

另外国家经贸委第 14 号令即《工商投资领域制止重复建设目录》（第一批）规定，1999 年 9 月 1 日以后注册登记的白酒企业，不予受理生产许可证的申请。在国家发改委 2011 年修订过的《产业结构调整指导目录》中，白酒产业仍然属于限制产业，新建白酒生产线被禁止，发改委不会审批项目，金融机构也不能贷款，工商、质检、食药部门也不得办理有关手续，因此，各地由质监部门核发的白酒生产许可证，已停办多年。

因此，有生产许可证的白酒企业必须是 1999 年 9 月 1 日之前注册的企业，之后新建一个白酒工厂是不可能的。

按照《白酒生产许可证审查细则（2006 版）实用说明》的规定，白酒的生产许可证"申证单元的划分"如下：具有以淀粉原料或者是粮质原料的全部加工能力，自行生产原酒，又进行加工灌装的白酒企业，则获证产品名称要注明是"白酒"。以原酒或者是食用酒精为原料，进行加工灌装的白酒企业，则获证产品名称注明是"白酒（液态）"。只生产原酒，不进行加工灌装，其终产品是原酒的企业，则获证产品名称注明是"白酒（原酒）"。

目前全国白酒企业有 20000 多家，有生产许可证的企业 7300 多家，无证企业 14000 余家，其中，贵州约有 4000 余家。

二、白酒行业的发展现状

（一）行业发展现状

2017 年受消费升级推动，名酒需求渐旺，产业调整筑底，低质产品、落后产能淘汰，品质提升，产能压力缓解，形成了新的产业格局。根据国家统计局数据，2017 年 1~12 月，全国规模以上白酒企业累计产量 1198.06 万千升，同比增长 6.86%；累计完成销售收入 5654.42 亿元，与 2016 年同期相比增长 14.42%；累计实现利润总额 1028.48 亿元，与 2016 年同期相比增长 35.79%。

根据海关总署数据，2017 年 1~12 月，白酒商品累计进出口量 1.90 万千升，同比增长 5.68%，其中累计进口量 0.24 万千升，同比增长 27.63%；累计出口酒数量 1.66 万千升，同比增长 3.09%；1~12 月，白酒商品累计进出口总额 5.40 亿美元，同比增长 0.06%，其中累计进口总额 0.70 亿美元，同比下降 1.86%，累计出口总额 4.70 亿美元，同比增长 0.35%。

（二） 行业分布格局

2017 年，各省的产量见表 2-4。

表 2-4　　　　　　　2017 年度全国各省市白酒产量排行榜

排名	地区	折 65 度，商品量/千升	排名	地区	折 65 度，商品量/千升
	全国	11980603	15	江西	166860
1	四川	3723886	16	山西	139907
2	河南	1149164	17	广西	130438
3	山东	1062709	18	重庆	116860
4	江苏	923548	19	云南	113227
5	吉林	777787	20	内蒙古	69827
6	湖北	619877	21	新疆	61690
7	黑龙江	577883	22	福建	59893
8	贵州	452067	23	甘肃	33186
9	安徽	439334	24	天津	31157
10	北京	338154	25	辽宁	26959
11	湖南	286739	26	青海	18262
12	河北	235963	27	浙江	13394
13	广东	206458	28	宁夏	3036
14	陕西	201849	29	西藏	492

我们国家白酒生产地集中在华中、西部、东部等地区，其中四川、山东、河南三省产量约占 50%，集中消费区域则在华东地区等大型城市，主要划分为五大板块。

（1）川黔板块（四川、贵州） 传统名优白酒聚集地。以贵州茅台和五粮液为代表的全国性传统名优白酒主要集中于西南川黔地区。

（2）苏皖板块（江苏、安徽） 产品升级趋势明显，营销见长。以洋河和古井贡迅猛增长为标志，苏皖地区白酒品牌向中高端升级的趋势明显，还包括口子窖、迎驾等。

（3）鲁豫板块（河南、山东） 地产酒众多，但两省地产酒的品牌竞争力不强，主要盘踞中低端市场。鲁豫板块的中高端白酒市场成为众多省外二线名酒争夺最激烈的区域。

（4）两湖板块（湖北、湖南） 鄂酒布局全国市场，湘酒资本活跃。湖北白酒稻花香、白云边的收入均超过 20 亿，其收入和产量均位列全国前 20 名。鄂酒主要优势在中低端，在全国市场的布局上领先于其他地产白酒。湖南地产酒少，整体竞争力不强，但湘酒市场资本运作活跃，以华泽集团为代表。

（5）华北板块（河北、山西、内蒙古、陕西） 地产龙头区域强势，无论是收入、产量在相应区域内都具有绝对领先的地位，但在全国范围内仅有一定的知名度。

从白酒产出情况看：四川、山东、河南、贵州、湖北都属于白酒生产大省。白酒产量较大的省份还包括江苏、安徽、辽宁、吉林等。

从白酒消费情况看：上海、北京、天津、浙江人均白酒消费额高；广东、江苏、山东经济发达且人口不少，总的消费量和金额都较大；河南、四川人口数量多，白酒市场容量大；湖南、湖北、安徽、河北的白酒市场容量相当。

白酒在全国的企业分布如表 2-5 所示。

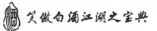

表2-5 白酒在全国的企业分布情况

板块	地区	年产量/万吨	主要白酒	白酒企业名称
川黔板块	四川	>10	五粮液	五粮液集团有限公司
			泸州老窖	泸州老窖集团有限责任公司
		5~10	丰谷	四川丰谷酒业
		3~5	剑南春	四川剑南春集团有限责任公司
			郎酒	四川郎酒集团有限责任公司
			沱牌曲酒	中国四川沱牌集团有限公司
		<3	全兴大曲	四川成都全兴集团有限公司
			水井坊	四川水井坊股份有限公司
	贵州	3~5	贵州茅台	中国贵州茅台酒厂有限责任公司
		<3	董酒	贵州遵义振业董酒（集团）有限公司
			青酒	贵州青酒集团有限责任公司
			鸭溪窖酒	贵州鸭溪酒业有限公司
			贵州醇	贵州醇酒厂
			小糊涂仙	贵州仁怀市茅台镇云峰酒业有限责任公司
苏皖板块	江苏	>10	洋河大曲	江苏洋河酒业股份有限公司沭阳分公司
		3~5	今世缘	江苏今世缘酒业股份有限公司
		<3	双沟大曲	中国江苏双沟酒业集团有限公司
	安徽	5~10	古井贡	安徽古井贡酒股份有限公司
		<3	金种子	安徽金种子酒业股份有限公司
			口子酒	安徽口子酒业股份有限公司
			迎驾	安徽迎驾贡酒股份有限公司
			皖酒	安徽皖酒集团
鲁豫板块	山东	5~10	古贝春	古贝春集团有限公司
		3~5	泰山特曲	泰山酒业集团股份有限公司
			扳倒井	山东扳倒井股份有限公司
			景芝	安丘市景芝酒业股份有限公司
		<3	趵突泉	济南趵突泉酿酒有限责任公司
			孔府家	曲阜孔府家酒业有限公司
			兰陵酒	山东兰陵美酒股份有限公司

续表

板块	地区	年产量/万吨	主要白酒	白酒企业名称
鲁豫板块	河南	3~5	宋河	河南省宋河酒业股份有限公司
		<3	仰韶酒	河南仰韶集团
			杜康	河南伊川县杜康酒厂
			张弓	河南省张弓酒业集团有限公司
			宝丰	河南宝丰酒业有限公司
			赊店	河南赊店老酒股份有限公司
			姚花春	河南姚花春酒业有限公司
两湖板块	湖北	>10	稻花香	湖北三峡稻花酒厂
		5~10	枝江	湖北枝江酒业股份有限公司
		3~5	白云边	湖北白云边集团
		<3	石花酒	湖北石花酒厂
			劲酒	湖北劲牌集团有限公司
			黄鹤楼	湖北省武汉市武汉酒厂
	湖南	<3	浏阳河	湖南浏阳河酒业发展有限公司
			酒鬼酒	湖南酒鬼酒股份有限公司
			湘窖	湖南湘窖酒业有限公司
			白沙液	长沙白沙液酒厂
			德山大曲	湘泉集团德山大曲酒业公司
			武陵酒	湖南省常德市武陵酒业有限公司
	江西	<3	四特酒	江西樟树四特集团
			李渡酒	江西李渡酒业有限公司
华北板块	内蒙古	<3	河套王酒	内蒙古河套酒业集团股份有限公司
			宁城老窖	内蒙古宁城老窖股份有限公司
	河北	3~5	老白干	河北衡水老白干酿酒集团
		<3	山庄老酒	承德避暑山庄实业集团
			乾隆醉	承德乾隆醉酒业有限责任公司
			丛台	邯郸丛台酒业股份有限公司
	北京	>10	牛栏山二锅头	北京市牛栏山酒厂
		5~10	红星二锅头	北京红星股份有限公司
	山西	5~10	山西汾酒	山西汾酒股份有限公司
		<3	汾阳王	山西汾阳王酒业有限责任公司
			梨花春	山西梨花春酿酒集团有限公司
	陕西	<3	西凤酒	陕西省凤翔县西凤酒厂
			太白	陕西省太白酒厂

笑傲白酒江湖之宝典

续表

板块	地区	年产量/万吨	主要白酒	白酒企业名称
东北板块	辽宁			三沟、道光廿五、老龙口朝阳凌塔、凤城老窖、铁刹山
	吉林			榆钱树、洮南香洮儿河、龙泉春、大泉源
	黑龙江			玉泉、黑土地北大仓、富裕老窖、牡丹江

（三） 中国白酒企业

1. 白酒企业总体情况

2016 年，白酒行业共有规模以上企业 1578 家，其中大、中和小型企业分别为 48 家、188 家和 1342 家，如表 2-6 所示。在行业资产方面，大型企业总计资产为 2877.07 亿元，同比增长 27.98%。在利润实现方面，大型企业表现抢眼，利润达到 656.45 亿元，销售利润率为 25.84%，大型企业依靠品牌价值，大力发展高端产品，利润较高；小型企业利润增速高达 57.93%。小型企业因经营灵活，能够对市场做出及时反应，避免规模大而造成的损失，因此小型企业利润增长较快。

表 2-6　　　　　　　　白酒行业大中小企业分布情况

类型	企业数量/家	占比/%	资产总计/亿元	同比增长/%
大型	48	3.04	2877.07	27.98
中型	188	11.91	472.98	27.79
小型	1342	85.23	570.08	23.85

2. 白酒上市公司

（1）十九家白酒上市公司　通过了解上市公司来了解一个行业是一个比较有实用价值的方式。通过上市公司公开发布的各种报告，可以获得比较有用的信息。一般来说，上市公司发布的数据比较真实可靠，参考价值高。白酒行业拥有比较多的上市公司，经统计，白酒行业目前有 19 家上市公司。这 19 家上市公司分别是茅台、五粮液、洋河、泸州老窖、古井、牛栏山、山西

汾酒、口子窖、迎驾贡酒、今世缘、老白干、水井坊、伊力特、舍得、金徽
酒、青青稞、金种子、酒鬼酒和皇台。

为了便于记住这 19 家上市公司，笔者用这 19 家上市公司的名字写了一
首诗，诗的内容如下：

十九家白酒上市公司

茅五洋州古汾牛（7），口子迎驾今世缘（3），

老白伊水舍金稞（6），种子酒鬼皇台难（3）。

第一句描写了 7 家上市公司，分别是茅台、五粮液、洋河、泸州、古井
贡、汾酒和牛栏山。

第二句描写了 3 家上市公司，分别是口子窖、迎驾贡酒和今世缘酒。

第三句描了 6 家上市公司，分别是老白干、伊力特、水井坊、舍得酒业、
金徽酒业和青青稞酒。

第四句描写了 3 家上市公司，分别是种子酒、酒鬼酒和皇台酒业。

（2）十九家白酒上市公司的业绩情况　根据白酒行业有 19 家上市公司披
露的 2017 年的年报，19 家白酒上市公司的 2017 年的营收情况见表 2-7。

2017 年 19 家 A 股上市公司营收总额达 1661.58 亿元。2017 年白酒行业
营收排名前十企业依次为贵州茅台（600519）、五粮液（000858）、洋河股份
（002304）、顺鑫农业（000860）、泸州老窖（000568）、古井贡酒（000596）、
山西汾酒（600809）、口子窖（603589）、迎驾贡酒（603198）以及今世缘
（603369）。其中，贵州茅台以 582.18 亿元位列 2017 年白酒行业 A 股上市公
司营收排行榜榜首。

2017 年白酒行业 19 家 A 股上市企业中，营收超百亿的企业有 5 家，分别
为贵州茅台、五粮液、洋河股份、顺鑫农业和泸州老窖。其 2017 年营收分别
为 582.18 亿元、301.87 亿元、199.18 亿元、117.34 亿元、103.95 亿元。排
名前五的企业总营收为 1304.51 亿元，占 2017 年 19 家白酒 A 股上市公司营

收总额的 85%。

表 2-7　　　　　　　2017 年 19 家上市白酒企业和营收情况

序号	企业名称	营收/亿元	涨幅/%	净利润/亿元	涨幅/%
1	贵州茅台	582.18	49.81	270.79	61.97
2	五粮液	301.87	22.99	96.74	42.58
3	洋河	199.18	15.92	66.27	13.73
4	泸州老窖	103.95	20.5	25.58	30.69
5	古井	69.68	15.81	11.49	38.46
6	牛栏山	64.51	24	—	—
7	山西汾酒	60.37	37.06	9.44	56.02
8	口子窖	36.03	27.29	11.14	42.15
9	迎驾贡酒	31.38	3.29	6.67	-2.4
10	今世缘	29.52	15.57	8.96	18.21
11	老白干	25.35	3.96	1.64	47.53
12	水井坊	20.48	74.13	3.35	49.24
13	伊力特	19.19	13.34	3.53	27.65
14	舍得	16.38	12.1	1.44	79.02
15	金徽酒	13.33	4.35	2.53	14.02
16	青青稞	13.18	-8.27	-0.94	-143.57
17	金种子	12.9	-10.14	0.08	-51.88
18	酒鬼酒	8.78	34.13	1.76	62.18
19	皇台	0.48	-72.23	-1.88	-48.12

（四）　主要白酒产区

前面总结的"九五之中"理论，谈到"酒格有九格为先，影响酒格因五种"，其中原产地排在影响酒格的五种重要因素之首，这个总结是建立在大量实践和科学研究的基础之上提出来的，产地对酒的品格和品质确实有非常重要的影响。

关于原产地对中国白酒品质和品格影响的最有名的例子莫过于茅台，为了扩大产能实现年产 10000 吨产量的目标，而易地建厂。事情大致是这样的，1974 年，茅台为了响应中央的要求，做了一个大胆的尝试，在距离茅台镇大约 130 千米的遵义市北郊的十字铺一带新建酱香酒厂，目的是为了扩大茅台酒的产能。为了能够达到这个目标，不仅对选址有讲究，那就是要求新厂所在地的地理环境跟茅台镇极为相似，而且为了减少不确定因素带来的不利影响，就由茅台原班技术人马严格按照茅台酒的酿酒工艺，采用和原厂一样的原料、辅料、生产设备，甚至把房梁上的灰尘一并带上，准备认认真真大干一场，实现万吨茅台酒的生产目标。然而，茅台酒异地试制的工作异常艰辛，经过了 9 个生产周期，63 个轮次，3000 多次的化验分析，前后十多年漫长而艰辛的试验，最终得到的成品酱香白酒，却是"接近茅台水平，却无法媲美"这个结论，这款酒后来取名珍酒。

不只中国发现了原产地对酿酒生产的影响，世界上其他国家也发现了产区对酒质的影响，并且进行了很好的诠释、表达和保护，例如出台相关规定，只有某地生产的酒才能叫某个名字，例如，法国的干邑和香槟。近年来我们国家也渐渐意识到产地不但对酒的品质有影响，对酒的推广传播也有重要的影响，因此，也开始打造白酒产区的概念。

1. 北纬 30°世界名酒带

北纬 30°也叫北纬 30°带或北纬 30°地带，是指北纬 25°线和北纬 35°线在地球上所围成的空间范围。在经线上，纬度每差 1°，实地距离大约为 111km，那么据此粗略估算，从北纬 25°到北纬 35°，差不多涵盖南北 1110km 的地带。北纬 30°被称作地球上最神秘而奇特的地带。8848m 高的珠穆朗玛峰，傲立于此；-11034m 深的马里亚纳海沟，藏身于此；中国、埃及、巴比伦、印度四大文明古国，繁盛于此；长江、尼罗河、幼发拉底河、密西西比河在北纬 30°，奔流入海。

北纬 30°横穿中国大陆腹地，它既是中国绝美的风光走廊，更是一条"世界名酒带"，我国的四川、贵州均位于此地带。从空中俯瞰，横断山脉、大巴山脉、巫山、大娄山从四面团团合围，四川盆地如同一个大型天然发酵池。

亚热带季风带来了温和湿润的气候，繁多的水系带来沃野千里，风（空气）土中富含微生物，历史上有名的川酒发祥地，大都分布在四川东部盆地内，连接起来形成U形分布，四川的六大名酒和贵州茅台酒连接起来，则类似于白酒品评的郁金香杯，如图2-11所示。如果说发源于云南镇雄的赤水河成就了贵州白酒，那么，发源于青藏高原唐古拉山脉的长江，则为川酒带来了取之不竭的活水，从万里长江第一城宜宾顺流而下，五粮液、泸州老窖等，无不饱受长江水滋养。

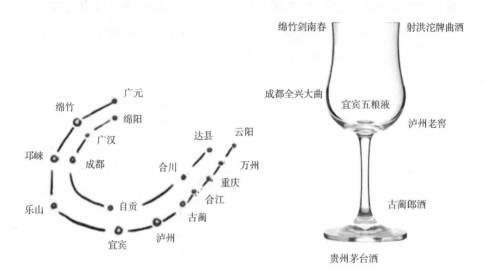

图2-11　川东盆地U形名酒酿酒区域

在中国，分布在北纬28°线上的名优白酒厂从西到东分别有：宜宾五粮液、泸州老窖、四川古蔺郎酒、习水大曲、贵州茅台酒、鸭溪窖酒、遵义董酒、珍酒、湄潭湄窖、湖南常德武陵酒、江西樟树四特酒等，如图2-12所示。

在北纬34°线上的名优酒厂从西向东分别有：甘肃陇南的金徽酒、凤翔县西凤酒、陕西眉县太白酒、河南汝阳和伊川杜康酒、宝丰酒、宁陵张弓酒、鹿邑宋河酒、安徽亳州古井贡酒、淮北口子酒、江苏宿迁洋河大曲、泗洪双沟酒等，如图2-13所示。

为了便于读者理解北纬30°名酒带，以及中国一些主要的白酒优势产区，笔者用一首诗进行了概括，诗的内容如下：

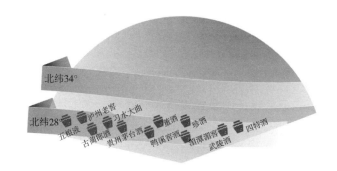

图2-12　北纬28°名酒带上的中国名优白酒示意图

图2-13　北纬34°名酒带上的中国名优白酒示意图

中国白酒之产区

北纬三十名酒带，长江赤水带上游，

赤水河畔酱香优，川东盆地多名优，

长江中下酒清柔，鲁豫人多酒悠久，

华北争雄大清香，清浓之间凤香酒，

洞鄱两湖酒带酱，两广米酒豉香秀。

第一句和第二句的意思是说地球上北纬30°附近形成的地带是世界上产名酒的地带，中国的长江和赤水河均在此地带上。

第三句和第四句的意思是说赤水河两畔盛产优质酱香型白酒，四川东部的盆地有很多有名的名优白酒，例如五粮液、全兴、水井坊、剑南春、沱牌及泸州老窖。

第五句和第六句的意思是说长江中下游的宜昌、武汉、江苏、安徽产的浓香酒和川派浓香酒相比，则会显得清爽、淡雅、绵柔些，这一带也可以产出较好的清香型白酒例如武汉的黄鹤楼清香型白酒，山东和河南两省人口众多，酒的历史很悠久。

第七句和第八句的意思是说在祖国的华北大地清香系列的酒比较多，有山西的汾酒、北京的二锅头、河北的老白干，而夹在华北和西南之间的陕西出了清浓结合的凤香型白酒。

第九句和第十句的意思是洞庭湖和鄱阳湖两个地域的酒浓中易带点酱香的风格，包括湖北的白云边、湖南的武陵酒和酒鬼酒及江西的四特酒，而广东广西两省的酒是用米作原料，酿成米香型的酒，米香型的酒浸泡肥猪肉后则成了秀雅的豉香型白酒。

2. 中国白酒金三角

"中国白酒金三角"是四川省于 2008 年提出的，是为了弘扬中国酒文化，打造中国的"波尔多"国际品牌，让中国白酒更多地进入国际市场。

其目的在于力争到 2020 年，形成世界白酒看中国，中国白酒看川黔，川黔白酒看金三角的区域品牌效应，构建起具有国际影响力的产业集群。

中国白酒金三角既是一个地域空间概念，也是一个区域品牌概念。从地域空间范围来看，它主要是指由长江上游的岷江流域的宜宾、沱江流域的泸州市和赤水河流域的仁怀市所形成的产优质白酒的金三角地带，即，泸（州）–宜（宾）–遵（义）。

在这片 50000km^2 的区域内，具有独特的空气、土壤、水源、气候、微生物及原粮、窖池、技艺、洞藏等白酒酿造资源，为酿制纯正优质白酒提供了得天独厚、不可复制的环境。

中国白酒金三角从区域品牌来看，这一片地区已孕育形成了茅台、董酒、郎酒、五粮液、剑南春、沱牌、水井坊（全兴）、泸州老窖等著名白酒品牌

（八大中国名酒）。

　　并且在白酒产业和文化名镇的结合发展上具有不可复制的独特地域资源。作为酒文化高度发达的实物见证，中国白酒金三角地区拥有 1573 国宝窖池群，水井坊、剑南春天益老号等全国重点文物保护单位，占我国酒类国家重点文物的 2/3。

　　3. 世界烈性酒十大产区

　　一方水土酝酿一方美酒，顶级中国白酒的酿造离不开独特的水源、土壤、气候、微生物、当地粮食作物等立体化生态环境。为此中国酒业协会多年来不断致力于"中国白酒之都""中国白酒名城"等系统性产区工程建设，正是希望通过产业集群推动中国白酒的繁荣发展。

　　中国白酒源远流长，历久弥新，中国人民情有独钟，世界友人赞美喜爱。中国白酒体量巨大，占据世界白酒半壁江山，目前，规模以上企业 1500 多家，年产量 1350 万千升，年利润近 800 亿元，出口总额 4.68 亿美元，出口总量 1.6 万千升。中国白酒产业的快速发展，为满足中国人民美好生活需要，顺应世界人民多元化烈酒选择，发挥了重要的积极作用。

　　2017 年 11 月，世界名酒价值论坛在上海召开，在这届论坛上评出了世界十大烈性酒产区。评出的"世界十大烈性酒产区"包括宿迁、亳州、遵义、宜宾、泸州、吕梁、苏格兰、干邑、波多黎各和瓜达拉哈拉。

（五）白酒行业的世界地位

　　目前世界上蒸馏酒的年产量在 3000 万千升左右，其中以中国白酒产量最高，为 1300 万千升左右，占世界蒸馏酒产量的 40% 多。产量第二的是伏特加，年产 500 万千升，占世界蒸馏酒产量的 1/6。威士忌的年产量约 290 万千升，其中苏格兰威士忌的年产量约为 90 万千升。白兰地的年产量约 160 万千升，其中干邑和雅文邑的年产量只有 12 万千升左右。朗姆酒的年产量约 140 万千升，占世界蒸馏酒产量的 1/20。金酒的年产量约为 46 万千升。其他蒸馏酒的年产量约 600 万千升。

因此，中国白酒的产量处于世界蒸馏酒的绝对领先地位。

三、 白酒行业的发展历程

统计数据表明，白酒行业的年产量波动较大，总结起来，白酒行业经历了"三起三落"的周期波动，其中的原因很多，但总体上来说，白酒行业的发展是上升和进步的，近30年来中国白酒行业的产量情况如图2-14所示。

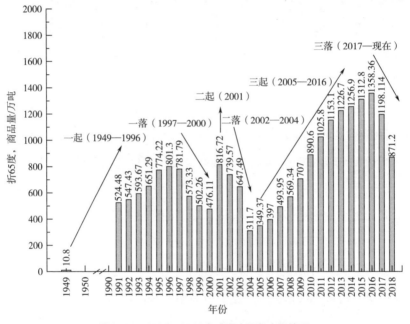

图2-14 2006—2016年中国白酒年产量情况

第一起是1949—1996年，共48年。中华人民共和国成立初期，我国白酒产量只有10.80万吨，到1996年，白酒产量第一次达到历史极高值，总量为801.30万吨，是中华人民共和国成立初期的80倍左右。中华人民共和国成立初期，酒厂以计划经济为主，产销分离，供给短缺。尽管国家处于粮食短缺状态，白酒生产耗粮较高，但是这并没有成为制约白酒行业发展的因素，反而推动了白酒行业科学技术的研究和进步，由酒精改制白酒项目被列入《1956年至1967年科学技术发展远景规划纲要》。之后随着改革开放的推进，白酒产量出现爆发式增长，这里面有两大原因，一是农村改革取得极大成功，粮食短缺问题得到极大的缓解；二是酿酒行业进入门槛低，税收和利润都较大，成为县乡财政积累资金的主要来源，形成了县乡酒厂遍地开花的局面，甚至出现了"要当好县长，就要先办好酒厂"的说法。1988 年 7 月，国家放开了对 13 种名酒的价格管制，名酒价格瞬时数倍上涨，但是到了 1989 年出现了历史上第一次白酒大幅降价的情况，茅台酒每瓶零售价从 208 元陆续下调到 183 元、125 元、95 元，其他名酒如五粮液、古井贡酒的价格也都进行了下调。一是由于 1988 年白酒管控价格放开后白酒价格涨幅过快；二是政府限制名烟名酒上桌，高档酒价格受到压制。1992 年小平同志南巡讲话之后，中国经济开始加速，白酒产业进一步快速发展。名酒价格重新走高，白酒产量也一路上升，1996 年，我国白酒产量达到了历史上的第一次高峰。

第一落是 1997—2000 年，共 4 年。产量从 1996 年的 801.30 万吨降到了 2000 年的 476.11 万吨，产量下降 325.19 万吨，下降 40.6%。亚洲金融危机对国内经济造成冲击，白酒行业限制政策连续出台，例如实施生产许可证制度，新建企业不允许办理生产许可证等，加之山西假酒案的影响，白酒行业量价齐跌。另外国家不再对年产值 500 万元以下的企业进行统计，白酒产销量由 1996 年的 801 万吨的高点，一路下跌。历史上第二次白酒大幅降价：1998 年茅台价格下跌 30%。

第二起是 2001 年，就 1 年。产量跃升至 816.72 万吨，超过了 1996 年的第一次峰值，2001 年产量成为白酒行业的第二次峰值。

第二落是 2002—2004 年，共 3 年。产量逐年下降，2004 年的产量仅为 311.70 万吨，较 2001 年的行业第二次高点下降 505.02 万吨，下降 61.8%。

第三起是 2005—2016 年，共 12 年。行业产量稳步增长，到 2016 年，行业白酒产量迎来了第三次峰值，达到了历史上的最高值，为 1358.36 万吨。2016 年白酒企业 1578 家，销售收入 6125.74 亿，利润 797.15 亿，税金 572.59 亿。2016 年茅台酒销售收入 502 亿元，利润 220 多亿元，销售额和利润均为行业第一。2005 年行业触底回升，景气度回暖，白酒量价齐升，全行业迎来黄金期。产量从 2004 年的 311.70 万吨触底回升，期间行业复合增长率高达 18.8%，2006 年粮食酒和薯类白酒统一从价税率为 20%。2011 年茅台零售价格突破 2000 元，其他名酒跟随上涨。2012 年，国家出台政策严格控制"三公"经费，坚持厉行节约，限制了高端白酒的消费需求，高端、超高端白酒销售下挫，行业增长放缓，步入调整期。2013 年白酒产量的增速大幅度回落，2014 年的增速仅为 2.53%，2012—2015 年产量增长率稳步下跌，但是没有出现减产现象。

第三落是 2017 年—现在，刚开始 2 年。国家统计局的数据表明 2018 年，白酒行业的产量仅为 871.20 万吨。白酒消费需求基本饱和，产能过剩问题日益突出，价格泡沫逐步破裂，价格成为行业增长主要动力，其中高端白酒价格将逐步回归。

四、 白酒行业的发展趋势

（一） 老的四个转变

1987 年，在全国酿酒工业的会议上提出了"四个转变"的产业战略，即高度酒向低度酒转变、蒸馏酒向酿造酒转变、粮食酒向果露酒转变、普通酒向优质酒转变，笔者将这四个转变简称为"高低蒸发果露优"。

在过去的几十年中，这个产业战略对白酒产业的发展产生了深刻影响，具体的指导方针为"优质、低度、多品种"。

（二） 新的四个转变

中国经济的发展进入新时期，中国白酒行业的发展也进入了新时期，在新时期需要新的转变，未来中国白酒行业的发展，笔者认为需要在以下四个方面进行转变：一是传统酿造向智能化酿造转变；二是重规模化向重品质和差异化转变；三是非理性消费向健康化消费转变；四是国内市场向国外市场转变。这四个转变用两句话概括为"智能品质差异化，健康消费国际化"。

第三节　饮酒与健康

一、　饮酒文化

（一）　为什么要饮酒

为什么要饮酒，其实中国古人早就给出了答案。《礼记·乐记》记载有"酒食者，所以令欢也。"《东方朔传》中提到"销忧者莫若酒。"唐代的李白在《将进酒》也提到"古来圣贤皆寂寞，惟有饮者留其名。"

《周礼·天官·酒正》中记载有"辨三酒之物，一曰事酒，二曰昔酒，三曰清酒。"这里的事酒，是指有事而喝的酒；昔酒，是指无事而喝的酒；三是清酒，是指祭祀用的酒。

纵观世界，酒其实是人类的共同饮品，是文明的独特载体，是友谊的热情使者。美好的生活，应该是快乐，健康的生活，所以，新时代的中国，富强的中国，美丽的中国，美好生活的中国，一定不能没有美酒相伴。

（二）　中西饮酒文化

中国的饮酒文化与西方饮酒文化不同，中国饮酒文化的核心是分享和表达，而西方饮酒文化的核心是独享。

中国人相聚畅饮就是为了分享生活的快乐，中国酒文化的本源，就是在共享当中品味体验，并充分感受到酒的美好，从物质层面的舌尖刺激，到精神维度的释放心灵之自由，惟有饮者可以在酒后动容中分享彼此的快乐。

中国人的举杯干杯就是为了表达，表达尊重、感恩、感谢，亲情、友情、爱情。由于中国的分享和表达的饮酒文化，形成了中国的"烟酒不分家"的理念，请人喝酒，劝酒和敬酒的做法，这种做法确实能活跃气氛，增进了解，促进感情，但是也会出现一些劝酒过度的现象，因此，在保持和宣扬中国分享和表达饮酒文化的同时，也要提倡理性饮酒、健康饮酒。

二、 理性饮酒

快乐生活，理性饮酒，理性饮酒标准是什么呢？《2016 中国居民膳食指南》建议男性每日饮酒不应超过 25 克（折合纯酒精），女性不应超过 15 克。

按照此建议，折合成不同酒的量分别如下。

啤酒：男性 680mL，女性 400mL（酒精度 4.4%vol）；

葡萄酒：男性 250mL，女性 150mL（酒精度 12.5%vol）；

白酒：男性 60mL，女性 40mL（酒精度 50%vol）。

国外很多国家也有关于理性饮酒的建议标准，例如英国的理性饮酒的标准是男士每天不超过 3 个酒精单位，女士每天不超过 2 个酒精单位。

英国的 1 个酒精单位为 10mL 纯酒精，约 8 克酒精折合 40%vol 洋酒 25mL，因此英国的理性饮酒的标准量和我国的标准接近。

为了记住理性饮酒的标准，笔者用一首诗进行了总结，诗的内容如下：

理性饮酒

理性饮酒为健康，男多女少酒精计，

饮十男女三两个，不是绝对看个体。

第一句和第二句说的是理性饮酒是为了健康，一般的标准都以纯酒精的量来计，男士的量多一些，女士的量少一些。

第三句描述的是具体的理性饮酒的标准，即饮用 10mL 纯酒精是一个酒精单位，则男士的理性饮酒的量是 3 个酒精单位，女士的理性饮酒的量是 2 个酒精单位。

第四句说的是，这个理性饮酒的量只是个建议性的量，不是绝对的，有个体差异，不能一概而论。

三、 饮酒与健康

（一） 饮酒健康的机理

白酒健康价值的来源，总结起来不外乎两个方面：一是酒体中的营养健康因子，它给人带来的价值，可以认为是食补；二是酒本身的健康作用，它给人带来的价值，可以认为是食疗。

（二） 中国白酒的食补价值

中国白酒不是简单的酒精水溶液，除酒精、水外，还含有众多的微量成分，在这些众多的微量成分当中，不乏具有健康作用的活性因子。

网络上曾盛传这么一句话，说"喝白酒相当于服 52 种中药"。这句话虽然有夸大的嫌疑，但是也不无其食补的道理，其表达的思想是，在中国白酒当中发现了 52 种中药所含有的成分。研究表明，中国白酒富含萜烯类和吡嗪类化合物，如表 2-8 所示。

表 2-8　　　　　　　　中国白酒所含的功能性成分

项　目	功能成分 / （μg/L）		
	萜烯类化合物	吡嗪类化合物	多酚类化合物
中国白酒	1900~4500	500~6000	少量
葡萄酒	400~800	未检出	1000~3000

我们对中国白酒进行了全面深入的分析，共分析出了 2672 种微量成分。经药典查询，在 2672 种成分中，41 种是具有药理功效的活性成分，29 种是药用辅料成分，14 种是药用原料成分，47 种是医药中间体成分，总共 131 种。

（三） 中国白酒的食疗价值

中国古人也早就发现了酒精有增进健康的作用，例如《汉书·食货志》

就明确记载"酒，百药之长"。说明在众多的药物中，酒具有特殊的治疗功效。酒还是很好的药引子，在中医界有这么一句话可以很好地表达这个作用，即"药借酒力，酒行药势"。这句话表达的就是药可以借着酒的溶解能力和运力进行扩散，溶解药的酒精在人身体中的扩散，很好地发挥着药的治病功效。

现代科学也证实，酒精也有很多明确的功效，分别如下：

1. 对抗焦虑和抗抑郁作用

酒精增进健康的作用之一是对抗焦虑和抗抑郁作用。研究人员在每周一、周三和周五的12~16点给予小鼠20%的酒精自由饮用，其余时间正常饮水，4周后发现与生理盐水对照组比较，饮酒组能够显著提高神经肽S在基底杏仁核的效应，从而发挥抗焦虑和抗抑郁的效果。

2. 长期适量饮酒降低普通人群的糖尿病发病率

酒精增进健康的作用之二是长期适量饮酒使普通人群糖尿病发病率降低。一项对2953名无糖尿病、空腹血糖正常的男性进行为期7年的跟踪研究发现，每天乙醇摄入量为23.0~45.9g的男性，其空腹血糖异常及2型糖尿病发病几率较不饮酒者低25.0%~48.8%。

3. 降低甲状腺功能亢进

对酒精增进健康的作用之三是降低甲状腺功能亢进。对丹麦的272名甲状腺功能亢进患者长期观察发现，适度饮酒具有降低自身免疫性甲状腺功能亢进的功效。

4. 减少直肠癌发病率

酒精增进健康的作用之四是降低直肠癌发病率。在对美国北卡罗来纳州的中东部地区33个城镇1831位居民进行统计分析后发现，适量饮用酒饮料具有降低直肠癌发病率作用。

5. 适量饮酒可减少冠心病的发生

酒精增进健康的作用之五是适量饮酒可保护心脏周围的血管，减少冠心病的发生。其机制为适度饮酒对冠心病的保护作用约一半归功于高密度脂蛋白水平的升高。适量饮酒使HDL载脂蛋白apoA-I和apoA-II运转率增加，同时酒精对脂肪酶和微粒体酶活性也会产生影响，是引起高密度脂蛋白胆固醇（HDL-C）水平升高的潜在机制，可在一定程度上解释适量饮酒降低心血管疾病风险的作用。

6. 适量饮酒可降低心率衰竭风险

酒精增进健康的作用之六是适量饮酒可降低心率衰竭风险。在一项对2000 余名患者的研究中发现，在适度的范围内，随着饮酒量的增加，心率衰竭的风险逐渐降低。每日饮酒 20～50g 的人群，其心率衰竭患病率几乎下降 50%。

7. 适量饮酒可降低心肌梗死的死亡率

酒精增进健康的作用之七是适量饮酒可降低心肌梗死的死亡率。关于心肌梗死后饮酒与死亡率的调查发现：无论心肌梗死是新发或再发，适度（0～20g/d）饮酒均可使此次心肌梗死后的死亡率下降 20%。并可降低 59% 的心肌梗死后并发症。由此推测，适量饮酒能改善心肌梗死患者的愈后，提高生存质量。

（四） 酒的健康价值口诀

为了记忆和更好地理解酒的健康价值，笔者用格律诗的形式进行了总结，诗的内容如下：

酒的健康价值

酒的健康益处多，食补食疗两根据，

健康因子来食补，酒能食疗让病除，

对焦降糖减直甲，冠心心竭梗七处，

分享表达康乐予，长期适量价值出。

第一句和第二句讲的是酒的健康价值好处有多方面，食补和食疗是酒健康价值的两大根据。

第三句讲的是，食补是指饮酒的同时摄取了酒中的营养健康因子。第四句描述酒的食疗价值是指酒能让人除掉一些疾病。

第五句和第六句讲的是酒的七个食疗效果，即对抗焦虑，降低糖尿病的发病率，减少直肠癌和甲亢的发病率，降低冠心病、心力衰竭和心肌梗死的发病率共七大作用。

第七句和第八句，讲的是分享表达的饮酒文化让人健康快乐，长期适量饮用，酒的食补和食疗的价值就会显现出来。

第三章

七步战师，
逐步修炼以成师

第一节　感官与感觉

一、　感官

感官是感觉器官的简称，是用来感受外界刺激的器官，包括身体、眼睛、耳朵、鼻子和舌头等五大感官，如图 3-1 所示。感官是人类与生俱来的虽然很普通但是又是非常重要的组成部分，是我们人类认识世界，发现美好事物的仪器。

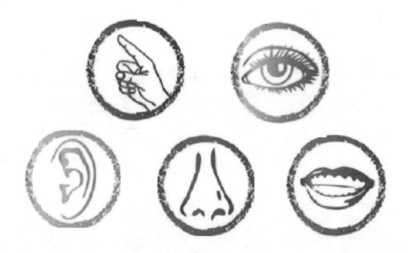

图 3-1　人的五大基本感觉器官

人体的感官为人的生活提供了很多便利，除了上面提到的五种感官，我们人体还有多个其他感官，它们同样发挥着非常重要的作用，例如保持人身体的平衡，发出饥饿的信号等，据统计人体总共大约有 20 多种感觉感知系统。

二、　感觉

感觉是感官知觉的简称，是感觉器官对外界的感受。客观事物的各种特征和属性通过刺激人不同的感官，从而引起兴奋反应，再经神经传导，反映至位于大脑皮层的神经中枢，于是产生感觉反应，一种特征或属性即产生一种感觉，各种感觉的综合就形成了人对某一事物的认识及评价。

对我们人类来说，感觉就是一种最简单的心理过程，它是其他一切心理现象的源头和"胚芽"，其他心理现象是在感觉的基础之上发展、壮大和成熟起来的，感觉是形成各种复杂心理的基础，是人做出判断的重要依据。因此说感觉是其他心理现象大厦的"地基"，其他心理现象都是建立在人的感觉基础上。

研究可测量的刺激物及其相应的反应之间关系的学科称为心理物理学（psychophysics）。我们人类能感知到的感觉有很多种，现在研究当中，将人的感觉分成基本感觉和其他感觉两大类，下面将对这两大类感觉进行详细介绍。

（一） 基本感觉

触觉、视觉、听觉、嗅觉和味觉是我们人体能够感知到的五种基本感觉，感觉根据形成的机理可以分成化学感觉、物理感觉和心理感觉，如表3-1所示。

表3-1 感官反应分类

感觉	感觉反应	分类
触觉	硬、黏、热、凉	物理感觉
视觉	色、形状	心理感觉
听觉	声音	心理感觉
嗅觉	香、臭	化学感觉
味觉	甜、咸、酸、苦、鲜	化学感觉

"触觉的"一词源于希腊语"能够抓住的"，因此我们可以把这个作为触觉的本意来理解，触觉感知体系也称为皮肤感觉，它们由各种接收器组成，这些接收器可以告诉我们身体接触的信息。位于脸部和手部皮肤的接收器比身体其他部位要多，脸部与手部是最敏感的区域，这些区域的敏感性可能是

为确保物种的生存而慢慢进化来的。

（二） 其他感觉

除了五种基本的感觉外，我们人体还有一些接收器对压力非常敏感，另一些对冷热做出反应，还有一些让我们产生痛苦的感觉，这些感觉依赖于1000多万个神经细胞，它们拥有神经末梢或接近表皮（皮肤最外层）。

下面总结了和食品或酒类感官品评有关的10种重要的感觉。

1. 温觉

温觉也叫热觉、温度觉，适宜的温度（10~60℃）刺激冷、热感受体就能产生温度觉。例如我们坐在篝火旁边，我们可以感觉到热，又如我们从冰箱里拿出一块冰块，我们就感知到冷。皮肤上的热感知器能让人们感知到温度的变化。以前的研究把人类探知冷热的能力归到人的触觉，但是有时我们并不需要直接接触某个物体，就能感受它的冷热，如坐在火炉旁边，我们无需接触火炉就能感觉到火炉的热，因此温觉感知是有区别于触觉的另一种感官知觉，是由我们人大脑中的热感系统探知，并由它控制我们人体的核心体温。

红葡萄酒最适合的饮用温度是18℃左右。啤酒最适合的饮用温度在夏天是6~8℃，冬天是10~12℃。肉类食品在70~75℃时最为香美鲜嫩。西瓜以8~10℃为宜，低于此温度，就尝不出甜润清馨的味道。

2. 痛觉

痛觉也称为疼痛感，是一种难以定义的感觉，它是由特殊的痛觉神经来感知的，利用这一感官可以让我们人感知到疼痛。人们经常将痛觉感知同热觉感知混在一起，这是因为在某种程度上，这两种感觉都利用到相同的皮肤神经元，痛觉感知器主要分布在皮肤上，骨头、关节和内脏等上面也有痛觉感知器。

3. 感官疲劳

感官疲劳是指感觉敏感性降低的感官适应状况。

4. 辣味感

辛辣，并不是一种味道，是一种来自细胞感到不适的抗议。

5. 动觉感觉

动觉感觉是由肌肉的运动产生的对样品的压力而引起的一种感觉，例如我们用手指去检验奶酪的硬度，用嘴去咬苹果等，是指深沉压力感或内体感觉，被认为是触感的一部分。

6. 三叉神经感

在嘴中或咽喉中所感知到的刺激感或侵入感。

7. 平衡感

我们人站立或行走时不会摔倒，这归功于平衡感。现代研究表明平衡感是由内耳的淋巴液控制的，它同视觉相互配合，使人能够安全平稳地四处行走。不停地转圈，就会使淋巴液这一系统无法正常工作，导致人眩晕并且失去平衡。

8. 本体感受

当我们闭上眼睛抬起手来，不用去看也会知道手在什么位置，这就是所谓的本体感受在起作用。这一感觉对我们人的作用是非常大的，正因为有了这一感官，我们就不需要不停地低头看脚就能行走。警察查酒驾的时候，一般会通过测试司机本体感受的准确性，来判断喝酒的情况。

9. 内部感受

这是对控制体内器官的内部感觉的统称。随着科学的发展，人体的奥秘不断地被解开，我们对感官有了新的认识，也对人体自身有了更多的了解。现代研究表明我们人体内部分布着很多种内部感受器，在需要的时候，这些内部感受器会引发潜意识和做出条件反射，这对维持我们身体的健康有很大的意义。我们人体大部分无意识的行为都是由这类感受器控制的，例如对呼吸频率的控制，呛着时引发的咳嗽，口渴或饥饿时发出的提醒等，人饮酒过量引起的呕吐也是一种内部感受。

10. 身体状况

运动过量、休息不足、营养不良，人们能够感受到明显的疲倦，和各种来自身体的感觉。也包括人饮酒过后引起的各种身体状况。

（三） 感觉相互作用的基本规律

上面介绍了 5 种基本感觉和 10 种其他的感觉，现代研究发现在这么多种感觉之间，有些感觉会相互促进使彼此变得更强，例如使香味更加浓郁，有些感觉会相互消减，使强度减弱，甚至使人无法感知。人的感觉是客观事物在人脑中的反映，如同用仪器检测某一客观事物一样，这是感觉的客观性所在，但同时人的感觉过程又不完全和仪器的检测过程一样，人的感觉其实是一个心理过程，既然是心理过程，那么人的感觉就有其主观性的一面，下面总结了一些和酒类品评有关的感觉之间相互作用的基本规律。

1. 感官的适应现象

感官的适应现象是指由于受到连续的和（或）重复的刺激而使感觉器官的敏感度暂时改变的现象。

2. 感觉的对比效应

感觉的对比效应有两种情况，一种是对比增强现象，另一种是对比减弱现象。对比增强是指两个刺激同时或相继作用于同一个感官时，一个刺激的存在造成另一个刺激增强的现象。对比减弱现象是指一个刺激的存在减弱了另一个刺激的现象。

由于味觉对比效应的存在，会使第二个呈味物质的阈值发生变化，这在食品配方的研制中大有用处，例如企业可以利用味觉的对比效应，有目的地添加某一个呈味物质，使期望的味道更加突出，或使不良的味道得到掩盖。如 10% 的蔗糖水溶液中加入 1.5% 的食盐，使蔗糖的甜味更甜爽；味精中加入少量的食盐，使鲜味更饱满。

3. 感觉的变调效应

感觉的变调效应是指两个刺激先后施加于同一感受器时，一个刺激造成另一个刺激的感觉发生本质变化的现象。如刚吃过中药，接着喝白开水，会感到水有些甜味，又如先吃甜食，接着饮酒，感到酒似乎有点苦味，所以，宴席在安排菜肴的顺序上，总是先清淡，再味道稍重，最后安排甜食，这样可使人能充分感受美味佳肴的味道。

4. 感觉的协同和拮抗效应

协同效应也称相乘效应，是指当两种或多种具有相同味感的刺激同时作用于同一感官时，产生的感觉水平超过每种刺激单独作用产生的感觉相加的现象。这可以举个简单的例子加以进一步说明，例如有两个呈味物质 A 和 B，当 A 和 B 并用时产生的呈味强度要比单独用 A 或 B 时产生的呈味强度之和大。这种协同效应在食品研制时是可以利用的，在食品加工中，利用味的相乘效应，可以提高呈味物质的呈味强度且降低成本，得到了事半功倍的效果。例如味精与 $5'$-肌苷酸（$5'$-IMP）共同使用，能相互增强鲜味；甘草苷本身的甜度为蔗糖的 50 倍，但与蔗糖共同使用时，其甜度为蔗糖的 100 倍。

与协同效应相反的效应是拮抗效应，拮抗效应也称相抵效应或相杀效应，它是指一种刺激的存在使另一种刺激的强度减弱的现象。例如单独的 15% 的 NaCl 溶液的咸度是人难以容忍的，但是含有 15% NaCl 的酱油却由于有机酸、氨基酸和糖类等物质的存在减弱了 NaCl 咸味的强度，这就是我们吃一口酱油并没有觉得太咸的道理所在。

例如砂糖、柠檬酸、食盐和奎宁，若将任何两种物质以适当比例混合时，都会使其中的一种味感比单独存在时减弱。又如在 1%～2% 的食盐水溶液中，添加 7%～10% 的蔗糖溶液，则咸味的强度会减弱，甚至消失。

5. 感觉的掩蔽现象

当两个强度相差较大的刺激，同时作用于同一感官时，往往只有其中一种强度大的刺激能被感觉到，这种现象就是掩蔽现象。

三、 感觉的形成

（一） 感官能力

感官是感觉器官，是客观的。感觉是感官对外部刺激做出的响应，是心理现象，感觉是有主观成分在里面的。有感官不一定有感觉，由感官形成感觉是一种能力，这个能力称为感官能力，是感觉敏感性的反映。感觉的敏感性是指人的感觉器官对刺激的感受、识别和分辨能力。感官能力是感官形成感觉的能力，影响感官能力的因素有很多，总结起来，不外乎两类，一类是先天的因素，另一类是后天的因素。感觉的敏感性因人而异，某些感觉通过训练或强化可以获得特别的发展，即敏感性增强。

感官能力的高低可以通过"感觉阈"或"感觉阈值"进行评价。我们知道必须有适当的刺激强度才能引起感觉，这个强度范围称为感觉阈值。它是指从刚好能引起感觉，到刚好不能引起感觉的刺激强度范围。对于食品来说，为了使人们能感知某种味道的存在，该物质的用量必须超过它的呈味阈值。

感觉阈值分为两种：一种是绝对阈值，另一种是差别阈值。绝对阈值又分三种，一种是察觉阈值，第二种是识别阈值，第三种是极限阈值。

（1）察觉阈值也称觉察阈值　对刚刚能引起感觉的最小刺激量，我们称它为察觉阈值或感觉阈值下限。

（2）识别阈值　对能引起明确的感觉的最小刺激量，我们称为识别阈值。

（3）极限阈值　对引起一种感觉上限的最小刺激量，超过此量就不能感知刺激强度的变化或差别，我们称它为感觉阈值上限，又称为极限阈值。例如我们闻到一个特别浓的气味，我们感觉很明显，但是如果这个气味的浓度再增加一些，我们并没有感觉到这个气味的强度在增加。

（4）差别阈值　指感官所能感受到的刺激的最小变化量。例如人对光波变化产生感觉的波长差是 10nm。现代研究表明差别阈值并不是一个恒定值，它会随某些因素如环境的、生理的或心理的变化而变化。韦伯发现在一定的范围内，差别阈值随着刺激量的变化而变化，但是差别阈值与刺激量的比值为一常数，即 $k = \Delta I / I$，其中的 k 为常数，又称韦伯分数，ΔI 为差别阈值；I 为刺激物的浓度。

（二）　感觉形成机理

大脑是一切感官的中枢。人有五种基本且相互作用的感官，即感知触觉的身体各个部位，感知视觉的眼睛，感知听觉的耳朵，感知嗅觉的鼻子，感知味觉的舌头。

在酒类感官品评当中，涉及的感觉有很多，但是都离不开五种基本的感觉，深入了解五种基本的感觉，对做好酒类感官品评有很大帮助。下面对五种基本的感觉做进一步的介绍。

1. 触觉

谈到品评时，我们常常会忽略触觉感官的话题，实际上，触觉在食品或酒类的感官品评当中，作用不容忽视，触觉是通过皮肤直接接触来识别产品特性形状。在感官品评当中主要是通过嘴和手与食品接触产生感觉，从而对食品的膨、松、软、硬、弹性、稠度等特性做出判断。在酒类品评的触觉感知里，主要的感觉器官是敏感的口腔黏膜，它们起到了绝大部分的作用，它们有能力感知来自外界的很多非味觉的刺激，这些刺激包括如下几类。

（1）辣　就是我们吃辣椒的感觉。不同的区域对辣的理解有不同的诠释，主观性很强。辣在个人可接受的范围内属于积极的触觉。

（2）灼烧感　当温度超过 65℃，入口就会有灼热感，口腔黏膜脱水也会引发灼烧感。当我们饮用高酒精度的酒时，这类感觉特别突出。

（3）杀口感　实际上是碳酸转换为二氧化碳的过程中被我们感知到的一种感觉，另外醋酸分子也能让人产生这样的感觉。喝起泡酒时，冉冉上升的小气泡在舌尖上跳动挑逗的刺激感，就是这种感觉。

（4）涩　就是我们吃到一个不成熟的柿子时的感觉。

2. 视觉

视觉是指眼球接受外界光线刺激后产生的感觉。人类可以利用光线进入眼睛后产生的感官印象来辨别外部世界的差异。我们常说百闻不如一见，这是因为视觉是我们人体最高的信息收集器官，至少就大脑的认知而言是如此，有研究表明人类的整个大脑皮层的 1/4，即大脑皱褶的表层，用于视觉的多于其他感觉。

能产生视觉刺激物质是光波，这是光波的粒子属性，现代研究发现只有波长在 380~780nm 的光波才能被人眼感知。

视觉在酒类感官品评中有重要的作用，酒的色泽和酒的质量之间是相互联系的，通过经验的积累，可以掌握什么样的酒应该具有什么样的颜色。这样我们可以通过视觉来观察酒体，并据此判断酒所应具有的特性，帮助我们对酒的质量做出判断，也会帮助我们挑选酒样。酒的颜色可以增加或降低人对酒的饮用欲望，在研制酒品时，可以利用这一点，开发出受消费者欢迎的颜色，很多倍受消费者喜爱的酒品，常常是因为这种酒带有使人愉快的颜色。没有吸引力的酒，颜色不受欢迎往往也是一个重要因素。

（1）视觉的产生机理　外界物体反射来的光线，经过角膜、房水，由瞳孔进入眼球内部，再经过晶状体和玻璃体的折射作用，在视网膜上能形成清晰的物像。物像刺激了视网膜上的感光细胞，这些感光细胞接受这些光刺激后自身发生变化而诱发电脉冲产生的神经冲动，沿着视神经和末梢传导到大脑皮层的视觉中枢，就形成了视觉。

视觉的简要形成过程即为：光照→物体发出光波→视网膜物像形成→物像刺激感觉细胞→视神经和末梢→视觉中枢→产生视觉。

（2）视觉的感觉特征

色彩视觉：色彩视觉通常是与视网膜上的锥形细胞和适宜的光线有关系。在视网膜上的锥形细胞上有三种类型感受体，分别为红敏、绿敏和蓝敏细胞，每一种感受体只会对一种基色产生反应。当用代表不同颜色不同波长的光波以不同强度刺激光敏细胞时，就产生了彩色感觉。

闪烁效应：当用一系列明暗交替的光线刺激眼球时，就会产生闪烁感觉。随着刺激频率增加到一定的程度时，闪烁感觉就会消失，由连续的光感所代替。

视错觉：观察物体所得的印象与实际形状有差异称为视错觉。

暗适应和亮适应：当我们从明亮处转向暗处时，会出现视觉短暂消失而后逐渐恢复的现象，这样一个情形称为暗适应。在暗适应过程中，由于光线强度骤变，瞳孔迅速扩大以适应这种变化，视网膜也逐步提高自身的灵敏度使分辨能力增强，视觉从一瞬间的最低程度渐渐恢复到该光线强度下正常的视觉。亮适应与暗适应相反，是从暗处到亮处视觉逐步适应的过程。

3. 听觉

声波进入耳朵后产生的感官印象就是听觉。声波的振幅和频率是影响听觉的两个主要因素，正常人只能感受 30~15000Hz 的声波。利用听觉进行感官检验的应用十分广泛，因为我们人的耳对声音强度或频率的微小变化是非常敏感的。食品的质感特别是咀嚼食品时发出的声音，在决定食品的质量和食品接受性方面起重要作用。

听觉的简要形成过程即为：声波→鼓膜→刺激耳蜗内感受器→听觉神经→听觉中枢→产生听觉。我们人的耳廓影响收集声波，鼓膜影响把声波转换成振动信号，耳蜗影响把振动信号变成神经信号，听神经影响把神经信号传送到大脑。

4. 嗅觉

人类的嗅觉长期以来一直是一个非常神秘的领域。人类认识和记忆 1 万种不同气味的基本原理一直不为人所知。本部分的内容将根据现代神经学研究的成果清楚地向读者阐释我们的嗅觉系统是如何运作的。

（1）气味　气味刺激鼻腔内的嗅觉细胞而产生感觉。嗅是个动作词汇，是指感受或试图感受某种气味，气味是能够引起嗅觉反应的物质。在我们的鼻腔上部，有一块约 $1.5cm^2$ 的嗅上皮，它薄而光滑，永远被一层黏液覆盖着，所以也称为鼻黏膜或嗅黏膜。空气中有气味的物质到达嗅上皮，就会溶于覆盖于表面的黏液，从而产生刺激，再经嗅神经传导至大脑嗅觉中枢，就产生了嗅觉。

在感官品评活动中，我们常把嗅觉器官感受到的感官特性称为气味，气味可以简单地归为香味和臭味两大类。下面把香气按"积极-消极"的顺序，分为以下5大类。

第一类是花香和果香，包括苹果、梨子、香蕉、黑莓、蓝莓、水蜜桃、樱桃等。

第二类是香草、肉桂、胡椒、可可等。

第三类是青草、烘焙、黄油、溶剂等。

第四类是大蒜、洋葱、辣椒、氧化、石碳酸、药味、酸味等。

第五类是霉味、腐败味、腐烂味、馊味、臭鸡蛋味等。

也许大家会马上产生疑问，黄油味让人感觉很舒服啊，为什么排在第三位？没错，在大多数感官品评活动中，黄油被认为是愉悦的味道，但如果出现在啤酒中，就是硬伤。再比如青草味，在格拉巴酒（Grappa）的品评中，青草味维持在一定范围内还是让人愉悦的，但在咖啡或啤酒中出现就绝对是缺点。

（2）嗅觉的形成 人的鼻子从宏观上看是由外鼻、鼻腔和鼻窦三部分组成，其中鼻腔是人类感受气味的嗅觉器官。人的外鼻和鼻腔结构分别见图3-2和图3-3。

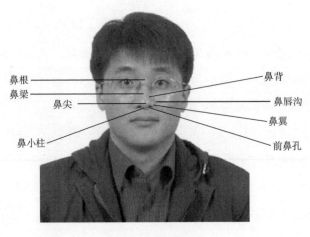

图 3-2 外鼻的结构

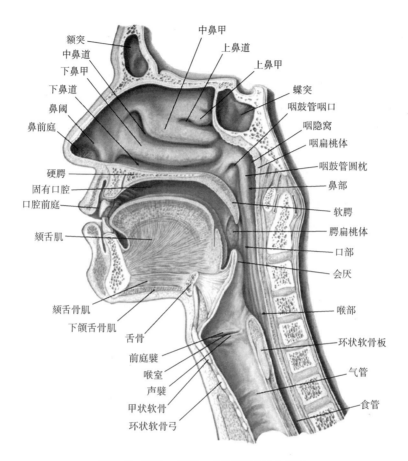

图 3-3 鼻腔、口腔、咽和喉的正中矢状面

窦的本义和穴的意义有关，也有孔、洞之意。在解剖学当中，常把人体某些器官或组织内部凹陷的部分称为窦，鼻窦就是指鼻子的内部凹陷，鼻子内共有四个凹陷，即有四个窦，分别为额窦、筛窦、上颌窦和蝶窦。

鼻腔的前部称为鼻前庭，后部称为固有鼻腔。在固有鼻腔的上部有一块对气味异常敏感的区域，称为嗅感区或嗅裂。嗅感区内的嗅黏膜是嗅觉感受体，也称为嗅觉上皮，因为嗅黏膜上有黄色色素，所以又称为嗅斑，大小约为 $1.5cm^2$。

嗅觉的简单形成过程为：气味物质→嗅黏膜→嗅细胞→嗅神经→大脑嗅觉中枢→嗅觉。现代研究对嗅觉的传导作用有比较深入的了解，较为详细的嗅觉形成过程为：G 蛋白偶联受体介导→G 蛋白变构→激活腺苷酸环化酶（AC），产生 cAMP，导致胞内的 cAMP 浓度上升，而 cAMP 可能直接通过 cNMP-门控通道（cNMP-gated channels）引起 Ca²⁺内流→胞内游离 Ca²⁺上升→突触小泡释放递质→引发神经冲动→神经传递→产生意识，如图 3-4 所示。

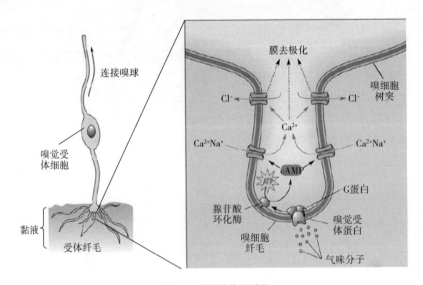

图 3-4　嗅觉的传导过程

现代研究表明人体约有 1000 个基因用来编码气味受体细胞膜上的不同气味受体，这约占人体基因组总数的 3%。人的嗅觉系统具有高度"专业化"特征，比如，每个气味受体细胞仅表达出一种气味受体特征，即气味受体细胞的种类与气味受体完全相同。

我们人体中约有 2000 个"嗅小球"，数量是气味受体细胞种类的 2 倍。"嗅小球"也是非常地"专业化"，携带相同受体的气味受体细胞会将神经信号传递到相应的"嗅小球"中，也就是说，来自具有相同受体的细胞信息会在相同的"嗅小球"中集中。嗅小球随后又会激活被称为僧帽细胞的神经细胞，每个"嗅小球"只激活一个僧帽细胞，使人的嗅觉系统中信息传输的"专业性"仍得到保持。僧帽细胞然后将信息传输到大脑其他部分。结果，来自不同类型气味受体的信息组合成与特定气味相对应的模式，大脑最终有意识地感知到特定的气味。

现代研究还表明每个气味受体细胞由于存在"交互敏感现象"，所以每个气味受体细胞会对有限的几种相关分子做出反应，也就是说每个气味分子也不仅仅只对一个气味受体细胞作用，会跟有限的几种气味受体细胞反应。绝大多数气味都是由多种气体分子组成的，其中每种气体分子也会激活相应的多个气味受体，并会通过"嗅小球"和大脑其他区域的信号传递而组合成一定的"气味模式"。尽管气味受体只有约 1000 种，但它们可以产生大量的组合，形成大量的气味模式，这也就是人们能够辨别和记忆约 1 万种不同气味的基础。

（3）嗅觉特征　嗅觉特征是指嗅觉的相互作用，不同的气味相互混合后，会对嗅觉产生影响，总结起来主要存在以下五种情况：其一是气味混合后，气味特征变为不可辨认的特征即混合后无味，这种结果又称中和作用，这种现象有，但是并不常见；其二是气味混合后，某种气味被压制而其他的气味特征保持不变，即失掉了某种气味；其三是气味混合后，某些主要的气味特征受到压制或消失；其四是气味混合后，保留部分原来的气味特征，同时又产生一种新的气味；其五是气味混合后，原来的气味特征彻底改变，形成了一种新的气味。

实践表明嗅觉是会疲劳的，嗅觉疲劳是嗅觉的一个重要特征，嗅觉疲劳是指一种气味刺激长时间作用于嗅觉器官而产生的一种嗅觉适应现象，这种现象中国古人也有发现，例如早在西汉的刘向就在《后汉书》中写到"入芝兰之室，久而不闻其香；入鲍鱼之肆，久而不闻其臭"。相对而言，嗅觉的疲劳会比其他感觉的疲劳更突出一些，更容易疲劳，而且持续时间较长，对某一种气味嗅的时间过长，就会迟钝不灵敏，这称为"有时限的嗅觉缺损"。嗅觉疲劳通常具有以下三个特征，其一是从施加刺激到嗅觉疲劳有一定的时间间隔，这个时间间隔称为嗅觉疲劳时间。其二是在产生嗅觉疲劳的过程中，嗅觉的味阈值会逐渐升高。其三是嗅觉器官对一种刺激产生疲劳后，嗅觉灵敏度再次恢复需要一定的时间。

嗅觉疲劳期间，不但对所感受气体的嗅觉阈值升高，灵敏度下降，而且有时还会对所感受的气味本质发生变化，例如，嗅觉疲劳之后，会把原本是苦杏仁味的硝基苯感觉成沥青味。

嗅觉还有交叉疲劳现象，交叉疲劳是指对某一气味物质的疲劳会影响嗅觉对其他气味刺激的敏感性，例如对松香和蜂蜡气味的局部疲劳会降低鼻子对橡皮味的灵敏度导致橡皮味的嗅觉阈值上升；对碘的疲劳会降低鼻子对酒精和芫荽油的灵敏度。

（4）嗅觉理论　嗅觉理论主要有三种，分别为吸附理论、酶理论和萨姆纳（Sumner）理论，下面对这三种理论分别进行介绍。

吸附理论是指嗅上皮吸附进入嗅觉区的气味物质，这种吸附导致黏膜位置发生变化，进而诱发产生嗅觉的神经脉冲。相应嗅味阈值的通用公式为：

$$lgOT + lgKO/A = -4.64/P + logP!\ /P + 21.19$$

式中　OT——嗅味阈值

　　　KO/A——吸附系数

　　　P——所吸附的气味分子数量

酶理论是假定进入嗅觉区的气味物质能抑制该区域内的一类或多类酶系的活性，这种有选择的抑制改变了嗅觉受体上各种化合物间的相对浓度，从而引发产生嗅觉的神经脉冲。此理论获得了实验的部分证实，但还不能完整阐述嗅觉的形成机理。

萨姆纳理论的主要要点是带有气味的化学物质（A）会与嗅觉受体（B）反应，引起嗅觉受体释放出分子（A′），释放出的这些分子刺激嗅觉传导神经产生一个脉冲，释放的分子数量与气味物的质量成正比。

（5）嗅味阈　人的嗅觉灵敏度是很高的，即空气中的有味气体能引起嗅觉细胞兴奋的数量是极其微小的。例如 50mL 空气中有 0.288mg 乙醇时，就能被人嗅出。由于气味物质觉察阈值非常低，因此很多自然状态存在的气味物质在稀释后，气味感觉不但没有减弱反而增强，这种气味感觉随气味物质浓度降低而增强的特性称为相对气味强度。各种气味物质的相对气味强度不同，除浓度影响相对气味强度外，气味物质结构也会影响相对气味强度。

由于人的嗅觉灵敏度不同，不同人的气味阈相差也是很大的，因此不同研究者所测得的嗅味阈值差别也较大。影响嗅味阈值测定的因素包括：测定时所用气味物质的纯度；所采用的试验方法及试验时各项条件的控制；参加试验人员的身体状况和嗅觉分辨能力上的差别等。

（6）嗅觉识别技术 由鼻的结构图可以看出，侧鼻上生出上、中、下三个鼻甲，各鼻甲下的狭缝，称为上、中、下三个鼻道。当我们在平静呼吸时，被吸入的空气，大多数通过下鼻道和中鼻道进入鼻咽部，在这种情况下，带有气味物质的混合空气，只有极少量的分子缓慢地以弥散的状态进入上鼻道，接触到嗅觉上皮，最终导致只能感觉到有轻微的气味，甚至感觉不到气味。

但是当人有意识地做吸气动作时，则气流进入鼻腔的速度加快，在鼻道中形成空气涡流，这种涡流带着有气味的物质分子进入嗅黏膜区，对嗅觉的刺激就加强了。所以为了获得明显的嗅觉，就必须要做适当用力的吸气，即收缩鼻孔，或煽动鼻翼做急促的呼吸。但是这样加强的嗅觉，仍然很快就变得十分微弱。

人们为了能充分嗅到一种有味物质的气味，最好的方法是头部稍微低下，把被嗅物质放在鼻子下面，收缩鼻孔，让气味自下而上地进入鼻腔，这样就较容易使气流在上鼻道产生涡流，气味分子接触嗅黏膜的机会大大增加，从而加强了嗅觉。

因此，看来嗅闻气味是一个"技术活"，这一技术称为"嗅技术"。所谓的嗅技术就是一个嗅过程。其标准动作为把头部稍微低下对准被嗅物质，做适当用力的吸气（收缩鼻孔）或煽动鼻翼做急促的呼吸，使气味自下而上地通入鼻腔，使空气易形成急驶的涡流，气体分子较多地接触到嗅觉上皮，从而引起嗅觉的增强效应。

有气味的物质分子有时还会通过鼻咽部途径进入上鼻道，例如进入口腔中的食物或饮料进入鼻咽后，其中挥发的气味分子与呼出的气体一起通过两个鼻后孔进入鼻腔，这时呼气也能感到食物的气味。人在吞咽食物或饮料时，可以造成对气体进入鼻腔的有利条件。因为当食物或饮料经过咽喉时,由于软腭下垂、喉咽与鼻咽的通路中断,这种反射可以阻挡食物进入鼻腔和上呼吸道。当食物或饮料下咽到食管后,便发生有力的呼气动作,而带有气味分子的二氧化碳便由鼻咽急速向鼻腔推进,此时人对食物或饮料的气味感觉会特别明显,这就是所谓的"鼻后嗅觉",这是气味与口味的复合作用。

有些食物或饮料的气味不但可以通过喉咽达到鼻腔,而且咽下以后还会再返回来,这就是所谓的"回味"。回味有长短,并可分辨出是否纯净,如有无邪杂气味,有无刺激。

深刻了解鼻子的结构和嗅技术对品好酒是非常有帮助的,为了让读者更好地把握这些内容,笔者针对鼻子和嗅技术写了一首诗,把一些要点总结在其中,诗的内容如下:

鼻子嗅

三鼻三道四个窦,鼻咽食气通到喉,

中下进咽上进嗅,食喉返咽鼻后嗅,

低头吸气致涡流,自下而上碰上嗅,

静闻浅吸和深吸,咽下呼出回味有。

第一句描写了鼻子的主要结构。完整的鼻子由三鼻、三鼻道和四鼻窦组成。其中三鼻是指外鼻、鼻腔和鼻窦。三鼻道是指上、中、下三个鼻道,鼻腔通过上、中、下三个鼻道与咽喉气管连通。四窦是指四鼻窦即额窦、上颌窦、筛窦和蝶窦。每侧鼻腔借助深而隐蔽的鼻窦开口分别与4个鼻窦相通。4个鼻窦与眼眶、颈内动脉(颅内段)及海绵窦构成复杂的解剖比邻关系。

第二句重点描述了咽、喉、气管和食管的关系。具体意思是指鼻咽往下是口咽,再往下就是喉、气管和食管和喉连着,在最下面。

第三句描述了三个鼻道的位置。具体意思是指从中鼻道、下鼻道进入的气体分子进入鼻咽,而从上鼻道进入的气体,会接触到嗅黏膜,从而产生嗅觉作用。

第四句描述了"鼻后嗅"产生的过程，即通过喉咽返回到鼻腔中，与嗅黏膜接触就产生了嗅觉。

第五句重点描述了"嗅技术"。低头吸气是增强嗅觉的嗅技术。

第六句和第七句进一步描述了嗅技术的核心原理，即通过吸气产生气味分子的涡流，这样的话气味分子就会自下而上进入上鼻道从而触碰到嗅黏膜。

第八句描写了回味是怎样产生的，即咽下的食物或饮料中的气味分子通过咽管返回就产生回味。

5. 味觉

味觉（Taste）属于品尝的感觉，指由某些可溶性物质刺激口腔中的味觉感受器所产生的感觉特性。口感是指口腔内部（包括舌头、牙齿）所感受到的触觉。

风味是品尝中感受到的嗅觉和味觉性质的综合感觉，包括触觉的、热的、痛的及动觉的作用。

（1）基本味觉　关于基本味觉，在我国最流行的说法是酸、甜、咸、苦四种。在日本，有五种基本味觉之说，五种味道是指酸、甜、苦、咸、鲜。在欧洲有七种基本味觉之说，是在五种味觉的基础上加上碱味和金属味。但是有些学者认为鲜味、碱味、金属味和辣味等这些感觉并不是真正的味觉，而可能是触觉、痛觉或者是味觉与触觉、嗅觉混合在一起形成的综合感觉。

（2）味觉的形成　味觉的形成是味觉生理学（Taste Physiology）的内容。人的舌头表面是粗糙不平的，上面密布着很多小突起，称为舌乳头。味蕾（Taste-buds）是舌乳头（Papilla）上最重要的味感受器，简言之，味蕾是味的受体。每个舌乳头上有数量不等的味蕾，味蕾是肉眼可见的宏观组织，味蕾是由味蕾细胞组成，真正来讲味蕾上的"味受体细胞"才是味觉接收器，其一旦受到味的刺激，味受体细胞会将其编码，通过味觉神经元传导至大脑皮层的味觉中枢，从而产生味觉。

实践表明，不同的味道在舌乳头被感知的程度和响应的时间差别是很大的。咸味在不到一秒钟的时间内就可以被感知到，是五种味道中最快被感知到的；接下来第二快的是酸味，酸味从接触到被感知的时间接近一秒；甜味从接触到被感知的时间约为一秒；苦味的潜伏期较长，从接触到被感知需要超过两秒的时间；鲜味主要是由如谷氨酸等化合物引起的一种味觉味道，它是味精的主要成分，鲜味在五种味觉中被持续感知的时间最长。

传统的研究认为舌乳头有多种不同的形状，主要有三种形状，即菌状乳头（现在多称为蕈状乳头）、叶状乳头和轮廓状乳头。不同形状的舌乳头上都分布有味蕾，其中以轮廓状乳头上的味蕾数量最多，一个轮廓状乳头包含有味蕾33~508个，平均250个。在舌头背面和舌头的中间部位，是没有味觉乳头的，因此也就不会受到有味物质的刺激，从而就没有辨别滋味的能力，但对冷、热、光滑、粗糙、发涩等有感觉。舌前面大约2/3的味蕾与面神经相通，舌头后面约1/3的味蕾与舌咽神经相通。软腭、咽部的味蕾与迷走神经相通。味蕾能接受的味觉刺激有酸、甜、苦、咸四种，除此之外的其他味觉都是复合味觉，这和色彩中的三原色类似，基本味觉以不同的量和量比组合时就可形成自然界中各种千差万别的味道。

我们人的味蕾数量随着年龄的增长是会发生变化的，一般而言，10个月的婴儿味觉神经纤维已基本成熟，能够分辨别出甜、咸、苦、酸等基本味觉。人的味蕾数量在45岁左右会增加到最多。成年人的舌头上的味蕾数量大约是10000个，主要分布在舌尖部和舌头两侧的舌乳头和轮廓状乳头上。人到了75岁以后，味蕾数量就变化很大，由一个轮廓状乳头内的250个味蕾减少到88个。

有研究认为，味蕾分布在不同的舌乳头上，对不同味道的敏感性是不相同的，这即为广泛流传的"味觉图"，如图3-5所示。蕈状乳头分布在舌尖和舌侧部位，对甜、咸味敏感。叶状乳头分布在靠近舌两侧的后区，对酸味敏感。轮廓状乳头以V字形分布在舌根部

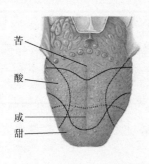

图3-5　舌头上的味觉图

位，对苦味敏感。

但是现在也有人认为这个流传了很久的"味觉图"，其实只是一个"伪传说"。认为不对的理由是，作为味觉刺激接受者的味蕾，主要分布在舌头表面、上颚表皮和咽喉部的黏膜上的味觉乳头上，乳头上的每一个味蕾，都能同时辨别各种不同的味道。当产生味觉刺激，广泛分布于口腔中的味蕾会使味觉在整个口腔中产生，而不是像通常大家所误解的那样，存在一个在舌头不同区域对不同味道敏感度不同的味觉图。

（3）味觉特征　是指味觉的相互作用。大多数呈味物质的味道不是单纯的基本味觉，而是由两种或两种以上的味觉组合而成的。不同味觉之间的相互作用对味觉有着重大的影响。

盐酸不影响氯化钠的咸味，但其他酸可以增加氯化钠的咸味感。低于阈值的氯化钠能轻微地降低醋酸、盐酸和柠檬酸的酸感，可以明显地降低乳酸、酒石酸和苹果酸的酸感。氯化钠按下列顺序使糖的甜度升高：蔗糖、葡萄糖、果糖、乳糖、麦芽糖，其中蔗糖的甜度升高程度最小，麦芽糖的甜度增加程度则最大。

感官感觉是酒类感官品评的重要基础，为了读者充分理解感官和感觉的重要内容，特作了一首诗，把相关的要点，涵盖于其中，诗的内容如下：

感官和感觉

刺激感官成感觉，五官五觉又十类，

身眼一对耳鼻舌，触视经心听嗅味，

适应对比变协拮，加上掩蔽五效规，

甜咸酸苦碱鲜金，收缩起皱成涩味。

第一句的意思是刺激物刺激感官会产生感官知觉。第二句的意思是说人有五种基本感官、五种基本感官对应五种基本感觉，在酒类感官品评过程还会涉及十种其他比较重要的感觉，感觉还存在五种主要的效应规律。为了记住其他十种感觉，作者概括了两句话，即"温痛疲辣动叉平，本体内部有状况"。

第三句则详细列举了五种基本感官，即除了身体和眼睛外，还加上耳朵、鼻子和舌头。第四句则详细列举了五种基本感官对应的五种基本感觉，具体意思是说触觉和目视视觉都是经过大脑处理的心理过程，还有听觉、嗅觉和味觉。

人的感觉不是一成不变的，不同的时候和状态可能是不一样的，但是也有章可循。第五句和第六句则对感觉的五种效应规律做了总结。总结起来人的感觉主要存在适应、对比、变调、协调拮抗和掩蔽等五种效应，这些效应需要加以仔细体会。

第七句则描述了七种基本的味觉，即甜味、咸味、酸味、苦味、碱味、鲜味和金属味。

第八句则描写了在酒类品评过程中经常出现的涩味。意思是说涩味就是描述由某些物质（例如黑刺李单宁和柿单宁）产生的使嘴中皮层或黏膜收缩、拉紧或起皱的一种复合感觉。涩味（Astringency）本身是名词，是指产生涩味的纯净物质或混合物质的感官特性。

单宁是食物中经常存在的化学成分，它能刺激产生涩味的触觉反应。单宁能够引起口腔干燥、粗糙感，引发脸颊和面部肌肉绷紧的效应。尽管单宁的确是引起涩味的化学物质，大多数葡萄酒专家仍愿意将涩味看作是葡萄酒独有的风味特征之一。

现在人们对涩味的形成机理所知还甚少。对葡萄酒中单宁产生的涩味而言，一个长期流行的理论是单宁能与唾液中的蛋白和唾液的黏性成分黏多糖结合，使之聚集或发生沉淀，唾液因而就丧失了覆盖润滑口腔组织的能力，从而造成了口腔的粗糙和干燥感，即使口腔中含有很多液体。

产生涩味的物质不仅仅是单宁，许多酸类化合物也具有涩味。但是最近的研究表明，酸类物质的涩味实际上是通过加速口腔中残留的酚类物质同富含脯氨酸的唾液蛋白之间的聚集或沉淀反应，不含酚类的酸在唾液中并不产生涩味。

（4）味觉理论　是指味蕾受到直接的化学刺激后，通过神经元的传导，被神经中枢接受的一种感觉。味觉与同属于化学诱发感觉的嗅觉相比是一种近觉，即近距离感觉。关于味觉形成的理论主要有三个，其一是伯德罗提出的热力学平衡学说；其二是酶理论学说；其三是福伦斯（Frings）的味谱学说，下面分别介绍。

伯德罗认为味觉的形成是呈味物质的刺激在味受体上达到热力学平衡的过程。不同的呈味物质导致味神经去电荷形式上的不同会引起脉冲数的变化以及所刺激的味神经纤维在去电荷时间上的差别，从而在大脑中形成不同的味觉。

酶理论则认为味神经纤维附近存在酶，酶的活动性变化可引起影响味传导神经脉冲的离子发生相应的变化。不同的呈味物质对酶活动性的抑制作用不同，从而使传导神经传递的脉冲形式也不相同，由此区分出不同的味觉。

福伦斯借助光谱理论建立起"味谱"概念。按照这个理论，基本味觉是"味谱"上几个最熟悉的点，所有的味道在"味谱"上都有相应的位置。

（5）味觉影响因素　包括年龄和性别的影响。感官试验证实，年龄超过60岁的人对甜、咸、酸、苦四种基本味觉的敏感性会显著降低，这是因为年龄增长到一定程度后，舌乳头上的味蕾数目会减少。有数据表明人在20~30岁时，平均的味蕾数有245个，在70岁以上时，舌乳头上的味蕾数则只剩下88个。女性在甜味和咸味方面比男性更加敏感，男性在酸味方面比女性敏感，在男女苦味方面基本上不存在性别上的差异。

饥饿和睡眠的影响：人处在饥饿状态下时，会提高味觉的敏感性。饥饿虽然对味觉的敏感性有一定的影响，但是饥饿对于味觉的喜好性却没有什么影响。缺乏睡眠对甜味和咸味阈值不会产生影响，但是可以明显提高酸味的味阈值，从而降低对酸的敏感度。

身体健康状况：人身体患有某些疾病或异常时，常常会导致味觉迟钝、变味，甚至味觉失灵的现象。由于疾病而引起的味觉变化有些是暂时性的，待疾病恢复后味觉就可以恢复正常，而有时候由疾病引起的味觉变化则是永久性的变化。从某种意义讲，味觉的敏感性取决于身体的状况。

介质的影响：味觉会受到呈味物质所处的介质的影响，这是因为呈味物质只有在溶解状态下才能扩散到味受体，从而产生味觉。介质的黏度会影响可溶性呈味物质向味受体的扩散，介质的性质也会影响呈味物质的可溶性或呈味物质有效成分的释放。油脂对某些呈味物质会产生双重作用。

温度的影响：温度对味觉的影响表现在味阈值的变化上。感觉不同味道所需要的最适温度有明显差别。四种基本味中，甜味和酸味的最佳感觉温度在 35~50℃，咸味的最适感觉温度为 18~50℃，而苦味则是 10℃。

四、 感觉形成的"三部三步" 模型

基于前面对五种基本感觉形成过程的描述，为了深入浅出地理解感觉形成的机制，笔者通过总结提出了感觉形成的"三部三步"的模型。所谓的"三部三步"是指形成感觉时，主要涉及三个重要部位，感觉形成过程主要有三个步骤。具体来讲就是刺激物先作用于受体细胞的受体，产生神经信号，这是第一部分的第一步，紧接着此信号经神经传递，这是第二部分的第二步，传递到相应的信号处理的神经中枢，从而让人有感觉，这是第三部分的第三步，其中味觉和嗅觉的形成如图 3-6 所示。

模型的第一部分是感受器（Receptor），感受器是一个专业的名词，是指能对某种刺激产生反应的感觉器官的特定部分。感受器是由受体的受体细胞组成。不同的感觉对应的感受器是不一样的，有时候为了方便起见，则统一称为神经末梢。

第一步是刺激物施加刺激到受体上，受体细胞就进行信号编码，编码之后就把信号传递到神经。

模型的第二部分是神经，也称为传递神经，或神经纤维，神经起到传递信号的作用，在感觉形成过程中起到承上启下的作用，这是感觉形成的第二步。

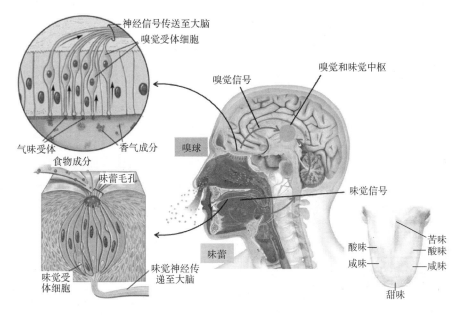

图 3-6 嗅觉和味觉形成示意图

模型的第三步是信号经神经传递到大脑皮层的神经中枢，经加工处理变成脑信号，神经中枢也可称为中枢神经，这就是模型的第三部分。不同的感觉神经中枢在脑中的位置是不一样。

便于读者掌握感觉形成的模型，特用一首诗把相关的要点总结在其中，诗的内容如下，诗句的内容在上面都有介绍，在这里就不逐句加以解释。

感知模型

末梢神经到中枢，神经末梢接受器，

受体细胞有受体，接受刺激转模式，

承上启下靠神经，神经中枢脑处理，

处理信号成感知，三部三步是机制。

第二节　白酒品评的四要件

白酒的感官品评是一项过程活动，这项活动的完成需要四个必备的要件，首先要有品评人员组成的品评小组（极端情况下只有一名品评人员）。其次需要品评的设备设施，例如品评杯，品评桌等。第三需要一定的技术方法，例如需要对样品进行怎样的处理，倒多少量。如果要提高品评的质量，使品评的结果具有再现性、可比性，要对品评人员，品评的设备设施和品评的操作方法进行规范化，除此之外，还需有第四方面的要求，那就是对品评的环境条件做一些规定。在实际的品评工作中，常常需要成立品评小组，品评小组的职能不仅限于差别品评，描述性品评和质量控制，同时还包括人员的培训，阈值的检验，异味的研究，工厂规划中涉及的品评及新产品开发中的品评。本部分提出的要求不适用于由消费者组成的品评小组所进行的偏爱性品评。下面分别对白酒品评的四个要点进行详细的介绍。

一、 品评人员

在中文里，对品评人员的称呼有多种表述，诸如品酒员、品酒师、评酒员、评酒师、评酒委员等。在这些叫法中，员和师的区别大家较好理解，一般认为师的水平高于员。而让人有点糊涂的是"品"和"评"的区别，有些地方会特意地对"品"和"评"做出区分，但是很少有人给出比较准确的解释。品字由三个口构成，而评字是则由言字作偏旁部首，言字中也有口，这就说明品和评字都有口有关，这是两者的共同点，不同点在于，评字是言字作部首，说明评字含有发言、表达的意思，即把自己的体会说出来，而品字虽然也含有口，但是更多的是指个人体会的意思，这是两者的区别。但在实际上，品和评是很难截然分开的，也就是说"品"了就会"评"，要"评"，就得先"品"，因此，品和评经常放在一起使用，即品评，品评人员。笔者认为品酒员或评酒员都是品评人员的简称，因此认为两者的意思并没有太大的区别，为了简化，在本书中，认为品酒员和评酒员是一个意思，都是对品评人员的简称。

因为酒是一种供人饮用的食品，因此酒的感官质量是酒质量非常重要的方面。酒的感官质量是人通过自身的感觉器官对酒进行测评之后，对酒质量的好坏做出的判断。一般来说，只要是符合法律规定的成年人，只要没有诸如宗教、疾病之类的禁忌，都可以喝点酒，因此，原则上来说，只要能喝酒的人都可以对酒进行品评。从这个意义上来说，对酒类的品评人员并没有什么要求。但是事实证明，不同的人，其感官品评能力千差万别，有些人灵敏度很高，可以对酒的质量做出比较准确的评价，也有一些人感官灵敏度很低，并不能对酒的质量做出比较有指导意义的评价。因此为了节约成本，提高感官品评结果的指导意义，选择感官品评能力强的人作为酒类品评人员，是非常必要的。

在很多时候，需要参考品评人员的意见来评判看待产品的质量，或者进行试验改进生产工艺提高质量等。因此，这些品评人员的意见，不但要求准确，还要求公平、公正。因此必须具备一定条件的人员，才可以成为酒类品评人员。

总结起来对白酒品评人员的基本要求可以从"德""智""体""美"及"劳"共五个方面来规范，这五个方面的具体要求如下。

（一） 品德优秀行为正

这是对一名品酒员"德"的要求。一名品评人员是品评方面的意见领袖，其意见会带来一定的影响。在品评中要坚持实事求是、大公无私、质量第一的原则，排除非正常因素的影响和干扰，按质量标准要求进行品评工作。一名品评人参与评酒活动时，不能有本位思想，不能从小集团利益出发，而应代表广大消费者的要求和国家利益。厂里的品评勾兑人员，应坚持酒不成熟不勾兑，酒不合格不出厂。

（二） 技能过硬经验丰

这是对品酒员"智"方面的要求，即要求品酒员具有相应的品酒专业技能和经验，对品酒而言，所需的技能就是品评技能。

1. 检出力

检出力是指对香及味有很灵敏的检出能力，换言之，即嗅觉和味觉都极为敏感。例如在考核评酒员时，使用一些与白酒毫不相干的砂糖、味精、食盐、橘子汁等物质进行测验，其目的就在于检查评酒员的检出力，也是灵敏度的检查，并防止有色盲及味盲者混入其中。检出力表明评酒员的素质，也是评酒员的基础条件。但对评酒员来说，尚是低级阶段，因为有的非评酒员也具有很好的检出力。所以说，检出力是天赋的表现。

2. 识别力

这比检出力提高了一个台阶，要求对酒检出之后，要有识别能力。例如评酒员测验时，要求其对白酒典型体及化学物质做出判断，并对其特征、协调与否、酒的优点、酒的问题等做出回答。又如，应对己酸乙酯、乳酸乙酯、乙酸、乳酸等简单物质有识别能力。具有识别能力是评酒员的初级阶段。

3. 记忆力

记忆力是评酒员基本功的重要一环，也是必备条件。要想提高记忆力，就需要勤学苦练，广泛接触酒，在评酒过程中注意锻炼自己的记忆力。接触多了就如对熟人格外熟悉一样，深深地记在脑子里。

在品尝过程中，要专记其特点，并详细记录。对记录要经常翻阅，再次遇到该酒时，其特点应立即从记忆中反映出来，如同老友重逢一样。例如评酒员测验时采用同种异号或在不同轮次中出现的酒样进行测试。以检验评酒员对重复性与再现性的反应能力，归根结底就是考察评酒员的记忆力。

4. 表现力

这是评酒员达到了成熟阶段，凭借着识别力、记忆力从中找出问题所在，有所发挥与改进，并能将品尝结果拉开档次和数字化。这就要求评酒员熟悉本厂及外厂酒的特征，了解其工艺的特殊性，掌握主体香气成分及化学名称和特性。企业评酒员要熟悉本厂生产工艺的全过程，通过评酒提供生产工艺、贮存勾兑上的改进意见。若能如此运用自如，则已达到炉火纯青的地步，这样才能成为合格的评酒员。要达到如此境界也着实不易，但应作为评酒员的奋斗目标。

（三） 身体健康感官灵

这是对品酒人员"体"方面的要求。品酒人员主要是利用自身的感觉系统对酒进行检验，然后对酒质量做出判断。

酒类品酒人员必须身体健康，有正常的视觉、嗅觉和味觉，不能有色盲、味盲等感觉失灵的缺陷。感觉器官有缺陷的人是不能当品酒员的。平时要注意保养身体，预防疾病，保护感觉器官，要尽量不吃或少吃刺激性强的食物。

品酒与喝酒是两回事，不能认为喜欢喝酒或酒量大的人就会品酒，不喝酒的人就难以学会品酒，这是没有科学根据的，但是为了减少酒精给身体带来的不利影响，品酒员需要有一定的酒精耐受性，不能对酒精过敏。为了减少对感官的刺激，品酒员要少饮酒更不能酗酒。平时注意休息，进行必要的体育锻炼，使感觉器官保持灵敏状态。

（四） 科学品评艺也行

这是对品酒员"美"方面的要求。品酒员应该掌握酒类感官品评方面的科学规律，坚持科学这一条大原则。但是在酒类质量的感官评价方面，也有一些科学难以解释和表达的地方，这就需要品酒员具有一定的审美感。

（五） 勤学苦练知识通

这是对品酒人员"劳"方面的要求，指作为一名品酒员要热爱"品酒"这项偏脑力的劳动，平时要多加进行品评技能的实践练习和相关知识的学习。一名白酒品评人员，特别是一名国家级白酒评委，要加强业务知识的学习，扩大知识面，既要熟悉产品标准和产品风格，又要了解产品的工艺特点。通过品评，找出质量差距，分析质量问题的原因，以促进产品质量的提高。

二、 设施和用具

（一） 品酒杯

准备人员按样品数量等准备器具，宜使用统一的设备器具。

标准品酒杯外形尺寸见图 3-7，有杯脚（1）和无杯脚（2）两款，均为无色透明玻璃材质，满容量 50~55mL，最高液面处容量为 15~20mL。有条件可在杯壁上增加容量刻度。

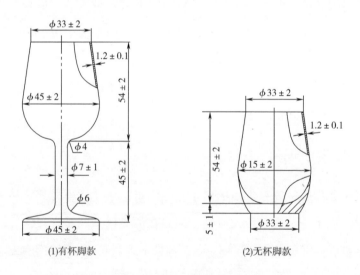

(1)有杯脚款　　　　(2)无杯脚款

图 3-7　标准的白酒品评杯的尺寸

（二） 品酒桌

评酒室内应设有专用评酒桌，宜一人一桌，布局合理，使用方便。

桌面颜色宜为中性浅灰色或乳白色，高度 720～760mm，长度 900～1000mm，宽度 600～800mm。如果准备使用计算机直接录入的话，品尝小间应为 80cm 宽，以便容纳一台小型数字交换器或 CRT 终端。

桌与桌之间还要保持一条不小于 120cm 的通道，使人们能较容易地进入品尝小间。用高出桌面约 46cm 的分隔板隔开，以减少小间之间听觉和视觉上的相互干扰。如还需要完全隔离，可使用从地板直到天花板的隔离板。或从墙上将隔板垂吊下来，只封闭品评人员的躯干和头部。

评酒桌的配套座椅高低合适，桌旁应放置痰盂或设置水池，以备吐漱口水用。

三、 品评操作规范

（一） 品评时间

建议最佳评酒时间为每日 9：00～11：00 及 14：00～17：00。为避免人员疲劳，每轮次中间应休息 10～20min。

（二） 组织方式

根据品评的目的，可选择合适的品评方式，包括明酒明评、暗酒明评及暗评等。明酒明评有助于品评人员准确品评酒样；暗酒明评可以避免酒样信息影响品评结果；暗评可用于考核品评人员或客观评价产品。

（三） 酒品准备

1. 酒样温度

为避免酒样温度对品评的影响。各轮次的酒样温度应保持一致，以 20～25℃为宜，可将酒样水浴或提前放置于品评环境中平衡温度。

2. 酒样准备

若酒样需要量较大，为了保证酒体的一致性，可先将不同小容器中的酒样在洁净、干燥的较大容器中混合均匀，然后进行分装呈送。

3. 编组与编码

根据品评酒样的类型不同，可按照酒样的酒精度、香型、糖化发酵剂、质量等级等因素编组，也可采用随机编组。每组酒样按轮次呈酒，每轮次品评酒样数量不宜超过 6 杯。

酒样编码可按照轮次或顺序习惯，如"第二轮第 3 杯"；也可采用 3 位或 4 位随机数字编码，如"246"或"6839"。

4. 倒酒与呈送

各酒杯中倒酒量应保持一致，每杯 15～20mL。若准备时间距评酒开始时间过长，可使用锡箔纸或平皿覆盖杯口以减少风味物质损失。

四、 环境条件

（一） 位置和分区

将品酒室设置在一个小组成员都能很方便到达的中央位置，品评地点远离噪声、异常气味，保证环境安静舒适。如果小组成员需要从楼外进来，则应选择在靠门口的位置。品酒室应同拥挤的环境隔离开，以最大程度地减少噪音和交谈的机会。同时要将品酒室同气味源，如机房、装载口、生产线以及咖啡间、厨房等隔开。要注意该位置在进行样品品评时能提供必要的安全保证。

应具备用于制备样品的准备室和感官品评工作的品评室。两室应有效隔离，避免空气流通造成气味污染；品评人员在进入或离开品评室时不应穿过准备室。

有条件的话，品评室应设置一个用于相互交换品尝意见的圆桌，用来进行小组培训、描述性品评、特殊样品的品评，如对市场退货的研究等。

（二） 适宜的设施

物理设施要设计得能将品评人员的偏见减少到最小，能最大程度地发挥他们的敏感性并能消除所研究样品以外的任何变化。由于要花费品评专家们的宝贵时间，小组品尝代价昂贵，因此尽可能地减少干扰因素是可理解的。如何减少小组的品评次数和提高他们的积极性是一个全局性的问题，由此可以看出精心布置品评环境以及安排品酒室的位置意义重大。

（三） 温度和湿度

品评室以温度 16~26℃，湿度 40%~70% 为宜。

（四） 气味和噪声

品评室必须没有任何气味，例如可通入经活性炭过滤的稍具正压的空气。品评室建筑材料和内部设施应不吸附和不散发气味；墙壁、地板、天花板需选用光滑的、非吸收性的具有浅、中颜色的材料。避免使用隔音材料、地毯和多孔瓷砖，这些东西会吸附污物，释放气味。应安装可拆开清洗的下水管道。室内空气流动清新，不应有任何气味。品评期间噪声宜控制在 40dB 以下。

（五） 颜色和照明

品评室墙壁的颜色和内部设施的颜色宜采用中性浅灰色或乳白色，地板和椅子的颜色可适当采用暗色。

照明可采用自然光线和人工照明相结合的方式，若利用室外日光，则要求无直射的散射光，光线应充足、柔和、适宜。若自然光线不能满足要求，应提供人工均匀、无影、可调控的照明设备，灯光的色温宜采用 6500K。如果需要的话，可使用有色灯光掩饰样品之间的视觉差，这种照明系统要采用较高的工程标准。

第三节　七步成师

人可以通过后天的行为影响感官能力，为了提高和保持人的感官能力，能做两方面的工作，一是保持经常性的训练，二是保护好感觉器官，减缓其衰老的速度。研究表明，健康人嗅球内的僧帽细胞数量在 25 岁以后以平均 520 个/年的速度在减少。随着年龄的增长，大脑的嗅觉信息处理能力在下降，认知速度也在减慢。由于行业特殊性，嗅觉、味觉长期接受锻炼，敏感度会远高于普通人群。对不同年龄阶段而言，嗅、味有不同的感受，随着经验的增长，认知反而会更丰富，一个人在多次嗅到浓度逐渐减低的某一气味物质后，即使在该物质的浓度低于过去以往浓度的情况下，也会觉察到它。这些都说明一点，人的感官能力通过后天的训练是可以大大提高的。

第二节对品酒人员的基本条件从德、体、劳、智和美共五个方面进行阐述。要从品酒员成为品酒师，关键需要在"劳"方面进行强化训练，掌握较高的品酒技能。因此这里就有一个强化训练的方法，即怎样训练才可以练成品酒师，也即品酒是怎样练成的。

笔者根据多年在酒类品评培训方面的工作，总结出一套品酒师的训练方法。根据这套方法，要想练成品酒师，需先经过六步基本的训练，然后继续采用实际酒样进行品酒技能的练习，练成品酒神功六脉神鉴，最终成为品酒师。笔者把这种训练方法称为七步成师训练法。为便于读者系统掌握这套方法，笔者用一首绝句，把七步成师的七个步骤涵盖于其中，并把每一步都取了一个名字，诗的内容如下：

七步成师

清风识记是基础，三五四五两排序，

六五对号七品酒，六脉神鉴来练就。

第一句包含了七步成师的第一步和第二步。第一步是清水味觉的识别和记忆。第二步是白酒典型风味的识别和记忆。这两步是七步成师的基础。

第二句描写了七步成师的第三步、第四步和第五步。句中的"三五"是七步成师的第三步，所谓的"三五"是指第三步用五杯法进行训练。四五两排序指的是第四步和第五步的训练方法，即第四步和第五步都是训练排序能力，第四步训练的是复合风味的排序能力，第五步训练的是风味刺激强度的强弱排序能力。

诗的第三句描写了七步成师的第六步和第七步。句中的"六五对号"是七步成师的第六步进行五杯对号的训练。句中的"七品酒"是七步成师的第七步，所谓的"七品酒"是指第七步用实际酒样来进行训练。

诗的第四句描写了"七品酒"的内容，即第七步是用实际酒样来训练白酒的品评技能"六脉神鉴"，从而成为白酒品酒师。

根据第一步训练的目的，笔者将七步成师的每一步都取了一个名字。这七句正好成为一首律诗，这首律诗的名字为"七步成师之招式"，内容如下：

七步成师之招式

一清味觉练口感，二风识别练言传，

三五选非练敏感，四复排序练分辨，

五强排序练量变，六五对号练区现，

七品酒样练神鉴，七步修炼成酒仙。

第一句的意思是说修炼品酒师的第一步为清水味觉练口感。第二句的意思是说修炼品酒师的第二步为风味识别练言传。第三句的意思是说修炼品酒师的第三步为五杯选非练敏感。第四句的意思是说修炼品酒师的第四步为复合排序练分辨。第五句的意思是说修炼品酒师的第五步为强弱排序练量变。第六句的意思是说修炼品酒师的第六步为五杯对号练再现。第七句的意思是说修炼品酒师的第七步为实际品酒练神鉴。七步成师的招式如图3-8所示。

一清味觉练口感　　　三五选非练敏感　　　五强排序练量变　　　七品酒样练神鉴

二风识别练言传　　　四复排序练分辨　　　六五对号练区现

图 3-8　七步成师的招式

一、 第一步： 一清味觉练口感

七步成师的第一步为清味觉练口感，主要是进行味觉和口感的识别和记忆。一般的做法是用清水配制一定浓度的能产生味觉和常见口感的物质的清水溶液，然后进行反复品尝，要能清晰地识别出来，并想方设法记住这些味觉和口感的感觉印象。参考的浓度如表 3-2 所示。

当能够清晰地识别并记住这些味觉口感的时候，可以降低这些物质的水溶浓度，并进一步进行品尝识别训练，达到降低阈值提高灵敏度的目的，为进一步提高感官能力打下基础。

表 3-2　　　　　　　　　　　　建议的味觉口感物质和浓度实例

味觉口感	物质	室温下水溶液/（g/L)
甜	蔗糖	20
酸	酒石酸或柠檬酸	0.5
苦	咖啡因	1.5
咸	氯化钠	5
金属味	水合硫酸亚铁（$FeSO_4 \cdot 7H_2O$)	1
	鞣酸	0.5
涩味	或槲皮素	0.5
	或硫酸铝钾（明矾)	0.01

人的嗅觉和味觉一般是孩童时期最敏锐。据测量，孩童对糖液的味阈值平均在 0.68% 左右，随着年龄的增长灵敏度也日益钝化，成年人的平均阈值则为 1.28% 以下，六十岁以后的由于味蕾加速萎缩，阈值也上升得更多。

二、 第二步： 二风识别练言传

七步成师的第二步是风味识别练言传，即用选择白酒中经常出现的风味"单体"进行识别和记忆的训练，在训练过程中要努力用自己的语言或熟悉的场景把对这些风味的感觉描述出来。目的是通过第二步的强化训练达到识别更多的典型白酒风味，并记住每种风味的特征，理解风味和风味成分之间的对应关系。一般的做法是用乙醇水溶液或酒样配制一定浓度的能够产生风味感觉的物质的乙醇溶液或强化酒样，然后进行反复品尝，做到清晰地识别出每一种"单体"风味的感觉特征，并想方设法记住这些风味的感觉印象。

当能够清晰地识别并记住了这些风味的时候，可以降低这些物质的浓度，并进一步进行品尝识别训练，达到降低识别阈值，提高灵敏度的目的，为品酒打下良好的基础。白酒中经常出现的风味单体成分及其风味特征见表3-3。

表3-3　　　　　　　　　白酒中的典型风味成分的香气特征

序号	物质	香气描述	序号	物质	香气描述
1	1-辛烯-3-醇	蘑菇气味、真菌味	11	庚酸	酸臭
2	丁醛	水果香	12	癸酸	山羊臭
3	戊醛	青草香	13	十二酸	油腻
4	壬醛	似肥皂	14	糠醛	焦煳臭
5	二甲基二硫	胶水臭	15	苯酚	似来苏尔
6	二甲基三硫	老咸菜	16	4-乙基苯酚	马厩臭
7	苯甲醛	杏仁香	17	香兰素、香草醛	甜香
8	苯乙醛	玫瑰花香	18	香草酸乙酯	水果香
9	2-甲基丙酸	腐臭	19	2-苯乙醇	玫瑰花香
10	2-甲基丁酸	汗臭	20	丁子香酚	丁香

续表

序号	物质	香气描述	序号	物质	香气描述
21	异丁子香酚	香草香	34	辛酸乙酯	梨子香
22	愈创木酚	焦酱香	35	己酸乙酯	水果香、窖香
23	4-甲基愈创木酚	烟熏味	36	乳酸	微酸发闷，微酸的奶油气味
24	4-乙烯基愈创木酚	甜香	37	丁酸	汗臭味
25	苯甲酸乙酯	似蜂蜜	38	己酸	汗臭味
26	2-苯乙酸乙酯	玫瑰花香	39	乙酸	醋味
27	乙酸-2-苯乙酯	玫瑰花香	40	乙醛	刺激性、青草香
28	3-苯丙酸乙酯	水果糖香	41	乙缩醛	舒适、轻微的中药气味
29	γ-壬内酯	奶油香、椰子香	42	正丙醇	水果香
30	γ-癸内酯	水果香	43	正丁醇	水果香
31	乙酸乙酯	菠萝香、苹果香	44	异戊醇	水果香、臭
32	丁酸乙酯	菠萝香、苹果香	45	3-羟基丁酮	酸、甜味
33	戊酸乙酯	水蜜桃香	46	2，3-丁二酮	爽快的馊香

三、 第三步： 三五选非练敏感

七步成师的第三步是五杯选非练敏感，即采用五杯法训练提高对微量风味物质的觉察能力。所谓的五杯选非，一般的做法是用水、乙醇水溶液或酒样配制一定浓度的能产生风味感觉的物质溶液或强化酒样，然后通过五杯法进行测试，找出五杯样品当中少数（一杯或两杯）不一样的样品。

通过第三步的训练可以降低觉察阈值，提高觉察能力，进而提高对风味物质的敏感度。每次测试一种被检风味物质。训练时提供两种样品，一种为对照样品，另一种为被检材料样品。被检材料的浓度可根据训练进程来选择。刺激物识别测试可用的物质实例见表3-4。

表3-4　　　　　　　　　灵敏度练习的风味浓度

物质	室温下水中浓度	物质	室温下水中浓度
咖啡因	0.27g/L	蔗糖	12g/L
柠檬酸	0.60g/L	顺-3-己烯-1-醇	0.4mL/L
氯化钠	2g/L		

四、　第四步：　四复排序练分辨

七步成师的第四步为复合排序练分辨，即训练对复合风味的辨析能力。由于实际酒样是风味非常杂的样品，其香气和味觉口感都是复合的，学会从复合风味中分辨出单体风味的能力显得很重要，因此要想成为优秀的品酒师，就必须训练和提高这方面的能力，七步成师的第四步就是为此而设计的步骤。一般的训练方法是，在四个同样的白酒当中分别添加一种、两种、三种和四种风味成分，然后进行品评，按照风味成分从少到多的顺序进行排序。

五、　第五步：　五强排序练量变

七步成师的第五步为强度排序练量变，即训练对风味刺激强度高低区分的能力。属于刺激物强度水平之间辨别能力的训练。在每次训练中，将5个具有不同特性强度的样品以随机顺序提供给被训人员，要求他们以强度递增的顺序将样品排序。此项测试的良好结果能说明在所试物质特定强度下的辨别能力。可用于辨别测试的样品配制实例见表3-5。

表3-5　　　　　　　　强度排序的样品配制方案

测试	产品	室温下水溶液浓度
味觉强度辨别	柠檬酸	0g/L；0.1g/L；0.15g/L；0.22g/L；0.34g/L
气味强度辨别	乙酸异戊酯	0mg/kg；5mg/kg；10mg/kg；20mg/kg；40mg/kg
颜色深浅辨别	布，颜色标度等	同一种颜色强度的排序，例如由深红至浅红

六、　第六步：　六五对号练区现

七步成师的第六步为五杯对号练区现，通过五杯对号训练对酒样的区分再现能力，是对相似酒样区分能力的训练。一般做法是先品尝5个样品，这5个样品可能是不一样的，也可能有几个样品是一样的，练训的时候对每个样品进行反复品尝，记录每个酒样区别于其他酒样的独特特征，记录完之后，把这轮的 5 个样品撤掉, 重新以新的随机顺序上 5 个样品, 同样对这 5 个样品进行反复品尝, 找出每个酒的特征, 并和上轮出现过的样品进行配对。通过这六步的训练可以提高或反映对相似样品的区分再现能力。

七、 第七步: 七品酒样练神鉴

七步成师的第七步为实际品酒练神鉴, 是用白酒样品进行白酒品鉴之利剑的练习, 即进行六脉神鉴的训练。通过前面 6 步的训练, 具备了良好的品酒所具备的基本能力, 可以进入实战训练阶段, 即采用白酒样品训练白酒品评所需要六个方面的能力, 即六脉神鉴, 何为六脉神鉴, 将在下一章进行详细地阐述。

第四章

六脉神鉴，

白酒品鉴之利剑

要想全面弄懂白酒的品评内容，就要知道关于白酒品评的三个基本问题，这三个基本问题如下：

（1）什么是酒的感官品评？

（2）怎样进行酒的感官品评？

（3）酒的感官品评要达到什么目的？

回答好了这三个基本问题，就能够从宏观上对白酒的品评进行系统地把握。笔者对这三个基本问题的回答是用"四诊"，建"三观"，成"六脉神鉴"。其中用"四诊"回答的是第二个问题，建"三观"回答的是第一个问题，成"六脉神鉴"回答的是第三个问题。关于"四诊""三观"和"六脉神鉴"的具体内容，如图4-1所示，详细内容将在本章逐一做详细的介绍。

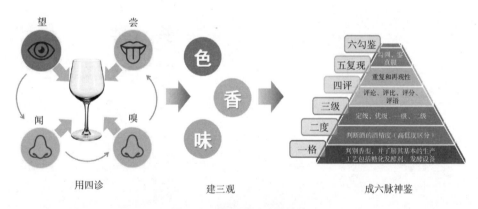

图4-1　白酒品鉴之六脉神鉴

第一节　品酒四诊

品酒"四诊"是指品酒的四个基本动作要领，也称为品酒四绝。即指用望、闻、嗅、尝四个基本动作对酒进行品鉴。品酒四诊的操作口诀如下：

品酒四诊

上下观望辨酒色，平心静气闻酒香，

浅吸深吸嗅馥气，呷品三口味回尝。

一、 上下观望辨酒色

上下观望辨酒色即为四诊的第一诊："望"的操作方法和具体内容，指对酒的色泽和外观用视觉感受器官眼睛进行检验。

将酒杯拿起，以白色评酒桌或白纸为背景，采用正视、俯视及仰视的方式多角度对酒体进行上下观察，观察酒样有无色泽及色泽深浅，然后轻轻摇动，观察酒液澄清度、有无悬浮物和沉淀物。

二、 平心静气闻酒香

平心静气闻酒香即为四诊的第二诊："闻"的操作方法和具体内容。指用嗅觉感受器官鼻子对酒的香气进行初步检验。由第三章关于鼻子结构的介绍，可知人的鼻子结构比较复杂，从宏观上看鼻子由外鼻、鼻腔和鼻窦三部分组成，鼻子中又有三个鼻通道，三个鼻通道中，只有最上面的通道和真正的嗅觉感受器嗅黏膜相连，即也只有进入上通道的气体才有可能碰到嗅黏膜从而被感知。

嗅闻气味是一门技术活，即"嗅技术"，为了掌握嗅技术的操作要领，笔者用一首绝句对品酒的嗅技术进行了总结，诗的内容如下：

嗅技术

低头吸气致涡流，自下而上碰上嗅，

静闻浅吸和深吸，咽下呼出回味有。

第一句是说嗅闻酒的香气时，需要将头低下，并进行有意识的吸气动作，这样才会使进入鼻腔的气体分子产生涡流。

第二句是说由吸气产生涡流的气体才会自下而上进入上通道和嗅黏膜，产生嗅觉。

第三句是说通过嗅技术对酒体进行嗅闻时，要像对酒的色泽和外观上下多角度进行观望一样，对酒的香气也要进行多层次反复地感受，至少包括静闻、浅吸和深吸三个层次。

第四句对回味产生的原理进行了描述。意思是说通过咽下动作下咽酒或食物时，下咽的挤压动作会使酒的香气通过喉咽管返回到口腔，通过鼻后孔进入到嗅觉部位，即产生酒的回味。

闻香是品酒的关键步骤，通过闻香鉴定白酒香气的细腻度和多样性。把玻璃杯拿到鼻子前，杯子不要晃动。

在玻璃杯离鼻子尚有一点距离（但不要把鼻子伸入杯中），大约置酒杯于鼻下 10~20mm，进行初次闻味。在不晃动杯子的情况下闻一下酒的味道。晃动杯子，然后再闻一下。特殊情况下，将酒液倒空，放置一段时间后嗅闻空杯留香。

静闻就是品酒四诊的第二诊闻，即平心静气闻酒香。浅吸和深吸就是品酒四诊的第三诊嗅，即浅吸深吸嗅馥气，这将在下一部分进行详细的介绍。通过对酒样进行这样三个层次的感官测试，是可以充分发现酒香气的特点、优点、缺点，从而全面准确把握酒香气的特征。笔者认为酒的香气和酒体是平衡的，香气是酒体的反映，香气的好坏是酒体好坏的反映，香气的好坏与酒体的好坏之间有很强的正相关性，也就是说，充分对酒的香气进行检验，是评判酒质量优劣的重要手段。

三、 浅吸深吸嗅馥气

浅吸深吸嗅馥气即为四诊的第三诊"嗅"的操作方法和具体内容，即利用嗅技术对酒体进行浅嗅和深嗅。

通过浅嗅和深嗅可以识别出不同的香味。嗅香技巧是反复多遍，一般至少进行两遍。第一遍浅嗅。正一次记录，逆一次修正。第二遍深嗅。与第一轮气味记录是否相符，辨不准的再增加一遍。

嗅香时的注意事项如下：

（1）先呼气，再靠近杯口吸气，各杯间呼吸尽可能相同。

（2）杯与鼻子的距离各杯嗅时基本相同。

（3）呼吸要匀称，嗅吸气前后要一致。

四、　呷品三口味回尝

呷品三口味回尝即为品酒四诊的第四诊"尝"的操作方法和具体内容，指小口饮酒，利用味觉感受器官口（包括舌）对酒的口味、口感和余回味进行检验。一般认为酒是用来喝的，对酒样尝味是品鉴中最重要的部分，所以在品评鉴定酒质量的优劣时，"味"占有很大的比重，在很多评酒计分时，"味"一般占总分的50%。对酒质量的判断最重要的手段就是依靠味觉，宋代大文豪苏东坡（1037—1101年）在《东坡酒经》中就记载有"以舌为权衡也"，指的是用舌头来鉴定发酵过程中酒的好坏。

人的味觉细胞分布在舌头、颚和咽喉的上部。把酒喝进嘴里，让酒铺满舌面，搅动舌头，让口腔所有部分都和酒接触，然后卷起嘴唇，吸气，搅动，呼气，记下嗅觉和味觉的感觉及舌头和上颚的反应。

每次入口的酒量应保持一致且不宜过大，一般建议保持在0.5~2.0mL，也可根据酒精度的高低和个人习惯进行调整。白酒的真正风韵和全部滋味只有在轻闻细品中才能体味得到，人的舌头对甜、咸、酸和苦四种基本味道比较敏感，而整个口腔和喉头对辛辣比较敏感。

通常每杯酒品尝2~3次，品评完一杯，可用清水漱一下口，稍微休息片刻，再品评另一杯。入口时要慢而稳，呷一口酒，让它先在舌尖上停1~2秒，此时主要体验酒的甜绵度。再把舌头轻触颚，让酒液渗润（平铺）全舌和舌根部，并转几回，使之充分接触上颚、喉膜、颊膜，让酒弥漫在整个口腔中，仔细品评酒质醇厚、丰满、细腻、柔和、谐调、净爽及刺激性等情况，酒液在口中停留时间不宜过长，因为酒液和唾液混合会发生缓冲作用，时间过久会影响味的判断，同时还会造成味觉疲劳，酒液在口腔内停留时间以2~3秒为宜，仔细感受酒质并记下各阶段口味及口感特征，2~3秒后将口腔中的余酒缓缓咽下或吐出，然后使酒气随呼吸从鼻孔排出，检查酒气是否刺鼻及香气的浓淡，判断酒的回味。

在一轮品评并有初步结论后，可适当加大入口量，以鉴定酒的回味长短、尾味是否干净，是回甜还是后苦，并鉴定有无刺激喉咙等不愉快的感觉。酒以入口柔、吞咽顺为最佳，好的白酒一般微甜、醇厚、不刺激。每次品尝后需用纯净水或淡茶水漱口，以尽快恢复味觉。

最后，酒样品完后，将酒倒出，留出空杯，放置一段时间，或放置过夜，以检查空杯留香情况，比如我们常说的浓香型白酒的糟香、窖底香等。此法对酱香型白酒的品评有更显著的效果。

尝味不闻香，以免相互干扰，切忌边闻边尝，影响品评结果。尝味技巧及注意事项如下。

（1）要依据香气，由淡到浓品尝，有异味的最后尝。

（2）尝味要慢稳，舌尖到两侧再到舌根，最后鼓舌判断。

（3）先少量如0.5mL，后增量，一般不超过2mL。

（4）酒液在口中停留时间不少于3秒。

（5）口中有初感、触感、刺激感与回味四个阶段。

（6）每轮尝味结束后要漱口，不留余味。

（7）要注意味觉的顺效应与品评心理的后效应。

上面对尝味技术进行了详细介绍，为了让读者更好地掌握并方便记忆，笔者对酒的尝味技术用一首绝句进行了概括总结，诗的内容如下：

呷品三口味回尝之尝味技术

等量呷品先舌尖，一秒两秒体绵甜，

全舌颚喉铺一遍，酒体落口余后现。

第一句是说等量小口喝一口酒，并让酒液先在舌尖停留。第二句是说，让酒液在舌尖停留一至两秒，好好体会酒的绵甜感。第三句是说酒液在舌尖停留了一两秒后，再让酒液在全舌铺开并充分接触颚和喉，大概停留两三秒。第四句是说，感受酒体之后，再将酒喝下，这时要感受酒的落口感觉、酒的余味和后味。

第二节　建立品酒的三观

建立品酒的三观简称建"三观"，是指品酒的结果、本质，即指主要通过人的眼、鼻、舌三种感觉器官对酒体进行望、闻、嗅、尝后得到对酒"色、香、味"三方面的感觉和印象。下面分别对"色、香、味"进行详细介绍。

这里的"色"不仅仅指酒的色泽，还包括酒的外观，对啤酒而言则还包括泡沫，这里的色其实采用的是指代手法。各种酒品（指酒类产品的意思）对"色"都有一定的标准要求。

正常的白酒应是无色或微黄透明，无悬浮物、沉淀物。将白酒注入杯中，杯壁上不得出现环状不溶物，将酒瓶倒置，在光线中观察酒体，不得有悬浮物、浑浊和沉淀。冬季如白酒中有沉淀，可用水浴加热到 $30 \sim 40 ℃$，如沉淀消失为正常。

白兰地应是浅黄色至赤金黄色，澄清透明，晶亮，无悬浮物，无沉淀。黄酒对"色"的要求应是橙黄色至深褐色，清亮透明，有光泽，允许有微量聚集物。

葡萄酒对"色"的要求：白葡萄酒应为浅黄微绿、浅黄、淡黄、禾秆黄色；红葡萄酒为紫红、深红、宝石红、红微带棕色；桃红葡萄酒应为桃红、淡玫瑰红、浅红色；加香葡萄酒应为深红、棕红、浅黄、金黄色，澄清透明，不应有明显的悬浮物。

淡色啤酒对"色"的要求是淡黄，清亮透明，没有明显的悬浮物，当注入洁净的玻璃杯中时，应有泡沫升起，泡沫洁白细腻，持久挂杯。

这里的"香"也是指代手法，是指对酒的"香气"或"气味"的概括表达。酒类含有芳香气味成分，其气味成分有很多是在酿造过程中由微生物发酵产生的代谢产物，如各种酯类、酸类、醛酮类等。

在对白酒的香气进行感官鉴别时，最好使用大肚小口的玻璃杯，将白酒注入杯中稍加摇晃，随即用鼻子在杯口附近仔细嗅闻其香气。在没有品酒杯的情况下也可以倒几滴酒在手掌上，稍搓几下，再嗅手掌，即可鉴别香气的浓淡程度与香型是否正常。白酒不应该有异味，诸如焦煳味、腐臭味、泥土味、糖味、酒糟味等不良气味均不应存在。

白酒的香气有溢香、喷香和留香。溢香是指酒的芳香或芳香成分溢散在杯口附近的空气中，用嗅觉即可直接辨别香气的浓度及特点。喷香是指酒液饮入口中，香气充满口腔。留香是指酒已咽下，而口中仍持续留有酒的香气。一般的白酒都应具有一定的溢香，而很少有喷香，五粮液是以喷香著称，茅台酒则是以留香而闻名。

"味"也是指代手法，是指对酒的"口味""口感"和"余回味"的概括表达。人的味觉器官是口腔中的舌头。酒类含有很多种呈味成分，包括高级醇、有机酸、羰基化合物等，这些成分含量的高低与酿造原料、工艺方法、贮存方法等是分不开的。

白酒的味应有浓厚、淡薄、绵软、辛辣、纯净和邪味之别，酒咽下后，又有回甜、苦辣之分。白酒的味以醇厚无异味、无强烈刺激性为上品。感官鉴别白酒的味时，饮入口中的白酒，应于舌头及喉部细细品尝，以识别酒味的醇厚程度和味的优劣。

第三节　白酒品评的"六脉神鉴"

所谓"六脉神鉴"是指品酒所要达到的六个目的，即品酒的结论，这也能反映品酒能力的高低，因此，也称为品评能力"六层金字塔"，如图4-2所示。

这六层金字塔构成了完整的品酒技能，是一门功夫，笔者将这门功夫取

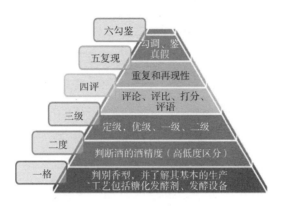

图4-2 六脉神鉴

名为"六脉神鉴"。

从塔底到塔尖分别为：一脉鉴风格，二脉鉴酒度，三脉鉴级别，四脉鉴详评，五脉鉴复现，六脉鉴勾鉴。简称一格，两度，三级，四评，五复现，六勾鉴。下面将对六脉神鉴的六个方面进行详细介绍。

一、 一脉鉴风格

（一） 内容

一脉鉴风格为六脉神鉴的第一鉴，即所谓的一格，是指对酒品尝之后，首先要对酒的风格，即其典型性做出判断。

对中国白酒而言主要就是对白酒的香型加以判断，中国白酒历史悠久，种类繁多，到目前为止，已形成10+2+4+2即18种类型白酒。对啤酒而言就是对啤酒的种类进行判断，啤酒的种类繁多，有上百种。对葡萄酒而言主要就是对葡萄的品种进行判断，常见的酿酒葡萄的品种也有几十种。

（二） 中国白酒香型

1. 中国白酒的香型种类

目前中国白酒到底有多少个香型，这是一个并太好回答的问题，据笔者总结，中国白酒可以分为三类18种，这在第二章已有介绍，具体来说中国白酒可以分为10+2+4+2+n 种类型。

10是指十个香型得到公认，并有相应的国家标准，包括酱香型、浓香型、清香型、米香型、芝麻香型、老白干香型、豉香型、兼香型、凤香型、特香型。

2是指还有两个香型得到行业认可，但没有国家标准，是董香型和馥郁香型。

4是指还有四个细分香型，包括浓兼酱、多粮浓香、小曲清香和麸曲清香。

第二个2是指还有一类液态法白酒和固液法白酒，这两种白酒的风格和传统固态法白酒有一定的差异。

最后的 n 是指近年来，国内很多企业，根据营销需要自创类型或香型例如绵柔型、陶香型、和润型、沉香型等。

2. 中国白酒香型的发展

新中国成立以前，中国白酒是没有香型一说的，香型是后来发展起来的，中国白酒香型的发展过程大体可以分成六个阶段。

第一阶段为无意识阶段，时间大约是1965年前。即几大白酒工艺试点前，白酒行业对白酒的现代科学研究几乎是空白，还没有香型的概念。

第二阶段是意识阶段，时间为大体为1965—1970年。通过几大白酒工艺试点总结，为白酒香型的确定打下了基础。如"茅台试点"已分析出己酸乙酯是窖底香酒的主要成分，为浓香型白酒的确定找到了数据依据。

第三阶段为香型的正式提出，时间大体为1970—1985年。通过全国名优白酒协作会议及1979年第三届和1984年第四届国家评酒会议，正式提出和确立了酱香、浓香、清香、米香及其他香，共五大香型。而且在这两届评酒会上，这五种香型的代表酒都分别获得了国家名酒和国家优质酒的称号。

为了搞好分香型评比，统一打分标准，第三次评酒会统一了各种香型风格描述。过去均以生产厂的传统描述或本地区消费者习惯评价为依据。这次对风格的描述进行了概括，统一了尺度，描述语如下：

酱香型酒：酱香突出、幽雅细腻、酒体醇厚、回味悠长，

浓香型酒：窖香浓郁、绵甜甘冽、香味协调、尾净香长，

清香型酒：清香纯正、诸味协调、醇甜柔口、余味爽净，

米香型酒：蜜香清雅、入口绵柔、落口爽净、回味怡畅。

第四阶段为香型的进一步发展阶段，时间大体为 20 世纪 80 年代末和 90 年代初。经第三、四届评酒会的推动，全国白酒新香型的确定工作有了很大的进展。首先是第五届全国评酒会上提出了"四大香型，六小香型"的概念。第二个重要的事件是"西凤酒"确立为凤型白酒的工作进展顺利，于 1992 年成功跻身中国第五大香型的行列。

第五阶段为成熟阶段，时间大体为 1995—2005 年。这个时期香型发展越来越多，且已经形成共识和统一规范，制订了 10 个相应的国家标准。

第六阶段为淡化香型的阶段，时间大体为 2005 年后。这个时期，白酒香型继续变化，但是没有新的行业标准或国家标准制订出台。香型间的融合现象多，采用多种原料酿酒，创造出新类型的白酒，淡化香型的新品种白酒也开始出现。这个阶段很多企业为了营销需要，纷纷自创香型或品类。应该说香型在相当长的一段时间内促进了中国白酒产业的发展，但现阶段，很多人认为香型的划分已经限制了白酒的创新和发展，所以很多人认为应该"淡化香型"。

3. 各种香型的理解

固态法白酒的 16 个香型，可以分成四类，分别为基本香型、衍生香型、融合香型和细分香型，如图 4-3 所示。

基本香型是指独立存在于各种白酒香型之中，包括酱香型、浓香型、清香型和米香型共 4 种。

衍生香型是指具有一种是基本香型的特点，但也有自身的特点。主要在一种香型的基础上，形成了自身的独特工艺，产生出来的香型。包括芝麻香型、老白干香型和豉香型 3 种。

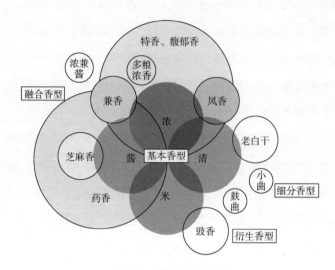

图4-3　中国白酒香型图

融合香型是指具有两种或两种以上香型的特点，在工艺的揉和下，形成了自身的独特工艺，产生出来的香型，包括兼香型、凤香型、特香型、馥郁香型和董香型共4种香型。

细分香型是指在某一香型之下，可以细分出若干香型，包括浓兼酱型、多粮浓香型、小曲清香型和麸曲清香型等4种。

以上这些香型的分类，可以用一首七言绝句进行总结概括，诗的内容如下：

中国白酒之香型

六段十六四大类，四基衍三五融合，

合泸小麸四细分，淡化香型成果多。

第一句是说中国白酒的香型经过六个阶段的发展，现在已形成16个香型，这16个香型可以分成4大类。

第二句是说有4个基本香型、3个衍生香型和5个融合香型。

第三句是说融合香型中的浓兼酱、泸（浓）香型中多粮浓香、清香中的小曲清香、清香中的麸曲清香是目前四个比较成规模也是 4 个比较成功的细分香型。

第四句是说香型的出现成就中国白酒的快速发展，但是现在看到香型也制约着中国白酒的创新，只有淡化香型才会出现更多的成果。

4. 各种香型的主要特点

（1）酱香型白酒　是以高粱、小麦、水等为原料，经传统固态法发酵、蒸馏、贮存、勾兑而成的，未添加食用酒精及非白酒发酵产生的呈香呈味物质，具有酱香型风格的白酒。

酱香型白酒的典型代表有茅台酒、郎酒、武陵酒，原料为高粱，使用的酒曲为高温大曲，由小麦制成，发酵设备为条石窖，采用固态发酵。总体来讲酱香型白酒的工艺特点一年一个生产周期，两次投料，九次蒸煮，八轮次的固态堆积后发酵，每轮次为一个月，七次取酒，这就是人们常说的一二九八七工艺，酱香型白酒的生产工艺流程如图 4-4 所示。除了一二九八七的特点之外，酱香型白酒的工艺还有其他特点，如表4-1所示。

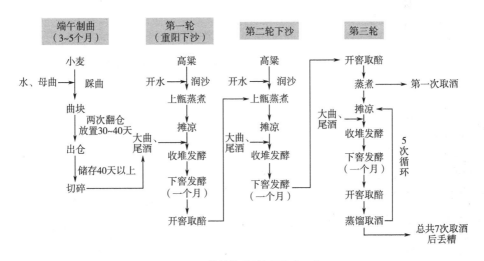

图 4-4　传统酱香型白酒生产工艺

表 4-1 酱香型白酒的十大工艺特点

序号	特点
一	一年一个生产周期
二	两次投粮，第一次投粮称下沙，第二次投粮称之为糙沙 两次发酵，第一次为堆积好氧发酵，第二次为入窖固态厌氧发酵
三	三十天窖内发酵 三种典型体，第一种为酱香体，第二种为醇甜体，第三种为窖底体
四	四十天高温制曲
五	五月端午制曲
六	六个月存曲
七	七次取酒
八	八次加曲发酵
九	九月重阳下沙，九次蒸煮
酱香酒的十	三高三低三多一少 三高：高温制曲，高温发酵，高温馏酒 三低：水分低，含糖量低，出酒率低 三多：耗粮多，曲药用量多，轮次多 一少：辅料用量少（谷壳、稻草）

也有说酱香型白酒的工艺具有四高两长的特点，在这个说法当中，四高是指高温制曲（65℃以上）、高温润料（90℃）、高温堆积（50℃）、高温流酒（35~40℃）。两长中的一长为发酵周期长，"重阳下沙、端阳扔糟"，八轮发酵，每轮一个月。两长中的第二长为贮酒时间长，最低不少于三年。

酱香型白酒的风味成分有其独特的特征，根据目前对茅台酒风味成分的剖析，可以认为酱香型白酒具有以下特征：酸含量高，国家标准要求高度的优级酱香型白酒的总酸不低于 1.4g/L，己酸乙酯含量低，优级酱香型白酒的己酸乙酯含量不高于 0.3g/L，醛酮类含量大（特别是糠醛含量为所有白酒之冠，异戊醛、苯丙醛、丁二酮、3-羟基丁酮含量也高），含氮化合物为各白酒之最（其中尤以四甲基吡嗪、三甲基吡嗪最为突出），正丙醇、庚醇、辛醇含量也相对高。

但是关于酱香型白酒的主体香成分，目前还没有明确，有很多说法，其中有四个说法，影响较广。

第一个说法是4-乙基愈创木酚说，4-乙基愈创木酚感官阈值很低，仅为0.3mg/L，具有丁香味、烟熏味，这是1964年茅台试点工作时提出来的。这次茅台试点工作，尽管没有现成的分析方法，也没有先进的分析仪器，但是老一辈科研人员还是克服种种困难，对茅台酒及其他白酒进行了大量全面的检测分析，通过这次分析对比发现，茅台酒中的4-乙基愈创木酚含量最高，再加上4-乙基愈创木酚烟熏的风味特征，所以提出了茅台酒的主体香成分为4-乙基愈创木酚。它的来源主要是小麦中的阿魏酸经酵母分解所产生，纯品具有某些酱油的特征，但是经分析，我国不同香型的固态法白酒均含有此物。

第二个说法是吡嗪及加热香气说，这是1980年由贵州省轻工业厅科研所提出的。在大曲培养和堆积发酵过程中，由于高温产生了大量的吡嗪类等美拉德反应的中间产物，被认为和酱香味的形成有重要的关系。这些物质的生成主要有七个途径：①氨基酸加热分解；②蛋白质加热分解；③糖与蛋白质反应；④糖与氨基酸反应；⑤糖与氨的反应；⑥糖裂解物与氨基酸的反应；⑦高温多水条件下微生物的代谢产物。

除四甲基吡嗪有类似酱香味外，其他30多种吡嗪类多数具有爆玉米花香味，确切说是一种焦香味。

酱香型白酒中的吡嗪类化合物明显高于别的香型白酒，这不能不说与高温制曲及其酿酒工艺有关。除了上面提到的7种途径之外，近年来还发现了由微生物代谢产生的生物途径，研究这方面的学者从高温大曲中成功筛选得到3株菌落形态各异的产酱香香气的地衣芽孢杆菌，从其发酵液中检测到的乙偶姻、四甲基吡嗪和菠萝酮，它们是与酱香香气有关的重要化合物。在菌株发酵过程中，乙偶姻的含量逐渐减少，四甲基吡嗪的含量不断增加，菠萝酮的含量逐渐减少。四甲基吡嗪是在发酵后期形成的，由乙偶姻转化生成。

第三个说法是呋喃类和吡喃类说，该观点最早由天津化学试剂一厂的周良彦提出。根据这个说法，酱香型白酒的主体香味成分涉及的化合物总共有23种，其中呋喃酮类7种、酚类4种、吡喃酮类6种，烯酮类5种，丁酮类1种。这些化合物都带有不同程度的酱香和焦香，它们的分子结构有共同的特征，都含有呈酸性的羟基或羧基；都是具有5~6个碳的环状化合物，其环上大多含有氧原子；分子中具有与芳香结构共轭的化学活性很强的烯醇类或烯酮结构。吡喃类和呋喃类化合物的来源是低糖及多糖的分解物。

第四个说法是十种特征成分说，这是由辽宁省轻工厅发酵研究所刘洪晃（2016年已故）工程师提出的。这十种特征成分分别为糠醛、苯甲醛、乙二甲基丁醛、含氧化合物（如甲基吡嗪和吡啶同系物）、正丙醇、4-乙烯愈创木酚、β-苯乙醇、丁香酸、酪醇和香草醛。刘洪晃还认为酱香酒主体香气可能是以芳香族化合物（含苯环和杂环化合物）为主体，与部分脂肪族化合物如醛、酮、醇、酸、酯等所构成。

另外，还有茅台主体香味成分为高沸点酸性物质的说法，但是不管哪个说法，还没有一个被全行业公认，总之酱香型白酒的主体香味成分尚未定论。

酱香型白酒的品评要点是色泽微黄透明，酱香突出，酱香、焦香、煳香的复合香气，酱香>焦香>煳香。酒的酸度高、酒体醇厚、丰满，口味细腻幽雅。空杯留香持久，且香气幽雅舒适（反之香气持久性差、空杯酸味突出则酒质差）。

酱香型白酒的三种典型体是酱香、醇甜和窖底香。酱香典型体酱香浓郁，口感细腻。产生酱香的这些物质成分主要来源于酿酒原料。醇甜典型体酱香清淡，味道醇甜，含有较多的多元醇，是经微生物发酵作用的产物。醇甜香这类成分在酱香型白酒中不但起到呈甜味的作用，更重要的是，它能在三种典型体的香味香气成分中发挥一种奇特的缓冲作用，从而形成了酱香型白酒独树一帜的"复合香"。窖底香典型体是用窖底酒醅酿造，具有突出的窖泥香味，是己酸和己酸乙酯及酱香成分浑然一体的香味香气，其既有浓香型酒的特点，又区别于浓香型酒。

酱香型白酒轮次酒的特点，每一轮次的酒都有自己的特点。第一轮次的酒粮香突出，味道略酸。第二轮次的酒醛味突出，味道略酸。第三轮次的酒略有酱香，味道醇甜。第四轮次的酒酱香突出，味道醇厚。第五轮次的酒略有焦香，回味甜，味绵长。第六轮次的酒焦香突出，有焦苦味。第七轮次的酒煳香重，略有苦味。

酱香型白酒标准评语为无色或微黄，清亮透明，无悬浮物，无沉淀，酱香突出，香气幽雅，空杯留香持久，酒体醇厚，丰满，诸味协调，回味悠长，具有本品典型风格。

（2）浓香型白酒 以粮谷为原料，经传统固态法发酵、蒸馏、陈酿、勾兑而成的，未添加食用酒精及非白酒发酵产生的呈香呈味物质，具有以己酸乙酯为主体复合香的白酒。

浓香型白酒的典型代表有五粮液、泸州老窖、剑南春、全兴大曲、沱牌大曲、双沟大曲、洋河大曲、古井贡酒、宋河粮液。

浓香型白酒的原料主要为高粱，所使用的曲为中偏高温大曲（由小麦制成），发酵设备为泥窖。浓香型白酒的工艺特点为续醅配料、混蒸混烧、中高温大曲、低温入窖、缓慢发酵、泥窖固态发酵，发酵时间 60~120 天。千年的老窖、万年的香糟、熟糠拌料、长期发酵，酿造浓香型白酒的原料要经过多次发酵，所以不必粉碎过细，仅要求每粒高粱破碎成 4~6 瓣、能通过 40 目的筛孔即可，其中粗粉占 50% 左右，大米无需粉碎。采用自制或外购中高温曲作为糖化发酵剂，大曲先用锤式粉碎机粗粉碎，再用钢磨磨成曲粉，粒度如芝麻大小为宜。在固态白酒发酵中，稻壳是优良的填充剂和疏松剂，为了驱除稻壳中的异味和有害物质，要预先把稻壳清蒸 30~40min，直到蒸汽中无怪味为止，然后出甑晾干，控制含水量在 13% 以下。

浓香型白酒的酿造工艺要点是"两高一长三适当"，即入窖淀粉高，酸度高，长期发酵，适当的水分、温度和糠壳用量。在具体的工艺操作上，又大致分为三大类。即以四川为代表的原窖法和跑窖法。及以江淮、苏、鲁、豫、皖一带为代表的老五甑法工艺类型。

原窖法工艺又称原窖分层堆糟法，原窖法就是本窖发酵的糟醅经加入原、辅料后,蒸馏、出甑、打量水、摊晾下曲后仍放回原来的窖池内密封发酵,窖内糟醅发酵完后,在出窖时窖内糟醅必须分层次进行堆放,一个窖内的糟醅分为上、中、下三个层次,以下层糟醅酒质最优,中层次之,上层又次之。其工艺特点为:糟醅分层堆放,除底糟、面糟外,各层糟混合使用,蒸馏、摊晾下曲后的糟醅仍然放回原窖进行发酵,具体操作工艺流程如图4-5所示。

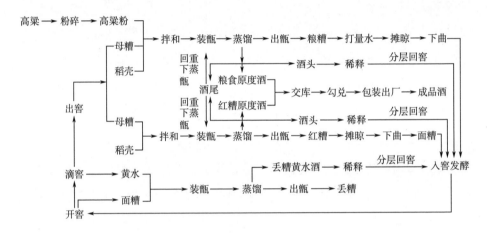

图4-5　浓香型白酒原窖法工艺流程

跑窖法工艺又称跑窖分层蒸馏法工艺,所谓"跑窖"就是在生产时先有一个空着的窖池,然后把另一个窖内已经发酵完成后的糟醅取出,通过加原料、辅料;蒸馏后,糟醅出甑、打量水、摊凉、下曲装入预先准备好的空窖池中,而不再将发酵糟醅装回原窖池。此窖池发酵糟醅全部蒸馏完后,就成了一个空窖,而原来的空窖则装满了入窖糟醅,再密封发酵,依次类推的方法为跑窖。

跑窖不用堆糟,窖内的发酵糟可逐层取出进行蒸馏,故又称之为分层蒸馏。其工艺特点:一个窖的糟醅在下轮发酵时装入另一窖池,不取出发酵糟堆放在糟场,而是逐层取出分层蒸馏。其工艺流程见图4-6所示。

老五甑法工艺是一种典型的白酒发酵操作方法,投入的新原料一般都会

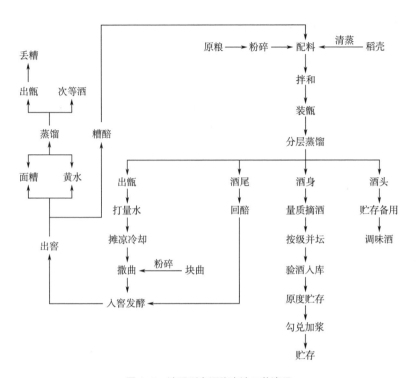

图4-6 浓香型白酒跑窖法工艺流程

经过大概三次发酵，原料利用率较好。所谓老五甑法，即窖池内有四甑发酵糟醅，为大糙、二糙、小糙、回糟，出窖时加入新的粮粉原料改为5甑，进行蒸馏，其中4甑入窖发酵，另一甑为丢糟，四甑醅在窖中的安排，各厂均有不同，有的厂回糟在窖池最底部，上面为三糙，而有的厂则采用三糙在窖池最底部，回糟在最上部，如图4-7所示。老五甑法浓香型白酒生产工艺流程如图4-8所示。

原窖法的优缺点：每甑间产酒质量比较稳定；易掌握入窖酸度、淀粉含量等基本一致；有利于微生物的驯养和发酵；利于"丢面留底"，利于提高质量；有利于总结经验与教训；强度大，挥发损失大，不利分层蒸馏。

跑窖法优缺点：利于调整酸度和提高酒质；劳动强度大，挥发损失小；利于分层蒸馏量质摘酒；配料不稳定、无规律；不利于培养糟醅；要克服糟

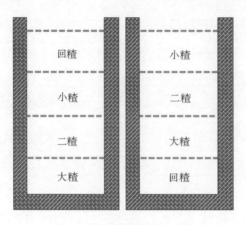

图4-7　老五甑法醅在窖中的安排

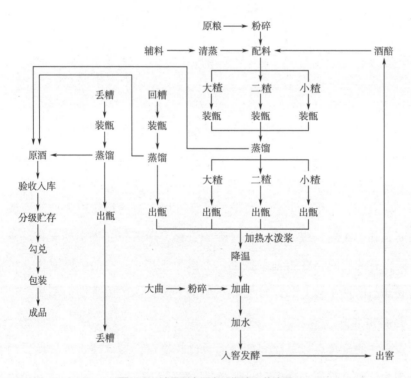

图4-8　浓香型白酒老五甑法工艺流程

醅水分不均的缺点。

老五甑法工艺特点：容积小，利于培养糟醅，提高酒质；劳动生产率高；

原料粉碎较粗，辅料用量少；不打黄水坑，不滴窖；一天起蒸一窖，利于班组管理。

浓香型白酒的风味成分特征为己酸乙酯为主，辅以适量的乳酸乙酯、乙酸乙酯、丁酸乙酯。高度的优级浓香型白酒的己酸乙酯的含量要求在 $1.2 \sim 2.8g/L$，总酯含量不低于 $2.0g/L$。乳酸乙酯/己酸乙酯<1；乙酸乙酯/己酸乙酯<1；丁酸乙酯/己酸乙酯<1（为0.1左右）。

浓香型白酒的品评要点。浓香型白酒的色泽为无色透明（允许微黄）；根据香气浓郁程度、舒适、优雅度等特点分出流派和质量差异。凡香气大、窖香浓郁突出且浓中带陈的为川派，而以口味纯、甜、净、爽为显著特点的为江淮派。

香味谐调是区分白酒质量，也是区分酿造、发酵酒和配制酒的主要依据。品评酒的甘爽程度，是区别不同酒质量差异的重要依据。

绵甜是优质浓香型白酒的主要特点，体现为甜得自然舒畅、酒体醇厚，稍差的酒不是绵甜，只是醇甜或甜味不突出，这类酒体显单薄、味短、陈味不够。

浓香型白酒中最易品出的口味是泥臭味，这主要是与新窖泥和工艺操作不当有关。这种泥味偏重，严重影响酒质。

品评后味长短、干净程度也是区分酒质的要点。

浓香型白酒的评语为无色或微黄，清亮透明，无悬浮物，无沉淀，具有浓郁的己酸乙酯为主体的复合香气，酒体醇和谐调，绵甜爽净，余味悠长，具有本品典型的风格。

（3）清香型白酒　以粮谷为原料，经传统固态法发酵、蒸馏、陈酿、勾兑而成的，未添加食用酒精及非白酒发酵产生的呈香呈味物质，具有以乙酸乙酯为主体复合香气的白酒。

清香型白酒的典型代表有杏花村汾酒、宝丰酒、黄鹤楼、牛栏山二锅头，原料主要为高粱，使用由大麦和豌豆制成的低温大曲为糖化发酵剂，发酵设备为陶瓷地缸。清香型白酒的工艺特点为清蒸清烧，清蒸二次清，地缸固态发酵，发酵时间 28 天，具体操作工艺流程如图 4-9 所示。

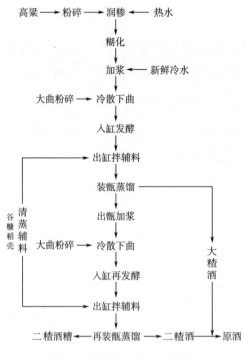

图 4-9　大曲清香型白酒工艺流程

清香型白酒的风味成分特征为以乙酸乙酯为主体香成分，含量占总酯的 50% 以上，高度的优级清香型白酒的乙酸乙酯含量要求在 0.6~2.6g/L，总酯含量不低于 1.0g/L。乙酸乙酯与乳酸乙酯含量之比一般在 1：0.6 左右。酯大于酸，一般酯酸比为（4.5~5.0）：1。乙缩醛含量占总醛的 15.3%，与爽口感有关，虽然酒精度高，但是刺激性小。

清香型白酒的品评要点为：色泽无色透明；主体香气以乙酸乙酯为主，乳酸乙酯为辅的清雅、纯正的复合香气，幽雅、舒适无其他项杂香；由于酒度较高，入口后有明显的辣感，且较持久，如水与酒精分子缔合度好，则刺激性减小；口味特别净，质量好的清香型白酒没有任何邪杂味；尝第二口后，辣感明显减弱，甜味突出，饮后有余香；酒体突出清、爽、绵、甜、净的风格特征。

清香型白酒的标准评语为无色或微黄，清亮透明，无悬浮物，无沉淀，清香纯正，具有乙酸乙酯为主体的优雅、谐调的复合香气，酒体柔和谐调，绵甜爽净，余味悠长，具有本品典型的风格。

（4）米香型白酒 以大米等为原料，经传统半固态法发酵、蒸馏、陈酿、勾兑而成的，未添加食用酒精及非白酒发酵产生的呈香呈味物质，具有以乳酸乙酯、β-苯乙醇为主体复合香的白酒。

米香型白酒的典型代表有桂林三花酒、全州湘山酒，原料为大米，所使用的曲为由大米制成的小曲，发酵设备为不锈钢大罐或陶缸。米香型白酒的工艺特点为前期小曲固态培菌糖化 20~24h，半固态短期发酵，发酵时间 7 天，釜式蒸馏，具体操作工艺流程如图 4-10 所示。

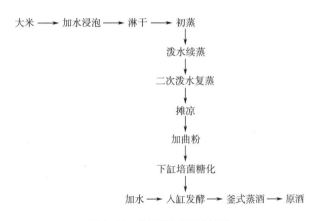

图 4-10 米香型白酒工艺流程

米香型白酒的风味成分特征为以乳酸乙酯和乙酸乙酯为主，辅以适量的 β-苯乙醇，高度的优级米香型白酒要求乳酸乙酯含量不低于 0.5g/L，β-苯乙醇含量不低于 30mg/L。乳酸乙酯含量高于乙酸乙酯，两者比例为（2~3）：1；乳酸含量最高，占总酸的 90%；高级醇含量高于酯含量。其中，异戊醇最高达 160mg/100mL，高级醇总量 200mg/100mL；酯总量约为 150mg/100mL；醛含量低。

米香型白酒的品评要点为闻香以乳酸乙酯和乙酸乙酯及适量的 β-苯乙醇

为主体的复合香气，类似淡淡的玫瑰花香和酸甜味的一种复合香；甜味突出，有发闷的感觉；回味怡畅，后味爽净，但较短；口味柔和、刺激性小。

米香型白酒的标准评语为无色，清亮透明，无悬浮物，无沉淀，米香纯正，清雅，酒体醇和，绵甜、爽冽，回味怡畅，具有本品典型的风格。

（5）芝麻香型白酒　以高粱、小麦（麸皮）等为原料，经传统固态法发酵、蒸馏、陈酿、勾兑而成的，未添加食用酒精及非白酒发酵产生的呈香呈味物质，具有芝麻香型风格的白酒。

芝麻香型白酒的典型代表有山东景芝。芝麻香型白酒的原料为高粱，酿酒用曲以麸曲为主，同时也使用高温曲、中温曲和强化菌曲，芝麻香型白酒的发酵设备为泥底砖窖，发酵形式为固态发酵。芝麻香型白酒的工艺流程，如图 4-11 所示。

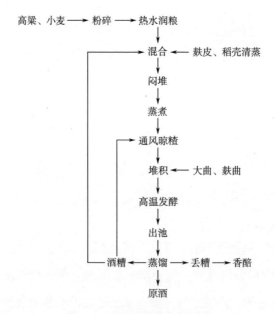

图 4-11　芝麻香型白酒工艺流程

芝麻香型白酒生产工艺集浓、清、酱三大香型之大成，是香型融合的典范，可谓博采众长、创新发展。芝麻香型白酒生产工艺采用清蒸续糙，清蒸粮前对原料进行高温润料，这是清香型酒的工艺特点，酒质清雅、净爽、纯正，这正是融合清香型白酒生产工艺的结果；采用泥底砖窖，又融合了浓香型白酒的"窖泥"工艺，使芝麻香型白酒产生了窖底香；高温堆积、高温发酵工艺原是酱香型白酒生产工艺的关键部分，芝麻香型白酒采用后，便产生了突出焦煳香和轻微的酱香，在其他成分的陪衬下形成幽雅的芝麻香。

芝麻香正是巧妙地融合了清、浓、酱三大香型的工艺才生产出来的，巧妙就巧妙在融合多香型工艺而又使之恰到好处。芝麻香型白酒的工艺总结为清蒸续糟，泥底砖窖，大麸结合，多微共酵，发酵时间 30~45 天，三高一长（高氮配料、高温堆积、高温发酵，长期贮存），精心勾调。

高度的优级芝麻香型白酒要求乙酸乙酯含量≥0.60g/L，己酸乙酯为0.10~1.20g/L，总酯含量≥2.20g/L，3-甲硫基丙醇≥0.5mg/L。经检测，芝麻香型白酒的己酸乙酯含量平均值 174mg/L，景芝白干含有一定量的丁二酸二丁酯，平均值为 4mg/L。检出五种呋喃化合物，其含量低于酱香型茅台酒，高于浓香型白酒。吡嗪化合物含量在 1.1~1.5mg/L，含氮化合物尤其是吡嗪类化合物是形成焦香的重要物质，也是芝麻香型白酒重要的香气成分之一。$β$-苯乙醇、苯甲醇及丙酸乙酯含量低于酱香型白酒。

芝麻香型白酒的品评要点为以山东"一品景芝"系列酒为代表，于 1957年发现。芝麻香型白酒是以芝麻香为主体，兼有浓、清、酱三种香型之所长，故有"一品三味"之美誉。闻香以清香加焦香的复合香气为主，类似普通白酒的陈味。入口后焦煳香味突出，细品有类似芝麻香气（近似焙炒芝麻的香气），有轻微的酱香。口味绵软、醇厚、丰满、甘爽。后味稍有微苦。

芝麻香型白酒的标准评语为无色或微黄，清亮透明，无悬浮物，无沉淀，芝麻香幽雅纯正，醇和细腻，香味谐调，余味悠长，具有本品典型的风格。

（6）老白干香型白酒　粮谷为原料、经传统固态法发酵、蒸馏、陈酿、勾兑而成的，未添加食用酒精及非白酒发酵产生的呈香呈味物质，具有以乳酸乙酯、乙酸乙酯为主体复合香的白酒。

老白干香型白酒的典型代表为衡水老白干。老白干香型白酒的原料为高粱，所使用的酒曲为由小麦制成的中温大曲，发酵设备为地缸或不锈钢槽。

老白干香型白酒的工艺特点为续糟配料、混蒸混烧、老五甑工艺，地缸或不锈钢槽固态发酵，发酵时间15d左右，具有"一中两短"（中温曲、发酵期短、储存期短）特点。老五甑法是将窖中发酵完毕的酒醅分成五次配料、蒸酒的传统操作方法，窖内有四甑酒醅，即大糙、二糙、小糙和面糟（也称回糟）各一甑，具体工艺流程如图4-12所示。

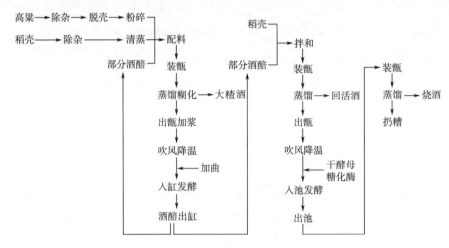

图4-12 老白干香型白酒老五甑工艺流程

老白干香型白酒的风味成分特征为以乳酸乙酯与乙酸乙酯为主体香气，乳酸乙酯含量大于乙酸乙酯，国家标准要求两者之间的比例不应小于0.8，一般比例为1.34∶1。乙酸、乳酸、戊酸含量均高于大曲清香酒，丁酸与大曲清香酒接近。高级醇的含量高于大曲清香酒，尤其是异戊醇含量为500mg/L左右，高于大曲清香酒近一倍。乙醛含量高于大曲清香酒。

高度的优级老白干香型白酒要求总酯含量≥1.2g/L，乳酸乙酯含量≥0.5g/L，乳酸乙酯∶乙酸乙酯≥0.80，己酸乙酯≤30mg/L。

老白干香型白酒的品评要点为闻香有醇香与酯香复合的香气，细闻有类似大枣的香气。入口有挺扩感，酒体醇厚丰满。口味甘洌，有后味，口味干净。典型风格突出，与清香型汾酒风格有很大不同。香气是以乳酸乙酯和乙酸乙酯为主体的复合香气，协调、清雅、微带粮香，香气宽。入口醇厚，不尖、不暴，口感很丰富，又能融合在一起，这是突出的特点，回香微有乙酸乙酯香气，有回甜。

老白干香型白酒的标准评语为无色或微黄，清亮透明，无悬浮物，无沉淀，醇香清雅，具有乳酸乙酯和乙酸乙酯为主体的自然谐调的复合香气，酒体谐调、醇厚甘洌、回味悠长，具有本品典型的风格。

（7）豉香型白酒　以大米为原料，经蒸煮，用大酒饼作为主要糖化发酵剂，采用边糖化边发酵的工艺，釜式蒸馏，陈肉酝浸勾兑而成，未添加食用酒精及非白酒发酵产生的呈香呈味物质，具有豉香特点的白酒。

豉香型白酒的典型代表为石湾玉冰烧、九江双蒸酒，原料为大米，酒曲为大酒饼曲（小曲），发酵设备为陶缸、发酵罐。

豉香型白酒以大米为原料，经蒸煮、冷却后加入适量的水及20%～22%的大酒饼，在28℃左右液态发酵约20天左右后，酒精度达10%～14%vol，釜式蒸馏得到的31%～32%vol的酒，俗称斋酒。斋酒转入多年浸泡酒肉的陈年酒缸，并加入一定量的经加工处理过的肥肉，浸泡30天，之后脱肉贮存60天以上就可进行勾兑，勾兑好之后经过滤即为成品酒。具体工艺流程如图4-13所示。

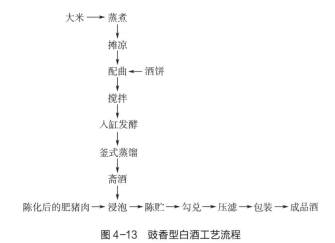

图4-13　豉香型白酒工艺流程

豉香型白酒有四个明显特点：①使用俗称大酒饼的小曲。②发酵周期为15~20天。③用米酒浸泡肥猪肉的最后一道工序形成典型香。④蒸馏后的混合酒精度为28%~32%vol，是我国白酒中酒精度最低的。

豉香型白酒的风味成分特征为酯、酸含量低，高级醇含量高，β-苯乙醇含量为白酒之冠（相对比例）。含有高沸点的二元酸酯，是该酒的独特成分，如庚二酸二乙酯、壬二酸二乙酯、辛二酸二乙酯。高度的优级豉香型白酒要求β-苯乙醇含量≥25mg/L，二元酸二乙酯总量≥0.8mg/L。

豉香型白酒的品评要点为色泽透明无色；闻香，突出豉香，有特别明显的油脂香气（类似"油哈味"）；有明显的油哈味；酒精度低，入口醇和，余味净爽，酒的后味长。

豉香型白酒的标准评语为无色或微黄，清亮透明，无悬浮物，无沉淀，豉香纯正，清雅，醇和甘洌，酒体丰满、谐调，余味爽净，具有本品典型的风格。

（8）兼香型白酒　以粮谷为原料，经传统固态法发酵、蒸馏、陈酿、勾兑而成的，未添加食用酒精及非白酒发酵产生的呈香呈味物质，具有浓香兼酱香独特风格的白酒。

兼香型白酒的典型代表为白云边、口子窖，原料为高粱，曲为高温大曲（小麦制成）。发酵设备为砖窖。

兼香型白酒的工艺特点为八轮次固态发酵，每轮发酵一个月，其中1~7轮为酱香工艺，8轮次为混蒸混烧浓香工艺。酒界泰斗秦含章参观完白云边后，写下"醅回八次酿三年，味厚香浓入口绵"的诗句。具体操作工艺流程如图4-14所示。

兼香型白酒遵守严格的季节性生产，类似于酱香酒的生产，也是端午踩曲，重阳下沙。一年一个生产周期。"重阳下沙、伏天踩曲"安排得极为合理。两次投料，每年九月，第一次投料，称为下沙，一个月后，再投第二次料，称为糙沙，全年投料即告完成。

采用高温堆积发酵工艺，在堆积过程中，糖化酶的含量大大升高；酵母

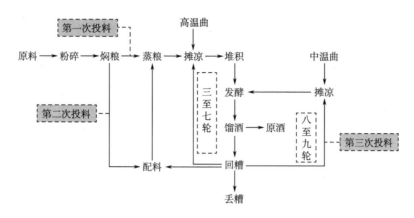

图 4-14 兼香型白酒工艺流程

菌数逐渐增加，达到每克数千万至上亿个。而且参与发酵的微生物体系与大曲发酵的微生物体系有较大的差异，尤其是产酒酵母都是在堆积过程中富集的。

通过高温堆积，筛选微生物，使之代谢产物达到香味突出、回味悠长的目的。

采用高温接酒工艺，有利于排除低沸点的物质，有利于提高兼香酒的质量，有利于健康。

兼香型白酒的生产周期长，原酒陈酿期长。长期陈酿是重要工序之一，轮次酒接出来后，必须入库装坛，经过三年以上的贮存。酒经过长期陈酿，酒体更加醇和，香味也更加突出。

高度的优级兼香型白酒要求总酸含量不低于 0.5g/L，总酯含量不低于 2.00g/L，己酸乙酯含量在 0.60~2.00g/L，正丙醇含量 0.25~1.00g/L，固形物≤0.80g/L。兼香型白酒含有较高的乙酸异戊酯和庚酸乙酯，多数酒样在 200mg/L 左右。丁酸、庚酸含量较高，其中庚酸含量平均在 200mg/L。

兼香型白酒的品评要点为闻香以酱香为主，略带浓香。入口后，浓香也较突出。口味较细腻、后味较长。在浓香酒中品评，其酱味突出；在酱香型酒中品评，其浓香味突出。

兼香型白酒的评语为无色或微黄，清亮透明，无悬浮物，无沉淀，浓酱谐调，幽雅馥郁，细腻丰满，回味爽净，具有本品典型的风格。

（9）凤香型白酒 以粮谷为原料，经传统固态法发酵、蒸馏、酒海陈酿、勾兑而成的，未添加食用酒精及非白酒发酵产生的呈香呈味物质，具有乙酸乙酯和己酸乙酯为主的复合香气的白酒。

凤香型白酒的典型代表为西凤酒，西凤酒是单粮大曲固态法白酒，选用优质高粱作为酿酒原料，其典型工艺特点可以归纳为：中高温制曲（大麦和豌豆制成）、热拥法生产（即指入窖温度稍高）、土窖（也称为新泥窖）短发酵期，传统西凤酒的发酵期为 12~14d（现调整为 28~30d）、酒海储存。采用续糟配料老五甑发酵法（即连续发酵法），一年为一个生产周期，每年九月初开始生产，到第二年的六月停产，所有投料都要在第二年六月清理完毕，故存在立、破、顶、圆、插、挑六个阶段，一年一度换新泥，目的是控制己酸乙酯不要太高。西凤酒新酒必须经过 3 年以上的储存才能销售，酒海是西凤酒的传统贮存工具。具体操作工艺流程如图 4-15 所示。

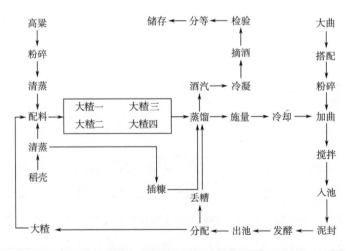

图 4-15 凤香型白酒工艺流程

凤香型白酒的风味成分特征为以乙酸乙酯为主、己酸乙酯为辅，乙酸乙酯∶己酸乙酯为 4∶1 左右。高度的优级凤香型白酒要求总酯不低于 1.6g/L，总酸不低于 0.35g/L，乙酸乙酯含量不低于 0.6g/L，己酸乙酯的含量在 0.25~1.20g/L。凤香型白酒的异戊醇含量高，高于清香型，是浓香型的 2 倍。凤香型白酒含有较高的酒海溶出物丙酸羟胺、乙酸羟胺等。

凤香型白酒的品评要点为闻香以清香为主，即以乙酸乙酯为主、己酸乙酯为辅的复合香气。入口后有挺拔感，即立即有香气往上窜的感觉。诸味协调，指酸、甜、苦、辣、香五味俱全，且搭配协调，饮后回甜，诸味浑然一体。在口感上，既不是清香，也不是浓香。如在清香型酒中品评，就要找它含有己酸乙酯的特点；反之，如在浓香型酒中品评就要找它乙酸乙酯远远大于己酸乙酯的特点。不过近年来，"西凤酒"己酸乙酯有升高的情况；糠味明显，有熟玉米香气，红糖香气；有老酒海贮存的特殊口味（类似杏仁、藤条、番茄等味道）。

凤香型白酒的标准评语为无色或微黄，清亮透明，无悬浮物，无沉淀，醇香秀雅，具有乙酸乙酯和己酸乙酯为主的复合香气，醇厚丰满，甘润挺爽，诸味谐调，尾净悠长，具有本品典型的风格。

（10）特香型白酒　特香型白酒是以大米为主要原料，经传统固态法发酵、蒸馏、陈酿、勾兑而成的，未添加食用酒精及非白酒发酵产生的呈香呈味物质，具有特香型风格的白酒（注：按传统工艺生产的一级酒允许添加适量的蔗糖）。

特香型白酒的典型代表为四特酒。特香型白酒以大米为原料，使用由面粉、麸皮及酒糟制成的大曲为糖化发酵剂，发酵设备为红褚条石窖。

特香型白酒的工艺特点可以总结为四点：一为以独特的酿酒原料，即整粒大米为原料，选用当地盛产的优质整粒精大米为原料，整粒精大米不经粉碎浸泡，直接与酒醅混蒸，使精大米的固有香气带入酒中，丰富了四特酒的香味成分；二为独特的大曲原料配比，即大曲面麸加酒糟，大曲以面粉、麸皮为原料，同时加入一部分酒糟；三为老五甑混蒸混烧，采用石窖固态发酵，发酵时间45天；四为独特的发酵窖池，即以红褚条石垒酒窖，石窖使用江西特产的红褚条石砌成，水泥勾缝，仅窖低及封窖用泥。特香型白酒的工艺流程如图4-16所示。

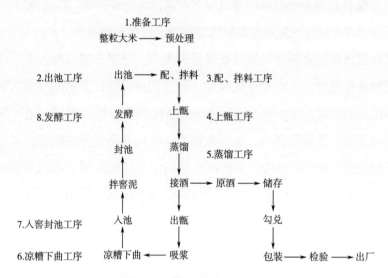

图4-16　特香型白酒工艺流程

特香型白酒的风味成分特征为以乳酸乙酯含量最高，其次为乙酸乙酯，己酸乙酯居第三。富含奇数碳脂肪酸乙酯，主要包括丙酸乙酯、戊酸乙酯、庚酸乙酯、壬酸乙酯，其含量为白酒之冠，2017年4月1日实施的国家标准要求高度的优级特香型白酒丙酸乙酯的含量不低于20.0mg/L。高级脂肪酸乙酯总量超过其他白酒近一倍，相应的脂肪酸含量也较高。含有大量的正丙醇，与茅台、董酒相似。

品评要点是三香具备犹不靠。闻香以酯类的复合香气为主，突出以乙酸乙酯和己酸乙酯为主体的香气特征（清香带浓香），细闻有焦煳香。入口类似庚酸乙酯，稍有脂肪臭感，香味突出，有刺激感。口味较柔和（与酒度低、加糖有关）而持久，有黏稠感，甜味很明显。味较净，稍有糟味。浓、清、酱白酒特征兼而有之，但又不靠近哪一种香型。

特香型白酒的评语为无色或微黄，清亮透明，无悬浮物，无沉淀，幽雅舒适，诸香协调，具有浓、清、酱三香，但均不露头的复合香气，柔绵醇和，醇甜，香味谐调，余味悠长，具有本品典型的风格。

（11）馥郁香型白酒　馥郁香型白酒是指香味具有前浓、中清、后酱独特风格的白酒，馥郁香型白酒的典型代表为酒鬼酒。馥郁香型白酒的原料为高粱、大米、糯米、玉米、小麦，所使用的酒曲有两种，先采用小曲培菌进行糖化，再用大曲配糟发酵，馥郁香型白酒的发酵设备为泥窖。

馥郁香型白酒的生产工艺在传统湘西民间酿酒工艺基础之上，大胆吸纳现代大、小曲工艺各自优点，将三种工艺有机结合，形成全国唯一的馥郁香型白酒工艺。多粮颗粒原料，清蒸清烧，大小曲并用，小曲培菌糖化，大曲配糟泥窖固态发酵，窖泥提质增香，发酵时间 30~60 天，溶洞贮存陈酿、精心勾兑。馥郁香型白酒的工艺流程如图 4-17 所示。

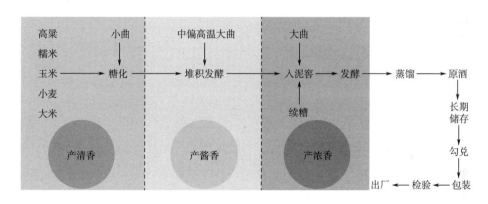

图 4-17　馥郁香型白酒工艺流程

馥郁香型白酒的风味成分特征为在总酯类组成中，己酸乙酯、乙酸乙酯含量突出，二者成平行的量比关系 [己酸乙酯∶乙酸乙酯＝（1~1.2）∶1]，高度的优级馥郁香型白酒要求总酯含量不低于 2.00g/L，己酸乙酯含量不低于0.80g/L，乙酸乙酯含量不低于 0.60g/L。四大酯的比例关系为己酸乙酯∶乙酸乙酯∶乳酸乙酯∶丁酸乙酯约为 1.2∶1∶0.57∶0.19。有机酸含量高（大大高于浓香型白酒、清香型白酒），尤以乙酸、己酸突出，占总酸的 70% 左右，乳酸为 19%，丁酸为 7%，高度的优级馥郁香型白酒要求总酸含量不低于0.40g/L。高级醇含量适中，为 110~140mg/100mL，高于浓香型白酒和清香型白酒，低于四川小曲清香型白酒，高级醇中含量最多的异戊醇约为 40mg/

100mL，正丙醇、正丁醇、异丁醇含量也较高。

馥郁香型白酒的品评要点为香味具有前浓、中清、后酱独特风格的白酒。闻香浓中带酱，且有舒适的芳香，香气馥郁而协调。酒体醇厚、丰满、圆润，浓、清、酱三者兼而有之。入口绵甜、柔和细腻，体现高度酒不烈、低度酒不淡的口味。余味长且净爽。

馥郁香型白酒的评语为无色或微黄，清亮透明，无悬浮物，无沉淀，馥郁香幽雅，酒体醇厚丰满，绵甜圆润，余味净爽悠长，具有本品典型的风格。

（12）董香型白酒　以高粱、小麦、大米等为主要原料，采用独特的传统工艺制作大曲、小曲，用固态法大窖、小窖发酵，经串香蒸馏，长期储存、勾调而成的，未添加食用酒精及非白酒发酵产生的呈香呈味物质，具有董香型风格的白酒。

董香型白酒的典型代表为董酒，原料为高粱，使用大曲和小曲，发酵设备为特制的大窖和小窖。

董香型白酒以不经粉碎的整粒高粱为原料，具有"两小、两大、两醅串蒸"的"三两"特点，即采用小曲小窖制取酒醅，小曲发酵7天，大曲大窖制取香醅，大曲香醅发酵18个月，两醅串香而成。董香型白酒大曲的原料为小麦，加中药40味，小曲的原料为大米，加入95味中药，有的中草药有抑制杂菌而能促进有益微生物生长的作用。董香型白酒的窖池用石灰、白泥、洋桃藤泡汁拌和而成，偏碱性，适于细菌繁殖，对董酒中的丁酸乙酯、乙酸乙酯、己酸乙酯、丁酸、乙酸、己酸等的生成和量比关系以及董酒风格的形成，具有重要作用。香醅下满窖池后，用拌有黄泥的稀煤封窖，保持密封发酵10个月左右，最长可达18个月，即制成大曲香醅。董香型白酒的工艺流程如图4-18所示。

串香蒸馏是董酒蒸馏工艺的特色，根据生产不同酒质的要求，有三种串香方法：第一种为复蒸串香法，即将蒸馏出的酒放入锅底，用香醅进行串蒸；第二种为双醅串香法，即将酒醅放入甑下部，香醅覆盖在上而进行串蒸；第三种为双层串香法，即采用双层甑柄，下层放酒醅，中间用甑柄隔开，上层放香醅进行串蒸。

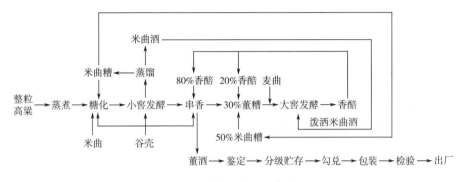

图4-18　董香型白酒工艺流程

　　董香型白酒的风味成分特征为"三高""一低"和"两反"。"三高"的第一高是指高级醇含量高，其中主要是正丙醇和仲丁醇含量高；第二高是指总酸含量高，董酒的酸主要由乙酸、丁酸、己酸和乳酸四大酸类组成，其总酸量是其他名优白酒的2~3倍；第三高是指丁酸乙酯含量高，董酒的丁酯与己酯的比例是其他名优白酒的3~4倍。高度董香型白酒要求总酸和总酯含量都不低于0.90g/L，丁酸和丁酸乙酯的总量不低于0.30g/L。"一低"是指乳酸乙酯含量低，是其他名酒的1/2以下。"两反"是指酸含量高于酯，醇含量高于酯。

　　"酯香、醇香、药香"是构成董酒香型的几个重要方面。董香型白酒的品评要点为色泽微黄，香气浓郁，酒香、药香谐调、舒适，入口丰满，有根霉产生的特殊味道，酒的酸度高，明显，后味长，稍带有丁酸及丁酸乙酯的复合香味，后味稍有苦味，有小曲酒和大曲酒的风格，使大曲酒的浓郁芬芳和小曲酒的醇和绵爽的特点融为一体。大曲与小曲中均配有品种繁多的中草药，使成品酒中有令人愉悦的药香。

　　董香型白酒的标准评语为无色或微黄，清澈透明，无悬浮物，无沉淀，香气幽雅，董香舒适，醇和浓郁，甘爽味长，具有本品典型的风格。

　　（13）浓兼酱香型白酒　典型代表为玉泉酒，原料为高粱，糖化发酵剂为大曲（小麦制成），发酵设备为水泥池、泥窖并用，固态分型发酵。

浓兼酱香型白酒的工艺特点为采用酱香、浓香分型发酵产酒。其中以高粱为制酒粮食，选用小麦大曲，依次经过两次投料，九次反复蒸煮、摊晾、撒曲、堆积，八次入窖发酵，七次取酒，制得酱香型原酒，经贮存、勾调得到酱香型基酒。另外以高粱为制酒粮食，选用小麦大曲，依次经过原料粉碎，起糟醅出窖，配料，拌和，蒸煮糊化，打量水，摊晾，撒曲，堆积，入窖发酵，制得浓香型原酒，经贮存，勾调得到浓香型基酒。将酱香型基酒和浓香型基酒按体积比约3∶7的比例勾兑，得到浓酱兼香型白酒。浓酱兼香型白酒的工艺流程如图4-19所示。

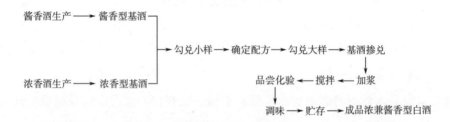

图4-19 浓兼酱香型白酒工艺流程

中国玉泉酒风味成分有以下8个特征。

①己酸乙酯含量高于酱兼浓香型白酒一倍左右，高度的浓兼酱香白酒要求己酸乙酯含量在0.70~2.00g/L。

②丁二酸二丁酯含量高，是白云边酒的40倍。

③己酸大于乙酸（白云边相反）。

④乳酸、丁酸、戊酸含量高。

⑤β-苯乙醇的含量较高（高出"白云边酒"23%，与茅台酒接近）。

⑥正己醇的含量也较高，能达到400mg/L。

⑦正丙醇低（为"白云边酒"的1/2）。

⑧糠醛含量高，高出"白云边酒"30%，高出浓香型10倍，与茅台酒接近。

浓兼酱香型白酒的品评要点为闻香以浓香为主，带有明显的酱香。入口绵甜，较甘爽。浓、酱协调，后味带有酱香。口味柔顺、细腻。

浓兼酱香型白酒的标准评语为无色或微黄，清亮透明，无悬浮物，无沉淀，浓香带酱香，浓酱谐调，幽雅馥郁，细腻丰满，绵甜爽净，余味悠长，具有本品典型的风格。

（14）多粮浓香　典型代表为五粮液、剑南春、全兴大曲。多粮浓香的原料以高粱为主，配以其他粮食，多为五种，新中国成立后五粮液进行过配方改良试验，经试验将荞麦换成了小麦，五粮液的五种原料配比为36%高粱、22%大米、18%糯米、16%小麦、8%玉米，多粮浓香的白酒生用曲和单粮浓香类似，也是采用由小麦制成的中偏高温大曲。

多粮浓香与单粮浓香的区别为：单粮浓香型白酒的窖香浓郁，占20%～30%，味大，味单，后味长；多粮浓香白酒有多粮香，占70%～80%，窖香味偏弱，更突出粮香、曲香等复合香味，味轻，味多，后味小。

中国白酒风格的形成原料是前提，曲是基础，制酒工艺是关键。鲁、豫、皖、苏等省生产的浓香型大曲酒，与川酒在酿造工艺上虽都遵从"泥窖固态发酵，续糟（茬）配料，混蒸混烧"的基本工艺要求，同属于以己酸乙酯为主体香味成分的浓香型白酒，但由于生产原料、制曲原料及配比、生产工艺等方面的差异，再加上地理环境等因素的影响，出现了不同的风格特征，形成了两个不同的流派。

四川的浓香型大曲酒大多以糯高粱为制酒原料，制曲原料为小麦。生产工艺采用的是原窖法和跑窖法工艺，发酵周期为60～90天。加上川东、川南地区的亚热带湿润季风气候，形成了浓中带陈味型流派。

苏、皖、鲁、豫等省生产的浓香型大曲酒大多采用粳高粱为原料，制曲原料为大麦、小麦和豌豆。采用混烧老五甑法工艺，发酵周期45～60天。加上地理环境因素的影响，开成了纯粮浓香流派。

多粮浓香型白酒的标准评语为无色或微黄，清亮透明，无悬浮物，无沉淀，具有幽雅的以己酸乙酯为主体的多粮复合香气，酒体醇厚丰满，绵甜柔顺，余味爽净，酒味全面，具有本品典型的风格。

（15）小曲白酒　这里的小曲白酒是指小曲固态法白酒，不包括小曲米香型白酒和小曲豉香型白酒，小曲白酒以小曲清香型白酒为代表。小曲清香型白酒的酿酒原料为高粱，小曲清香型白酒的糖化发酵剂由传统法小曲及纯种根霉小曲（麦麸制成），小曲清香型白酒的典型代表有玉林泉、江津小曲酒。

小曲清型香白酒的生产方法主要有两种，一种为川法小曲白酒和云南小曲白酒等。四川小曲清香型白酒是以粮谷为原料，采用小曲或纯种根霉为糖化发酵剂，经蒸煮、固态培菌糖化、固态发酵、固态蒸馏、陈酿、勾兑而成，未添加食用酒精及非白酒发酵产生的呈香呈味物质的白酒。云南小曲清香型白酒是以粮谷为主要原料，采用小曲为糖化发酵剂，经传统固态糖化、小容量容器固态发酵，蒸馏、储存、勾兑、包装而成的，不使用食用酒精及非白酒发酵产生的呈香呈味呈色物质的白酒。

小曲清香型白酒的发酵设备为水泥池或小坛、小罐，固态短期发酵。小曲清香型白酒的工艺特点为清蒸清烧，小曲培菌糖化，配糟发酵，发酵时间：四川小曲清香为7天；云南小曲清香为30天。小曲清香型白酒的工艺流程如图4-20所示。

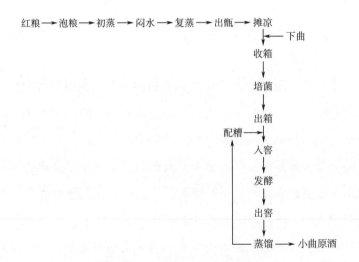

图4-20　小曲清香型白酒工艺流程

小曲清香型白酒的风味成分特征为以乙酸乙酯和乳酸乙酯为主。

小曲清香型白酒的品评要点为糟香明显，有粮香，回甜突出，新酒味。清香纯正，具有乙酸乙酯和独有的糟香的复合香气，糟香突出，酒体醇厚、醇甜柔和、香味协调、余味爽净。

云南小曲清香型白酒的标准评语为无色或微黄，清亮透明，无悬浮物，无沉淀，香气自然，清香纯正，酒体柔和，香味较协调，具有本品典型的风格。

（16）麸曲白酒　是指麸曲固态法白酒，麸曲白酒以麸曲清型白酒为代表，麸曲酱香型白酒也比较成功，麸曲酱香型工艺也称碎沙工艺，是一种发酵时间短、出酒率高的酿酒工艺。麸曲清香型白酒的典型代表为北京红星二锅头。麸曲清香型白酒的原料为高粱，曲为麸曲、酒母（大曲、麸曲结合）（麸皮制成），发酵设备为水泥池。

麸曲清香型白酒的工艺特点为清蒸清烧，配糟水泥池固态短期发酵，发酵时间4~5天，用曲量少，出酒率高。麸曲白酒的工艺可分为混烧法和清蒸法两种生产方法。混烧法工艺操作采用老五甑法，类似于老白干酒工艺，清蒸工艺流程如图4-21所示。

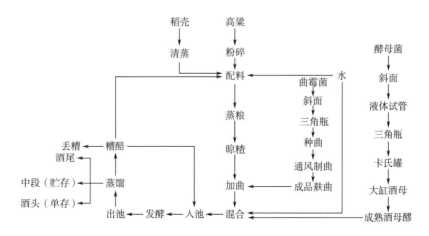

图4-21　麸曲白酒混烧工艺流程

麸曲清香型白酒是以纯种曲霉和酵母为糖化发酵剂，原料经粉碎后续糟固态发酵，与大曲清香型白酒相比，由于微生物是纯种，微量成分单一。麸曲的制作工艺流程如图 4-22 所示。

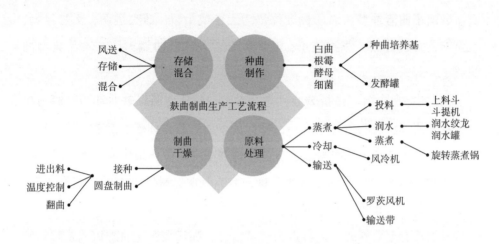

图 4-22　麸曲制作工艺流程

麸曲清香型白酒的风味成分特征为以乙酸乙酯和乳酸乙酯为主，品评要点为品评与大曲基本相同，但有麸皮的香和味。闻香麸皮味明显，糟香较明显。

大清、小清、麸清的品评区分点如下。

①大曲清香香气大，其醇厚度、入口刺激性都为三者之首，大清>麸清>小清。

②麸曲清香：闻香麸皮味明显，糟香较明显。

③小曲清香：糟香明显，有粮香，回甜突出，新酒味。

麸曲清香型白酒的标准评语为无色或微黄，清亮透明，无悬浮物，无沉淀，清香纯正，具有明显的乙酸乙酯为主体的复合香气，回味醇和，绵甜净爽。

麸曲酱香型白酒的标准评语为无色或微黄，清亮透明，无悬浮物，无沉淀，酱香明显，香气较幽雅，有空杯留香，酒体醇厚，诸位协调，回味长，具有本品典型的风格。

（17）液态法白酒　目前中国白酒市场上完全的液态法白酒几乎没有，基本都会添加一些固态法白酒，例如泸州老窖二曲白酒。液态法白酒的主要原料为食用酒精和食用香精，所用的曲为糖化酶、酵母，发酵设备为发酵罐。

液态法白酒的工艺为以含淀粉、糖类物质为原料，采用液态糖化、发酵、蒸馏所得的基酒（或食用酒精），可调香或串香，勾调而成的白酒。液态法生产白酒是将淀粉质、糖质等原料，在微生物作用下经发酵生产白酒。该法根据原料不同可分为淀粉质原料发酵法、糖蜜原料发酵法和纤维质原料发酵法。淀粉质原料发酵法是我国生产液态白酒的主要方法，该法是以玉米、薯干、木薯等含淀粉的农副产品为主要原料，其可发酵性物质是淀粉，淀粉质原料要经过粉碎，以破坏植物细胞组织，便于淀粉的游离，经蒸煮处理后，使淀粉糊化、液化，形成均一的发酵液，使其更好地接受酶的作用并转化为可发酵性糖后才能发酵。糖蜜原料发酵法是以制糖（甜菜、甘蔗）生产工艺排出的废糖蜜为原料，经稀释并添加营养盐，再进一步发酵生产白酒，其生产工艺包括稀糖蜜制备、酒母培养、发酵蒸馏等。液态法白酒的生产，不在于酒精的生产，白酒中主要成分酒精加水占总量的98%。国内酒精厂可以生产高纯度酒精，已经不是主要问题。因此液态法白酒生产的主要问题在于如何控制好白酒中1%~2%呈香呈味成分，并配制成具有白酒风味的产品。液态发酵法生产工艺流程如图4-23所示。

液态法白酒执行统一的国家标准，是指不论其风味特点是什么样的，也不论其度数的高低，都执行GB/T 20821—2007，这个标准作者称之为一标。从表4-2可以看出，执行这个标准的白酒的甲醇的限量标准更低，也就是说执行这个标准的白酒其实也不错，即作者总结的"一标到底也不错"。液态法白酒高度酒和低度酒的理化要求应符合表4-2的规定。

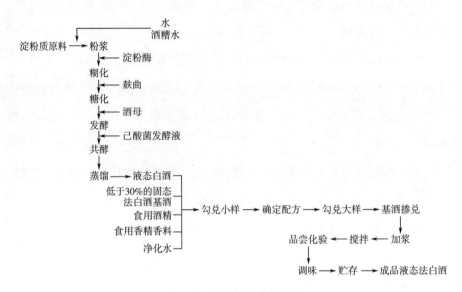

图 4-23　液态法白酒工艺流程

表 4-2　　　　　　　　　　　液态法白酒的理化指标要求

项目	高度酒	低度酒
酒精度/%vol	41~60	18~40
总酸（以乙酸计）/（g/L）	0.25	0.1
总酯（以乙酸乙酯计）/（g/L）	0.40	0.20
甲醇/（g/L）	0.30	
铅/（mg/L）	0.5	
食品添加剂	符合 GB 2760 的规定	

注：甲醇指标按酒精度 60%（体积分数）折算。

　　液态法白酒的品评要点为外添加的己酸乙酯等香精、香料的酒，往往是香大于味，酒体显单薄，入口后香和味很快消失，香与味均短，自然感差。而固态法白酒中的己酸乙酯等香味成分是生物途径合成的，是一种复合香气，自然感强，故香味谐调，且能持久。如香精纯度差、添加比例不当，更是严重影响酒质，其香气给人一种厌恶感，闷香，入口后刺激性强。

　　液态法白酒的标准评语为无色或微黄，清亮透明，无悬浮物，无沉淀，具有纯正、舒适、协调的香气，具有醇甜、柔和、爽净的口味，具有本品的风格。

（18）固液法白酒 典型代表有不少。固液法白酒的原料为食用酒精、固态法白酒和香精等食品添加剂。固液法白酒的曲为糖化酶、酵母、曲。固液法白酒的发酵设备为发酵罐。

固液法白酒的工艺特点是以含淀粉、糖类物质为原料，采用液态糖化、发酵、蒸馏所得的基酒（或食用酒精），可调香或串香。以固态法白酒（不低于30%）、液态法白酒、食品添加剂勾调而成的白酒。

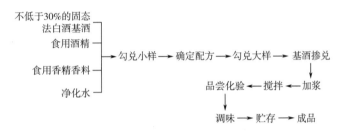

图4-24 固液法白酒工艺流程

固液法白酒的成分特点，执行统一的标准 GB/T 20822—2007，这个标准作者称之为二标。固液法白酒高度酒和低度酒的理化要求应符合表4-3的规定。

表4-3　　　　　　　　　固液法白酒的理化指标要求

项目	高度酒	低度酒
酒精度/%vol	41~60	18~40
总酸（以乙酸计）/（g/L）	0.3	0.2
总酯（以乙酸乙酯计）/（g/L）	0.60	0.35
甲醇/（g/L）	0.30	
铅/（mg/L）	0.5	
食品添加剂	符合 GB 2760 的规定	

注：甲醇指标按酒精度60%vol折算。

液态法白酒的标准评语为无色或微黄，清亮透明，无悬浮物，无沉淀，具有本品特有的香气，酒体柔顺、醇甜、爽净，具有本品的风格。

各类型中国白酒所使用的糖化发酵剂和发酵设备见表4-4。

表4-4　　　　　　　　各香型白酒使用的曲和发酵设备

序号	香型名称	糖化发酵剂	发酵设备
1	酱香型	大曲	石窖
2	浓香型	大曲	泥窖
3	清香型	大曲	地缸
4	米香型	小曲	发酵罐、陶罐
5	芝麻香型	大曲、麸曲	砖窖
6	老白干香型	大曲	地缸、不锈钢
7	豉香型	小曲	发酵罐
8	兼香型	大曲	砖窖
9	凤香型	大曲	泥窖
10	特香型	大曲	石窖
11	馥郁香型	大曲、小曲	泥窖
12	董香型	大曲、小曲	泥窖
13	浓兼酱型	大曲	泥窖、水泥窖
14	多粮浓香型	大曲	泥窖
15	小曲清香型	小曲	水泥窖
16	麸曲清香型	麸曲	水泥窖
17	液态法白酒	糖化酶、酵母	发酵罐
18	固液法白酒	糖化酶、酵母、曲	发酵罐、窖等

二、二脉鉴酒度

（一）内容

二脉鉴酒度为六脉神鉴的第二鉴，即所谓的二度，就是在对酒的风格做出判断之后，对酒的度数进行判断，也是非常重要的，因为酒的度数是对酒风格的补充。也就是说要对酒的质量进行判断，首先要确定酒的风格，因为不同的风格具有不同的评判标准。在确定了酒的风格之后，还需要对酒的度数进行判断，因为同一风格的酒，度数不一样，其评判标准也略有差异，因此在白酒的国家标准当中，高度酒和低度酒执行的标准是不一样的，如表 4-5 和表 4-6 所示。表 4-5 和表 4-6 显示的是酱香型白酒国家标准对高度酒和低度酒的感官要求。

表 4-5　　　　　　　　　　　高度酱香酒的感官要求

项目	优级	一级	二级
色泽和外观	无色或微黄，清亮透明，无悬浮物，无沉淀[a]		
香气	酱香突出，香气幽雅，空杯留香持久	酱香较突出，香气舒适，空杯留香较长	酱香明显，有空杯香
口味	酒体醇厚，丰满，诸味协调，回味悠长	酒体醇和，协调，回味长	酒体较醇和协调，回味较长
风格	具有本品典型风格	具有本品明显风格	具有本品风格

注：[a] 当酒的温度低于 10℃时，允许出现白色絮状沉淀物质或失光；10℃以上时应逐渐恢复正常。

表 4-6　　　　　　　　　　　低度酱香酒的感官要求

项目	优级	一级	二级
色泽和外观	无色或微黄，清亮透明，无悬浮物，无沉淀[a]		
香气	酱香较突出，香气较优雅，空杯留香久	酱香较纯正，空杯留香好	酱香较明显，有空杯香
口味	酒体醇和，协调，味长	酒体柔和协调，味较长	酒体较柔和协调，回味尚长
风格	具有本品典型风格	具有本品明显风格	具有本品风格

注：[a] 当酒的温度低于 10℃时，允许出现白色絮状沉淀物质或失光；10℃以上时应逐渐恢复正常。

（二）　白酒度数的分类

白酒的度数一般指的是酒精含量。衡量酒精含量的方法有多种，很多情

笑傲白酒江湖之宝典

况下，是用白酒中所含乙醇体积的百分含量来表示，因为体积受温度的影响，因此需要对温度进行约定，通常是用20℃时的体积百分含量来表示的，其标准的单位为%vol。例如50度的酒，表示在20℃时，在100mL的酒中，含有乙醇50mL。

关于白酒度数高低的划分，并没有统一固定的标准，在目前我们国家现行的白酒国家标准中，一般将白酒分为高度白酒和低度白酒两类。但是对于不同香型的白酒，其高低度酒界定度数并不完全统一，既使是同一香型的白酒，不同年份的标准，其中酒的度数的划分也可能会有差异。表4-7显示的是18种白酒的高低酒精度划分。

表4-7　　　　　　　　　18种白酒的高低酒精度划分

序号	白酒风格	最低度数/%（体积分数）	高低界定度数/%（体积分数）	最高度数/%（体积分数）	标准代号
1	酱香	32	45	68	GB/T 26760—2011
2	浓香	25	41	68	GB/T 10781.1—2006
3	清香	25	41	68	GB/T 10781.2—2006
4	米香	25	41	68	GB/T 10781.3—2006
5	芝麻香	18	41	68	GB/T 20824—2007
6	老白干	18	41	68	GB/T 20825—2007
7	豉香	18		40	GB/T 16289—2007
8	兼香	18	41	68	GB/T 23547—2009
9	凤香	18	41	68	GB/T 14867—2007
10	特香	25	45	68	GB/T 20823—2017
11	馥郁香		41		GB/T 22736—2008
12	董香	25	43	68	DB52/T 550—2013
13	浓兼酱	18	41	68	GB/T 23547—2009
14	多粮浓香	18	41	68	GB/T 10781.1—2006
15	小曲清香	18	41	68	GB/T 26761—2011
16	麸曲清香	25	41	68	GB/T 10781.2—2006
17	液态法白酒	18	41	65	GB/T 20821—2007
18	固液法白酒	18	41	65	GB/T 20822—2007

从表4-7可以看出，正如前面所说的，不同香型的白酒，其高低度酒界定度数并不完全统一，但是大体是接近的，其中也有一定的规律可循。笔者将其中的规律总结于下面这首诗里，诗的内容如下：

中国白酒的酒精度

起点十八两七差，浓米特清董二五，

酱香三二馥郁没，四一四三和四五，

董三其一酱特五，六零六八两六五，

豉香最低釜蒸馏，液和固液都六五。

第一句到第三句描述的是中国白酒的最低度数。第一句的意思是说，中国白酒最低度数的起点是18%vol和两个以7为差的度数，即25%vol及32%vol。

第二句是说浓香、清香、米香及董香型白酒的最低度数为二十五。

第三句是说酱香型白酒的最低度数为三十二，馥郁香型白酒的则没有对最低度数做出限定，其余白酒的最低度数是18%vol。

第四句和第五句描述的是中国白酒的高低酒精度分界点。第四句的意思是说中国白酒的高度酒的起点度数有41%vol，43%vol和45%vol。

第五句的意思是说董酒的高度酒起始于43%vol，酱香型白酒和特香型白酒的高度酒起始于45%vol，除此之外其他的酒的高度酒都是起始于41%vol。

第六句到第八句描述的是中国白酒的最高限定度数。第六句的意思是说中国白酒的最高酒精度有40%vol，68%vol和65%vol三种。

第七句是说豉香型白酒的最高酒精度是最低的，因为其采用的是釜式蒸馏，因此豉香型白酒的最高酒精度也就为40%vol。

第八句是说液态法白酒和固液法白酒两种白酒的最高酒精度都为65%vol。其余白酒的最高度数不宜超过68%vol，否则将不适合饮用，我们日常用来消毒的酒精，纯度也只有75%。如果白酒执行的是国家标准，则其最高酒精度一般不会超过 68%vol，这就是衡水老白干有一款酒精度为 67%vol 的白酒的原因。但是市面上确实也有一部分白酒的酒精度超过 68%vol，则这些酒则需起草企业标准，而不能执行相应的国家标准。

最后需要说一点的是酒精度的高低和酒的好坏是没有必然联系的。

（三） 如何判断酒精度

1. 判断酒精度的方法

如何通过感官的手段判断白酒的度数呢？总结起来主要有三种方法，一是通过鼻闻，二是通过口尝，三是通过看酒花。通过鼻闻和口尝都是基于酒精度越高，则对鼻子和口的刺激性越强的规律。这需要在平时多加注意练习，积累经验。

2. 飞花断酒

通过看酒花来判断酒精度的高低，也是一种很有用的办法。笔者把这种方法称为"飞花断酒"。这里所说的酒花，是指当晃动酒瓶时，会发现酒液泛起泡沫，这就是人们俗称的"酒花"。这种方法的原理是基于酒精度不一样，酒的表面张力不一样，从而在摇晃过程中形成泡沫的形态大小和持续时间不一样。表 4-8 显示的是不同酒精度的酒精水溶液对应的表面张力。从表 4-8 可以看出，酒精度越高，表面张力越小。根据物理化学的相关原理可知，表面张力越小，则越容易起泡，泡沫也越大。

因此，酒精度与酒花的表现之间有一定相关性。看酒花重点要看酒花的大小、一致性、持久性和挂杯性。酒花和酒精度之间存在如下五种关系。

表 4-8　　　　　　　　　不同酒精度的酒精溶液的表面张力

酒精度/%（体积分数）	表面张力/（mN/m）	酒精度/%（体积分数）	表面张力/（mN/m）
0	73.67	60	28.43
20	43.31	80	26.12
40	32.26	100	22.83

（1）大清花　酒花大如黄豆，整齐一致，清亮透明，如图4-25所示。这类酒花消失极快，酒精含量在60%～75%vol，其中以70%vol时最明显。

图4-25　大清花和黄豆

（2）小清花　酒花大如绿豆，清亮透明，如图4-26所示。小清花的消失速度慢于大清花，酒精度在50%～60%vol，以58%vol最为明显。

图4-26　小清花和绿豆

（3）云花　酒花大如米粒，相重叠，可重叠二至三层，如图4-27所示。云花的存留时间比较久，约二十几秒，酒精度在40%～50%vol，46%vol时较为明显。

图4-27 云花和大米粒

（4）二花 又称小花，形似云花，大小不一，大者如大米，小者如小米，如图4-28所示。二花的存留时间比云花更长，酒精度在15%~40%vol，酒精度在15%vol最明显。

（5）油花 酒花大如小米的1/4，布满液面，纯系高级脂肪酸形成的油珠，酒精度在5%vol时最明显。

通过酒花来判断酒精度的高低，总结起来：度数越高，气泡越大消失越快；度数越低，气泡越小消失越慢。

图4-28 二花

以浓香型白酒为例，市面上常见的酒精度是52%vol和38%vol，52%vol的白酒就应该呈现小清花，如绿豆大小，且消散速度中上；而38%vol的白酒则应呈现二花，大小不一，且消散速度缓慢。

但因相同酒精度的白酒，其中所含的其他微量成分含量并不一样，甚至相差很大，因此，同一酒精度的白酒，其表面张力也并不一样，因而摇动酒瓶形成的酒花的大小、持留时间也不同。所以，酒花可以作为辨别白酒度数的一个参考。

3. 飞花断酒口诀

为了快速掌握酒花大小和酒精度之间的关系，笔者把酒花大小和酒度之间的关系总结成一首诗，这样有利于记忆，诗的内容如下：

飞花断酒

大小云花三清花，沫大整齐快速消，

六黄五绿大小标，大米云花四十翘，

低三下四二花漂，油泼满面几度寥，

四十五度二十秒，度高一度降一秒。

第一句是说白酒的酒花有三种清花，即大清花、小清花和云花。

第二句是说构成三种清花的泡沫个大、整齐而且消失快，这是高度酒酒花的特征。

第三句是说如果酒花的大小如黄豆绿豆大小则酒的度数高于50%vol，酒花越大，酒精度越高，如酒花似黄豆大小，则其酒精度高于60%vol。

第四句是由大米粒大小的酒泡形成的云花，对应的酒精度是四十几度，一般在40%~50%vol。

第五句是说如果酒的度数低于三十度低于四十度，则白酒的酒花会呈现出二花的特状。反之亦然，即如酒花呈现出二花，则酒的度数就低于30%vol和40%vol。

第六句是说如果酒花呈现出似油珠的时候，则酒的度数也就几度。这主要是指生产上蒸馏酒醅的时候，蒸到后期酒尾的时候，酒精已提取得差不多，高级脂肪酸大量被蒸出，酒花以油珠为主，油珠平铺在液面上，形成"油泼满面"的现象，这时候的酒度比十度小，一般也就几度。

第七句和第八句描述了酒度和酒花维持时间的关系。笔者经过实验测得六十几度的白酒的酒花维持时间很短，一般不到五秒。四十五度白酒的酒花持续时间二十秒左右，五十五度白酒的酒花持续时间十秒左右，基本上是酒精度增加一度，维持时间减少一秒。

4. 断花摘酒

原酒从甑锅流出的过程中，最先流出的称为头酒，头酒的酒精度一般75%vol以上，馏分（酒精物质外）大部分为低沸点风味物质，可以作调味酒。

中间馏出的酒称为酒中，酒中的酒精度在 45%～75%vol，平均 60%vol，口味最协调，一般做酒基用。

最末馏出的酒称为酒尾，酒尾的酒精度在 15%～45%vol，杂邪味大。其中 20%vol 以上的馏分，回蒸复吊，20%vol 以下的馏分作窖池保养。

因此，生产上酿酒师傅们在取酒的时候，通常就"掐头去尾"保留中间部分。这个时候，有经验的师傅就根据观察酒花的大小与消失速度，来确定酒的度数进行取舍了。

三、 三脉鉴级别

1. 内容
三脉鉴级别为六脉神鉴的第三鉴，即所谓的三级，就是在对酒的风格和度数做出判断之后，对酒的质量好坏进行定级。

2. 定级依据
根据建立的酒的三观，进而对酒的总体质量做出判断。

3. 酒的级别
一般将酒的质量分成 3 个等级，即优级、一级和二级。

四、 四脉鉴详评

（一） 内容

四脉鉴详评为六脉神鉴的第四鉴，简称"四评"。所谓四评，就是在对酒的总体质量做出判断后，能够给出作出此判断的依据，对不同的酒进行质量评比排序，并评级打出具体的分数，形成对酒的评价评语。

简而言之，"四评"即指评论、评比、评级分、评语。用一句串起来就是"评论评比评级分，还要评语下结论"。

（二）四评

1. 评论

所谓的评论是指根据品评建立的三观，对酒的"色""香""味"三方面进行评论，即指出其在色香味三方面的特点和优缺点。

2. 评比

所谓的评比是指根据品评建立的三观，对不同的酒样，按照质量从好到差的顺序进行排序。评比的依据是酒的优点和缺点，优点多缺点少的为好酒。重点对酒的复合度、陈年度、风味强度、风味长度、幽雅度、余回味悠长情况共六个方面进行考察。

3. 评级分

所谓的评级分是指对酒评比排序之后，还需要对酒进行评级打分。评级打分的根据是酒的优点和缺点，优点多缺点少的为好酒。优级酒的得分大于等于93分。一级酒的得分大于90小于93。二级酒的得分则小于等于90分。

4. 评语

所谓的评语是指根据品评建立的三观，形成的对酒的总体质量评价的一段文字。

（1）评语的格式　中国白酒的评语有其独特的风格，总体来讲，中国白酒的评语遵循的是从色香味等方面以正面的词汇来形成一段对酒的评语。不同感官质量的酒，可以从程度词及词汇本身来反映。程度词有"突出""明显""一般"等。词汇本身也可反映酒质的差异例如幽雅和优雅，醇甜和醇和。

除了用语的特征之外，中国白酒的评语还有其格式上的特点。笔者总结出中国白酒的评语的格式为"非常6+1",是指白酒的评语一般是从"国色天香,三口一回一空杯"七个方面进行撰写。国色指中国国酒即白酒的"色",天香指白酒的"香",三口指白酒的"入口、落口和口中的口感",一回指白酒余回味,空杯指倒出白酒之后的空杯香。

(2)白酒典型评语示例

①酱香型:无色或微黄透明,无悬浮物、无沉淀,酱香突出、优雅细腻,空杯留香持久,入口柔绵醇厚,回味悠长,具有本品典型风格(突出、明显、尚可)。

②浓香型:无色或微黄透明,无悬浮物、无沉淀,窖香浓郁,具有以己酸乙酯为主体、纯正协调的酯类香气,入口绵甜爽净,香味协调,余味悠长,具有本品典型风格(突出、明显、尚可)。

③清香型:无色、清亮透明,无悬浮物、无沉淀,清香纯正,具有以乙酸乙酯为主体的清雅、协调的香气,入口绵甜,香味协调,醇厚爽冽,尾净香长,具有本品典型风格(突出、明显、尚可)。

④米香型:无色透明,无悬浮物、无沉淀,蜜香清雅,入口绵甜,落落爽净,回味怡畅,具有本品典型风格(突出、明显、尚可)。

⑤芝麻香型:清澈透明,酒香幽雅,入口丰满醇厚,纯净回甜,余香悠长,具有本品典型风格(突出、明显、尚可)。

⑥老白干香型:无色或微黄,清亮透明,无悬浮物、无沉淀,醇香清雅,具有乳酸乙酯和乙酸乙酯为主体的自然谐调的复合香气,酒体谐调、醇厚甘冽、回味悠长,具有本品典型风格(突出、明显、尚可)。

⑦豉香型:无色或微黄,清亮透明,无悬浮物、无沉淀,豉香纯正,清雅,醇和甘冽,酒体丰满、谐调,余味爽净,具有本品典型风格(突出、明显、尚可)。

⑧兼香型:无色或微黄透明,无悬浮物、无沉淀,酱浓协调、优雅舒适,细腻丰满,回味爽净,余味悠长,具有本品典型风格(突出、明显、尚可)。

⑨凤香型:无色清亮透明,无悬浮物、无沉淀,醇香秀雅,具有以乙酸

乙酯为主、一定量己酸乙酯为辅的复合香气，醇厚丰满，甘润挺爽，诸味协调，尾净悠长，具有本品典型风格（突出、明显、尚可）。

⑩特香型：无色清亮透明，无悬浮物、无沉淀，香气幽雅、舒适，诸香协调，柔绵醇和，香味悠长，具有本品典型风格（突出、明显、尚可）。

⑪馥郁香型：无色或微黄，清亮透明，无悬浮物、无沉淀，馥郁香幽雅，酒体醇厚丰满，绵甜圆润，余味净爽悠长，具有本品独特的风格（突出、明显、尚可）。

⑫董香型：清澈透明，香气幽雅，浓郁甘美，略带药香，诸味协调，醇甜爽口，后味悠长，具有本品典型风格（突出、明显、尚可）。

（三）品评术语的理解

要写好白酒的评语有两个重要的前提，一是要会品酒，能够真正地感受到白酒特点和优缺点；二是理解一些常用的评价术语的意思，这一点，其实是有一定难度的，有难度的原因就是因为没有统一的标准对这些术语做出规范。下面对一些常用的术语做一些简要的解释。

1. 色方面的术语

色即指酒的色泽和外观，这方面的常见的术语有：无色，微黄，清亮透明，无悬浮物，无沉淀物。

无色：没有颜色。

微黄：轻微的黄色。

清亮透明：指光线能通过酒液，清澈明亮。

悬浮物：指酒液中有粉状、絮状、片状、纤维状、浮油状等悬浮物质。

沉淀物：指酒液中有粉状、片状、块状等沉淀物质。

有光泽：是指在正常光线下，酒液像水晶体一样晶亮。

失光：是指酒液失去光泽。

微浑：是指光束不能通过酒液，酒体轻微浑浊。

浑浊：是指酒液像浊泥水一样。

2. 香方面的术语

香气方面的常见的术语有：纯正、突出、浓郁、四雅（幽雅、优雅、清雅、秀雅）、细腻、舒适、复合香气、持久。

纯正是指具有白酒特有的香气。突出是指酒中香气非常明显。浓郁是指酒中香气浓而馥郁。幽雅是指幽静雅致。优雅是指优美高雅。有些词不太容易用其他词进行解释，读者需要进行体会。

3. 味方面的术语

味指口味和口感，这方面的常见术语有：醇厚、丰满、协调、回味、悠长、醇和、谐调、绵甜、爽净、余味、后味、柔和。

酸感是指酒有酸的味感。酸败是指酒的酸味过高，压倒了其他味感，酒体开始败坏。苦味是指酒有苦味感。可分为苦重、后苦、苦涩等。涩味是指酒中有涩味感。水味是指酒软弱无劲，缺乏"刚骨"的味感。

在中国白酒的评语当中使用频率较高的一个词是醇字，醇是一个多义字，醇的本义是指酒味浓厚，是形声字。醇，厚也，也通"纯"，指无杂质。

在对中国白酒的描述当中，醇味就是指美酒味。醇厚是指气味、滋味纯正浓厚。

醇和是指酒的性质或味道纯正平和，无刺激性。柔和是指柔软、温和，指酒味柔绵而润和，无刺喉、辛辣、粗糙的味感。

爽净是指酒中的甜、酸等诸味协调，爽、适口。爽洌是指酒爽得清楚。甘洌是甘美清澄的意思，甘是指甜，味道好，洌有清澄的意思。甘滑是指鲜美柔滑。甘润是甘甜滋润的意思。甘爽是甜美爽口的意思。挺拔是直立而高耸、强劲有力的意思。

4. 格方面的术语

格即指风格，这方面的常见的术语有：突出，典型，明显，具有。

风格突出是风格非常典型，特征非常明显。风格典型是指具有本类型白酒的典型风格：指典型性明确，酒质完美，独具一格。风格明显是指具有本类型白酒的风格，指酒质尚优，有典型性。典型性不明显是指缺少本类型酒应有的典型性，酒质一般。失去典型性是指不具备本类型酒应有的典型性。

5. 综合感觉术语

协调一般作形容词，侧重步调一致，有条不紊。如"各部门发展必须互相协调"。还可以作动词用，如"产销关系要协调好"。谐调侧重比例匀称，得当，常用于形容声音、颜色、气氛等。

酒体组分协调是指酒中的甜、酒、酸及各种微量成分平衡协调。酒体组分欠协调是指酒中的诸味尚欠协调。酒体组分不协调是指酒的诸味不协调。

五、 五脉鉴复现

（一） 内容

五脉鉴复现为六脉神鉴的第五鉴，即所谓的五复现，是指能够对酒的质量好坏做出精准判断并具有良好的记忆力，从而能够在不同的时间和地点对同一酒样的质量做出一致的判断。

（二） 复现

1 重复

所谓重复是指识别同一轮次品评中出现同一白酒的考核方式。

2 再现

所谓再现是指识别不同轮次品评中出现同一白酒的考核方式。

六、 六脉鉴勾鉴

（一） 内容

六脉鉴勾鉴为六脉神鉴的第六鉴，即所谓的六勾鉴，是指品酒的第六层能力，也是最高和最实用的能力，即勾调能力和鉴别酒真伪的能力。

勾调能力包括两层意思，一是指通过品评可以发现酒样在酒体设计方面存在的问题；二是指掌握了白酒的勾调技术，可以根据需要设计出合格的酒体。

鉴别酒的真伪是指通过感官检验可以对酒样的真伪做出准确的判断。

（二） 勾调

1. 勾调的基本内容

所谓的勾调是指勾兑和调味两部分，勾兑简称勾，调味简称调，合起来就是勾调。勾兑和调味是白酒生产中的重要环节，它是一门技术，也是一门艺术。它能巧妙地把基础酒和调味酒进行合理搭配，使酒的香味达到平衡、谐调和稳定，从而提高产品质量，突出产品的典型风格。勾是以初步满足产品风格、特点为前提组合好基础酒。调是针对基础酒存在的不足进行完善的调味。前者粗加工，是成型。后者是精加工，是美化。成型得体，美化就容易些，其技术性和艺术性均在其中。

2. 勾三调四勾调法

白酒的勾调是一项实践性很强的技术，该技术的好坏对白酒企业的影响很大。由于勾调技术长期以来被看成是白酒企业的一项保密技术，所以不同的企业所采用的勾兑方法不一样，差别也很大，但是勾调要达到的要求是一样的。勾调是以品评为前提的，勾兑和调味要达到四性要求，即典型性、平衡性、缓冲性和缔合性。

在勾兑和调味过程中，要选好基础酒和调味酒。在品评时，要掌握基础酒和调味酒的特点。基础酒是无异味、柔和、香味较好，符合一定质量标准且初具一定风格的酒；调味酒是无异味、香气浓郁、典型性特强的酒。其中，某种或某几种香味成分含量特别高，可以弥补基础酒的某一缺陷。

要把品评、勾兑和调味与色谱分析紧密结合起来。从色谱分析提供的数据中可以了解到，白酒色谱骨架成分中的主要香味成分种类及含量，可以验证品评与勾兑、调味的正确性及合理性。

为了加强白酒勾调技术的交流，推动白酒勾调技术的进步，笔者根据多年的经验总结了一套简单实用的白酒勾调技术体系，笔者把这项勾调技术称为"勾三调四"勾调法，具体内容，将在第五章进行详细的介绍。

（三） 鉴别酒的真伪

中国白酒不乏很多高档产品，高档产品一都具有价格高，销量好的特点。这些酒也成了不法分子假冒伪劣的对象。由于现代技术的进步，造假者造出的假冒酒几乎达到了以假乱真的地步，这就为消费者鉴别白酒的真伪增加了难度。对这种酒，不掌握一定的鉴别方法是很难对其真假做出判断的。

笔者根据多年的经验总结了一套鉴别酒真假的方法体系，把这项技术称为"六道轮回鉴"。这套技术体系按照由浅入深，由表及里的顺序对名优白酒的真实性做出鉴别，因为总共要用到 6 个方法，这 6 个方法可以循环反复使用，因此称为"六道轮回"。具体内容，将在第六章进行详细的介绍。

第四节　影响品评的主观因素

酒的品评是利用人的感觉对酒的质量做出判断，而感觉是心理过程，显然心理过程是受主观因素影响很大的过程。了解影响感官品评的主观因素，对提高品评结果的准确客观性是有很大帮助的。据笔者经验，总结起来影响品评的主观因素主要有三类，一是身体状态，二是品酒能力与经验，三是心理因素。为了全面把握影响品评的主观因素，笔者用一首诗将这三方面的主观因素及其对品评的影响涵盖于其中，诗的内容如下：

感官之主观

身体状态决感官，能力经验促判断，

心理效应易搅乱，顺序顺后爱疲串。

第一句描述的是人的身体状态决定人的感觉器官状态。第二句描述的是品评能力和经验对品评的影响，随着能力提高和经验的积累可以促进品评判断的准确性。第三句和第四句描述的是心理因素对品评的影响。第三句的意思是说心理效应会干扰品评，甚至会扰乱品评的判断。第四句则重点描述了三种重要的心理效应即顺序效应，顺效应和后效应，其中顺序效应是指偏爱效应，顺效应则是指感官顺着时间的推移发生的感官疲劳效应，而后效应是指串味效应，即前一个酒样对后一个酒样的影响。下面将对每一种主观因素进行详细描述。

一、 身体状态

身体状态包括两部分状态：一是身体的健康状态，二是身体的精神状态。品酒员的身体健康与精神状态的好坏都会直接影响评酒结果。因为生病、感冒或情绪不佳以及极度疲劳都会使人的感觉器官失调，从而使评酒的准确性和灵敏度下降。因此，评酒员在评酒期间应保持健康的身体和良好的精神状态。

二、 品酒能力与经验

品酒能力与经验是品酒员必须具备的条件之一。只有具有一定评酒能力的品评经验，才能在评酒中得到准确无误的品评结果。因为评酒员要不断地加强学习和训练并经常参与评酒活动，提高品评技术水平和积累评酒经验。

三、 心理因素

人的知觉能力是先天就有的，但人的判断能力是靠后天训练而提高的。因此，评酒员要加强心理素质的训练，注意克服偏爱心理、猜测心理、不公正心理及老习惯心理，注意培养轻松、和谐的心理状态。在品评过程中，要特别注意防止和克服三种心理效应。

（一） 顺序效应

评酒员在评酒时，产生偏爱先品评酒样的心理作用，这种现象称为正顺序效应。有时会产生偏爱后品评酒样的心理作用，这种现象称为负顺序效应。在品评时，对两个酒样进行同次数反复比较品评，并在品评中间以清水漱口，可以减少顺序效应的影响。

（二）　顺效应

在评酒过程中，经较长时间的刺激，嗅觉和味觉变得迟钝，甚至变得无知觉的现象称为顺效应。为减少和防止顺效应的发生，每轮次品评的酒样不宜安排过多，一般以 5 个酒样为宜。每天上、下午各安排 3~4 轮次较好，每评完 1 轮次酒后，休息 20~30 分钟，待嗅觉、味觉恢复正常后再评下一轮次酒。

（三）　后效应

品评前一个酒样后，影响后一个酒样的心理作用，称为后效应。在品评完一个酒样后，一定要以清水漱口，清除前一个酒样的酒味后再品评下一个酒样，以防止后效应的产生。

第五章

勾三搭四，
白酒勾搭之利器

第一节　认识白酒勾调

要想全面弄懂白酒勾调的内容，就要弄清楚关于白酒勾调的三个基本问题，这三个基本问题如下：

（1）什么是酒体勾调？

（2）为什么要进行酒体勾调？

（3）怎样进行酒体勾调？

回答好了这三个基本问题，也就能够从宏观上对白酒的勾调进行系统地把握。笔者把对这三个基本问题的回答总结在一首诗里面，诗的内容如下：

白酒勾调

专业勾兑非常理，不是造假调量比，

除杂增香稳提质，风格风味保一致，

微风波动因批次，标准完美度降低，

小样勾调配方试，达到理想放大之。

诗的前四句是对第一个问题做了较为全面的回答。第一句是说白酒专业上所说的勾兑并不是普通消费者所理解的勾兑。第二句是说专业上的勾兑不是一般消费者理解的造假酒，而是调节酒中成分的量和量的比例关系。第三句和第四句进一步说明勾调要达到的目的，意思是说通过勾调调节酒中成分的量和量的比例关系达到除去杂味、增加香味、稳定和提高酒质量的目的，并且保持酒的色、香、味和风格的一致性。

第五句和第六句回答的是第二个问题。意思是说基酒中的微量风味成分会因为批次的不同而产生波动，这样就需要通过勾调来使酒体的各类理化指标达到标准要求，使酒的风味更加完美，同时也因为基酒的酒精度太高也需要进行勾调降度。

第七句和第八句回答的是第三个问题。即怎样进行酒体的勾调。意思是说勾调就是选择基酒，反复进行小样组合调味试验，形成理想的勾调配方，这样就可以进行放大生产。

关于这三个问题的具体内容，下面将逐一做详细介绍。

一、什么是酒体勾调

中国白酒酿造界有"生香靠发酵、提香靠蒸馏、成型靠勾调"的说法。这样看来，勾调是白酒生产中的重要环节。那什么是白酒的勾调呢？

勾调的意思现在已很难和"勾""调"的本义联系起来解释，但是可以肯定的是勾调是勾兑和调味的简称，"勾"代表的就是勾兑，"调"代表的就是调味的意思。总的来说，勾的本义有弯曲、勾住的意思，其中弯曲有靠近的意思，兑有掺和的意思，因此，勾和兑的意思是有某种联系的，勾兑就有相互靠近掺在一起，组合在一起的意思。调有调整、调节的意思，因此，调味就是调整味道的意思。

在酒类科研技术人员的口语中，有时也会把"勾调"称之为"勾兑"，这两个词对专业人员来说，有时候是一个意思。但是大多数白酒消费者，一听到"勾兑"就马上变脸，因为他们以为勾兑就是造假酒，造不合格的酒。这样想是大错特错了。时至今日，勾兑已经成为消费者心目中"假酒""劣酒"的代名词，然而很多人不知道的是，我们喝到的每一种蒸馏白酒，都属于勾兑酒，也就是说我们喝到的任何一瓶白酒都需要经过"勾兑"，包括大家最为熟知的茅台、五粮液、洋河等高端名酒。勾兑并不是中国白酒的专有词汇，事实上，国外的蒸馏酒也同样需要勾兑。勾兑这个词在国外没有任何贬义，许多精品威士忌、白兰地都是勾兑出来的，这样在口感和气味上才能达到极致，并且在不同国家，勾兑技术也都是保密的。

普通消费者谈到的"勾兑"和酒类专业上的"勾兑"，究其本义应该是一样的，但是两词所指的范畴不同，从而所表达的对象是不同的，专业上的"勾兑"更多的是指把酿造出来的不同的基酒，按照一定的原则相互搭配混合成感官质量较好的酒，是专业术语，是中性词。而民间消费者谈到的"勾兑"酒，是指用质量低劣的酒精，甚至是工业酒精或工业甲醇，添加香料、香精、色素及水等，经人工配制出的一种不合法的白酒，这里的"勾兑"是个贬义词，有作假之意。

因此，"勾调"或"勾兑"是白酒行业中的一个专业技术术语，和民间老百姓说的"勾兑"意思不一样，专业上的"勾兑"是指在同一香型白酒中，把不同质量、不同特点、不同批次、不同年份的酒按不同的比例搭配组合在一起，使白酒的"色、香、味、格"等达到某种程度上的协调与平衡。

简而言之，就是通过调整酒体中各主要成分之间的量和量比关系，达到除杂、增香、稳定和提高酒质的目的。即"专业勾兑非常理，不是造假调量比；除杂增香稳提质，风格风味能保持。"

二、 为什么要进行酒体勾调

我们国家的白酒工业应该说是在民间酿酒作坊的基础上发展壮大起来的。即使在现在中国白酒工业的生产能力已经很发达的情况下，民间的酿酒活动也从来没有停止过，在一些农村依然有一些掌握酿酒技艺的人，给村民酿酒，村民把蒸馏出来的酒带回家放在坛子里，存放一段时间就可以拿出来喝。从这里可以看出，民间老百姓酿造白酒的时候，一般不需要勾调，即酿了什么样的酒，就喝什么样的酒。据此可以推断，白酒工业上的勾调，应该也不是一开始就有的，是后来发展起来的。那么问题来了，现代白酒工业为什么会发展起来白酒的勾调工序或技术呢？

按道理讲，不勾调，工序更简单，为什么要"多此一举"呢？笔者认为勾调技术的诞生应该是对白酒质量认识提高的结果，对白酒质量的提升有很大的帮助。因而，勾兑并不是一个贬义词，恰恰相反，勾兑是白酒生产技术的进步，是生产优质酒必不可少的环节。以贵州茅台酒为例，酱香型白酒的是多轮次生产工艺，轮次酒多，差别也较大，必须要进行勾兑，勾兑是茅台酒生产的点睛之笔，是艺术与技术的结合，可以说没有勾兑就很难大量生产出高质量的茅台酒。

　　白酒是一种特殊的食品，主要是用来满足消费者的感官嗜好，因此其感官质量就显得非常重要。对于中国传统白酒来说，2%的微量成分决定了白酒的风格特点和风味好坏。但在实际生产过程中，同一酒厂的不同车间、同一车间的不同批次，甚至同一批次的不同窖池生产出来的白酒所含的微量成分都不一样，甚至相差很大，风格风味也千差万别。我们可以试想一下，如果消费者买了一瓶酒觉得挺好喝，下次再买一瓶一样的酒，就不是一个味了，那消费者会怎样想？因此，对所有的白酒来说，在历经制曲、发酵、蒸酒、储存等环节之后，都必须要经过勾兑来统一风格风味，并通过工艺手段滤除杂质，协调香味，从而满足消费者对高品质白酒的需求。白酒勾兑将不同风格的酒组合在一起，使酒体协调、平衡，并烘托出主体香气，以获得更为出色的风格和风味。白酒生产有"七分技术，三分艺术"的说法，这里的艺术就体现在勾兑上，勾兑可以称得上是白酒生产的画龙点睛之笔。

　　现在白酒的生产基本都是按标准化的思路进行的，成品白酒的质量也有标准化的要求，但是实际生产出来的原酒或基酒，并不都能达到标准所要求的理化指标范围，只有将不同批次不同质量的基酒用心混合勾兑，才能让每款产品达到标准的要求，所以勾兑在白酒生产的过程中是必要的，它可以使出厂的每一批产品的理化指标都达到标准的要求，从而为保持固有的风格打下基础。

　　另外，一般来说，采用传统固态发酵工艺酿造的白酒，不论哪种香型，从酒甑中蒸馏出的原酒，其酒精度一般都在 60%vol 以上，这种高度数的原酒是很难直接饮用的，必须要经过"加浆降度"达到比较合适的饮用酒精度。

　　总结来说，勾调就是要实现白酒生产的"风味完美化、指标标准化和酒度低度化"。可以说，没有勾兑，就没有风味曼妙适口的好酒，这也是为什么会有"生香靠发酵、提香靠蒸馏、成型靠勾兑"的说法。

　　简而言之，白酒勾兑的原因有两大部分，一是白酒的批次差别大，二是为了提高成品白酒的质量，也即"微风波动因批次，标准完美度降低。"

三、 怎样进行酒体勾调

勾兑和调味是名优酒生产工艺中非常重要的一个环节。勾调不是简简单单的混合，更不是简简单单地向酒里掺水，而是包括了将不同的基酒进行组合和调味，是平衡酒体，缩小酒的质量差别，提高酒的质量，使酒在出厂前，取长补短，统一标准，稳定质量，并保持独有风格的专门技术。所以，勾调是现代白酒生产的一项非常重要而且必不可少的工艺，离开勾调白酒的质量就无法保证，口感就不能稳定。勾调是技术活，有四两拨千斤的境界，勾调是工于心、精于形的匠心。

白酒的勾调是一项实践性和经验性很强的技术，该技术的好坏对白酒企业的影响很大。由于勾调技术长期以来被看成是白酒企业的一项保密技术，所以不同的企业所采用的勾兑方法不一样，差别也很大。总的来说，白酒的勾调是由品评、勾兑和调味三部分组成，它对于稳定酒质、提高优质酒的比例起着极为显著的作用。品评是勾调的基础，贯穿整个白酒的勾调过程，在品评基础之上，白酒的勾调包括勾兑基酒和调味基础酒两个基本内容。因此，白酒的勾调涉及两个基本问题：一是"怎么勾"，二是"怎么调"。

勾兑主要是将酒中各种微量成分以不同的比例兑加在一起，使其分子重新排布和缔合，进行协调平衡，烘托出基础酒的香气、口味和风格特点。如果以素描作为比喻，勾兑过程就是构建框架、刻画主体的过程。不同批次生产出来的酒或者不同窖池生产出来的酒有所差别，表现在微观上就是其中的酸类、酯类、醛类、酚类等微量成分的差别，而表现在宏观上就是气味和口感的差异，这样将不同的酒勾兑在一起才能弥补某一种酒感官上的偏差或者让风格更为突显，这样勾兑好的酒就称为基础酒也称为组合酒。

基础酒在勾兑好后，仍然不能称之为完美，因为这仅仅是框架层面的调整，也就是说基础酒在感官上的方向是正确的，还需要做进一步的刻画以突出细节，精益求精，这时就需要用调味酒进行调味。调味就是对勾兑好的基础酒进行的最后一道精加工或艺术加工，通过一项非常精细而又微妙的工作，用极少量的调味酒，弥补基础酒在香气和口味上的欠缺程度，使其优雅细腻，使风味更加完美，完全符合质量要求。这就好比炖好一锅汤出锅时，总会撒点香菜提个味儿，调味就是给白酒锦上添花的过程。调味酒是采用独特工艺生产的具有各种突出特点的精华酒，它们可能有特香、特甜、特浓等鲜明的风格特征。调味酒的主要功能是使组合的基础酒质量水平和风格特点尽可能的得到提高，使基础酒的质量向好的方向变化并稳定下来。

白酒勾调的基本操作过程由三部分组成，即选酒、勾兑小样和勾兑大样。下面对这三部分进行详细介绍，简言之就是"理化品评选酒基，小样勾调配方试，达到理想放大之。"

（一）理化品评选酒基

在勾兑前，以每罐的卡片为依据，对有一定贮存期并可以使用的库存酒进行品尝，记录其感官特征。对初步选中的基酒详细了解掌握它的基本情况，如贮存数量、贮存时间（入库日期）、何种生产工艺、质量级别、酒精度、理化指标（包括色谱分析结果）等。要掌握各种酒的情况，每坛酒必须有健全的卡片，卡片上要记有产酒日期、生产车间、班组、窖号、窖龄、糟别、质量等级、重量、酒精度、色谱数据。在选酒的基础上合并同类项酒，把质量、微量香气成分、酿造工艺、存储期接近的酒合并在一起，减少勾调酒时的工作量。

通过品评全面了解和掌握各种基酒的特点，并且全面了解基酒的理化色谱数据、生产工艺技术、贮存日期、生产成本，然后选取所需要的合适的基酒。为便于选择，可以把基酒分成香、醇、爽、风格四种类型，然后再将这4种类型分为以下三类。

大宗酒：大宗酒是指一般酒，无独特之处，但香、醇、尾净，风格也初步具备，该酒使用比例一般占80%左右。

搭酒：搭酒是指有一定可取之处，但香味稍杂的酒，其使用比例在5%以下。

带酒：带酒是指具有某种特殊香味的酒，主要是"双轮底"酒和老酒，使用比例占15%左右。

（二） 小样勾调配方试

在大样勾兑前必须先进行小样组合，再按小样比例进行放大。根据已确定的产品生产量和要实现的质量风格、质量标准进行小样勾兑配方的构思，构思的过程一定要考虑：①各种基酒的数量是否可以满足一定批量的成品酒生产，并能保证今后生产的需求。②产品的质量风格能否得到保证。③产品的质量标准能否符合设计标准。④酒水成本能否控制在合理范围之内。

小样勾兑一般有逐步添加法和等量对分法两种。

（1）等量对分法是遵循对分原则，增减酒量，达到组合完善的一种方法。

（2）逐步添加法是将需要组合的酒分为三类，即大宗酒、带酒（特点突出的增香、调味酒）、搭酒（质量较差的酒），逐步增加添加量，以达到合格基础酒的标准。逐步添加法分四个步骤进行。

1. 初样组合

将定为大宗酒的酒样先按等量混合，每坛取50mL置于三角瓶中摇匀，品尝其香味，确定是否符合基础酒的要求。如果不符合，分析其原因，调整组合比例，直到符合基础酒的要求。

实践证明，适量的酸味可以掩盖涩味，酸味可以助味长，柔和可以减少冲辣，回甜醇厚可以掩盖酒的粗糙感和酒的淡薄。

一般来说，后味浓厚的酒可与味正而后味淡薄的酒组合，前香过大的酒可与前香不足而后味厚的酒组合，味较纯正，但前香不足、后香也淡的酒，可与前香大而后香淡的酒组合，加上一种后香长但稍欠净的酒，三者组合在一起，就会变成较完善的好酒。

2. 试加搭酒

取组合好的初样100mL，以1%的比例递加搭酒。每次递加，都品尝一次，直到再加搭酒有损其风味为止，只要不起坏作用，搭酒应尽量多加。

如果添加 1%~2%时，有损初样酒的风格，说明该搭酒不合适，应另选搭酒。若搭酒选得好，适量添加，不但无损于初样酒的风味，而且还可以使其风味得到改善。

3. 添加带酒

搭酒加完后，根据基础酒的情况，确定添加不同香味的带酒。带酒是具有特殊香味的酒，其添加比例可按 2%递增，边加边尝，直到酒质协调、丰满、醇厚、完整，符合基础酒的要求为止。其添加量要恰到好处，既要提高基础酒的质量，又要避免用量过大。在保证质量的前提下，可尽量少用带酒。

4. 验收基础酒

将组合好的小样加浆调到要求的酒度，再仔细品尝验证，如酒质无变化，认为合格后进行理化检验，小样组合即算完成。

若小样与降度前相比有明显变化，应分析原因，重新进行小样组合，直到合格为止。然后，再根据合格小样比例，进行大批量组合。

（三）　达到理想放大之

将小样勾兑确定的大宗酒用酒泵打入勾兑罐内，搅拌均匀后取样品评，再取出部分样，按小样勾兑比例分别加入搭酒和带酒，混匀后，再进行品评，若变化不大，即可按勾兑小样比例，将搭酒和带酒泵入勾兑罐内，加浆至所需酒度，搅拌均匀，即成调味的基础酒。

低度白酒的勾兑比高度酒更复杂，也就是说难度更大，要根据酒种、酒型、酒质的实际情况进行多次勾兑。其难度大的主要原因，就是难以使主体香的含量与其他的香物质含量，在勾兑后获得平衡、协调、缓冲、烘托的关系。

第二节　科学认识新工艺白酒和勾兑

需要科学认识新工艺白酒和白酒勾兑的，绝不仅仅是消费者，也包括白酒生产企业、酒业科研人员及行业管理机构。

在人们的印象中，酒就应该是原料直接发酵产生的，这期间产生酒精和各种风味物质，要是还额外添加食用酒精，听起来就不靠谱。不过实际上，把食用酒精作为酒的主体的做法，在国外是很普遍的，因为在道理上讲，食用酒精是发酵产生的，而酒中的主要组分乙醇也是发酵产生的，同样的原理和途径，自然可以相互取代。与此同时，各国的酿酒师们也正是这样做的，比如白兰地也有用传统工艺白兰地加酒精和香精配制而成的，这里的香精有可能是人工合成，也可能是从植物中提取的，比如李子酊或者多葎香膏，而为了提高口感和增加颜色，还可能在酒体中加入糖浆、甘油和焦糖色。威士忌，也就是所谓的混合型威士忌，将不同年份不同来源的纯麦威士忌或者谷物威士忌，加入食用酒精，再经过短期陈酿而成。另外，金酒也有酒精串香工艺。朗姆酒就更不用多说，其本身的酿造工艺就和食用酒精类似。

20 世纪 50 年代，中华人民共和国成立的初期，为了解决粮食紧缺的问题，国家鼓励酒行业研发低粮耗的酿酒工艺，在这种背景下，酒行发明了类似于食用酒精的液态法发酵酿造白酒的新工艺。新工艺白酒指的是采用食用酒精和食品添加剂（酒用）调制而成的白酒。在我们国家，第 17 种白酒和第 18 种白酒分别为液态法白酒和固液法白酒，都属于新工艺白酒，这两种白酒允许添加食用酒精、食品添加剂，食品香料和食品香精，这些做法是合法的，只要符合标准，这些白酒也都是安全的。液态法白酒和固液法白酒添加食用酒精、食用香料其实也属于"勾调"过程。

有些人认为新工艺白酒就是简单的酒精加水，再用香精调味，其实新工艺白酒技术远没有这么简单和粗糙。新工艺白酒虽然是以食用酒精作为白酒的主体，然而为了达到传统白酒的风格要求，需要通过以下三种主要方式得以实现。

（1）串香法　串香工艺并不是因为新工艺白酒的产生而创建，这种工艺早就应用到传统白酒的酿造中，在传统的蒸锅中，下面放置小曲酒醅，上面放置大曲香醅，经过蒸馏，酒醅中的酒携带着香醅中的呈香物质冷凝下来，这种白酒也属于用传统工艺生产的传统白酒。新工艺白酒借鉴了这种传统工艺，只不过酒醅换成了食用酒精。

（2）调香法　调香白酒是以食用酒精为酒基，加入呈香、呈味物质调配而成的白酒，这些呈香物质，可能是香精也可能是使用黄水进行代替，而黄水是传统白酒生产的副产物。

（3）固液法　固液勾兑白酒是以食用酒精为酒基，加入一定比例的传统固态法生产的白酒进行勾调而成的白酒。

无论是传统固态法白酒的"勾调"，还是"新工艺白酒"的勾调，本身并没有错，只要是正规厂家生产出来的，符合国家相关标准，都是合格的白酒。可为什么说到这两个词，就会让人联想到假酒呢？究其原因一个是不良酒厂诚信的缺失，一个是消费者概念混乱。比如喝工业酒精勾兑的假酒致人伤病甚至死亡的新闻爆出，很多人在对白酒酿造不甚了解的情况下，很容易将"勾兑"简单地等同于"白酒造假"。

喝工业酒精勾兑的假酒致人伤病甚至死亡的新闻时有发生。1998年春节期间，发生在山西朔州地区的特大毒酒事件中，不法分子用大量甲醇加水制造成白酒出售，造成27人死亡，数百人被送进医院抢救。整个白酒产业遭到了重大的打击，整个社会也为之震颤。没有想到的是时隔几年，云南元江假酒中毒事件、广州毒酒杀人事件等恶性假酒事件又接二连三地发生，让人们彻底建立起了抵触心理。此后，由于概念的混乱，食用酒精替之受罚，被戴上了万人唾弃的帽子，人们听到"勾兑""酒精"等词就认为是假酒。

由于人们对新工艺白酒的戒备心理，市场上出现了生产厂家"不敢写"，消费者"不敢选"的现象。所谓"不敢写"指的是生产厂家一方面由于担心产品卖不出去，而另一方面又因新工艺白酒生产效率高，酒体也较干净，所以售卖产品即便是新工艺白酒，也不明确标明是新工艺白酒，从而进行隐瞒，或者干脆打上"纯粮酿造"的字号，对消费者进行欺骗。原本就对"勾兑"就混淆的消费者，加上厂家商家"背后"操作的曝光，更是不敢也不愿意接受新工艺白酒了。这些酒厂之所以会备受指责，关键在于没有把真实的情况告知消费者。

事实上，"勾兑"和"非法添加""白酒造假"是完全不同的概念。比如一些酒厂为控制成本，在国家允许的范围内合理使用一些常规的香料、香精物质，这本身是安全的。同样的道理，以食用酒精勾调的"新工艺白酒"，风格虽然跟纯粮酿造的名优白酒有差异，但也绝不存在令人心惊胆战的食品安全问题。

在此也特别提醒消费者，购买白酒时一定要在正规场所购买正规酒厂生产的产品，至于是酿造白酒还是新工艺白酒，可以看清标识后，根据需求自行选择。

通过上面的介绍，可以看出大家对新工艺勾兑白酒存在严重误区，这里面有消费者对勾兑不理解的原因，其实更大的原因还在于白酒生产企业。要改变这种局面，白酒生产企业和消费者都需要转变观念。为了理解这些核心内容，有利于传播正确的观念，笔者用一首诗，把相关的内容串起来，有利于理解和记忆，诗的内容如下：

新工艺勾兑白酒

勾兑技术双刃剑，谈勾色变是偏见，

新白洋酒也勾践，稳定提质勾兑现，

三精一水不是骗，诚实标注是关键，

企业消费均需变，只要合规都安全。

诗的第一句是说勾兑技术是一把双刃剑，掌握在合法的人手里面会发挥正面的作用，掌握在造假的人手里则会带来不好的结果，甚至灾难。

第二句是说谈到勾兑人们都会觉得害怕，是因为大家对勾兑有偏见。

第三句是说新工艺白酒和洋酒同样也需要勾兑的实践操作。

第四句是说为了稳定风格，提高质量，勾兑技术应运而生。

第五句是说新工艺白酒添加食用酒精、食用香精、食用糖精和水不是欺骗消费者，是符合国家标准的合法做法。

第六句是说对企业来说最关键的是要把添加的东西如实地标注在标签上，产品的类型也要如实地标注在标签上，不要误导消费者，更不能隐瞒欺骗消费者。

第七句是说白酒企业和消费者都需要转变观念，不要对勾兑有偏见。

第八句是说只要符合所有的法律法规和标准等的白酒，不管是传统白酒还是新工艺白酒都是安全的白酒。

第三节　勾三调四勾调法简介

由前面的介绍可知白酒的勾调由选酒、小样勾调和大样勾调三个过程组成。对于设计一款白酒来说，核心和关键的工作在于小样勾调试验。通过小样勾调的反复试验，可以确定选什么样的基酒，这些基酒按什么比例进行搭配，这些确定之后，大样勾调就容易了。大样就是一个按比例放大、完成配方的过程。因此，小样勾调的水平就直接决定了成品白酒的质量水平，有一套科学高效的小样勾调方法，对白酒企业来说是非常有意义的。

为了加强白酒勾调技术的交流，推动白酒勾调技术的进步，笔者根据多年的经验总结了一套简单实用的白酒小样勾调技术体系，笔者把这项勾调技术称为"勾三调四"。通过这套小样勾调方法，可以高效确定生产配方。

所谓的"勾三调四"就是指将"大宗酒""搭酒"和"带酒"三类酒进行勾兑组合，再搭配第四种酒即调味酒，从而调配出四类指标完美的白酒，这四类指标是理化指标、感官指标、成本指标和安全指标，如图5-1所示。所以勾三即指组合三类酒，调四有双重意思，一是指搭配第四种酒即调味酒，二是指搭配出四类指标完美的好酒。由于这四类指标，主要涉及到六个具体的指标和五类安全指标，因此也称"勾三六四""勾三六四全五""六度勾调法""六四五法"等。下面对勾三六四全五法的基本内容做一些简要介绍。

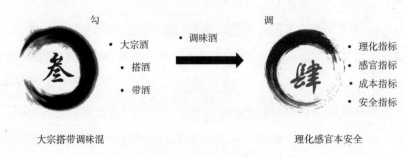

图 5-1　勾三调四勾调法

一、　勾三调四勾调法中的四

"勾三调四"中的"四"有两层意思，第一层意思是指除了大宗酒、搭酒和带酒以外的第四种酒即所谓的调味酒，另一层意思是指调配出四类指标完美的白酒。四类指标分别如下。

一是理化指标，勾调酒就是调整酒体中的各种成分的量和量的比例，使其符合相关标准，中国白酒的理化指标主要包括酒度、酯、酸等。

二是感官指标，包括感官质量好或感官质量达到预期要求，即勾调出风格和风味都好的白酒。

三是成本指标，是指酒体设计要有成本观念，以最低的成本勾调出最好的酒。

四是安全指标，是指所勾调出的酒最终都要满足食品安全要求。

二、　勾三调四勾调法中的六

"勾三调四"中的四代表的是勾调就是为了调配出四类指标完美的白酒，这四类指标主要涉及六个具体的指标，这个"六"字就是指勾酒所要达到或依据的六个准则，或者是勾调需要掌握的六阶能力。也称勾酒六法，这六个准则分别为：第一阶的酒精度，第二阶的酯含量，第三阶的酸含量，第四阶的感官质量，第五阶的酒样成本，第六阶的食品安全。简称为一度二酯有机酸，四评五本六安全。

这六个准则是按照由低到高的要求进行递升排列的。勾酒的第一阶能力是酒精度，也就是不管水平高低，最起码的要求是把酒精度勾准确了，这里要求会计算加浆量。在会勾酒精度之后，需要将酒的"微风"勾到达标，使产品标准化，既保证产品符合国家标准，也要使某一种产品稳定。对中国白酒来说，主要的"微风"有两种：一是酯类，二是酸类，对某些香型的产品来说，除了酯和酸，还有特征指标，例如米香型的 β-苯乙醇，兼香型的正丙醇等。所以，勾酒的第二层和第三层能力是把酒的酯类和酸类的含量勾到理想的范围。在主要的理化指标达到标准范围之后的第四阶能力，是在标准化的前提下，酒的感官风味稳定，而且要好。在酒的质量过关的情况下，勾酒的第五阶能力是学会控制成本，即在确定大宗酒的前提下，多使用搭酒，少用带酒等。勾酒的最后一关考验的是食品安全，也是勾酒的第六阶能力，要求勾酒人员心中永远都有一条食品安全底线，即要原料合法，过程合法，最终产品也要符合相关食品安全标准。

三、　勾三调四勾调法中的五

五代表的是五类食品安全指标。对中国白酒来说按照现有的食品安全国家标准要求，成品酒必须满足的食品安全指标有五类。这五类食品安全指标分别为原料污染物（包括氰化物和甲醇）、发酵污染物（包括杂醇油和氨基甲酸乙酯等，目前暂时没有国家标准）、不合法的外加物（包括非法添加食用酒精、香精和甜味剂等）、设备、包材等酒体接触污染物（主要包括塑化剂）和以重金属为代表的有毒有害元素（例如重金属铅）。

第四节　勾三调四勾调法口诀

通过上面的介绍，对白酒勾调的基本逻辑就有了一个清晰的认识。为了使勾三调四勾调法更具操作性，笔者把勾三调四法勾酒的内涵进一步总结成具有可操作性的口诀，这些口诀正好构成一首七律诗，诗的内容如下：

勾三调四全五

勾三调四理化先，一度学会酒度算，

二度学会把酯看，三度学会巧用酸，

四度学会品评鉴，五度学会成本算，

勾三调四五安全，如此勾调很简单。

诗的名字对勾酒的核心思路做了高度的概括，所谓的勾三调四全五意思是说勾酒由三个过程组成，依据六个四类指标准则，并要满足五类食品安全指标。

下面对诗的内容做个简单的解释。诗的第一句是说对于六度调酒法来讲，首先要使白酒的理化指标符合标准，重要的理化指标有三类。

接下来的三句就是对三类理化指标进行了分别描述。其中第二句是说对勾酒来说第一要掌握的就是不同酒精度的基酒混合后酒精度的变化规律，掌握酒精度降度的加浆量的计算方法，做到酒精度一次成型。第三句是说对勾调酒来说第二需要学会的就是根据产品标准来控制酒中微量风味成分酯类的含量，至少保证所勾酒的酯类含量合格。第四句是说对勾酒来说第三需要学会的是巧妙利用酒中的酸，既要做到保证所勾酒的酸含量合格，也要会利用酸来弥补基酒在口味口感上的一些缺陷。

第五句是说对勾调酒来说第四需要保证所勾调的酒在理化指标满足标准的前提下，酒的感官质量要过品评关，品评质量要好。

第六句是说对勾调酒来说第五个需要学会的是白酒成本的计算，知道不同的基酒对白酒成本的影响，从而做到以最低的成本勾调出最好的酒。

第七句是说对勾调的酒来说第六个需要保证的内容是所勾调的酒要符合国家食品安全指标。在目前的标准体系下，成品白酒需要满足的食品安全指标主要有五类。

第八句是说按照以上的逻辑来勾调白酒，思路很清楚，操作也很简单。

一、 一度学会酒度算

（一） 内容

指勾调酒的第一步要过酒度关，即把酒度勾调准。对勾调酒来说第一个要掌握的能力就是不同酒度的基酒混合后酒精度的计算，掌握高度酒降度加浆量的计算，做到酒精度一次成型。因为不同浓度的酒精水溶液之间的混合，常常会发生体积收缩效应，这会导致实际混合后的酒精度会和按照体积守恒的计算值之间有较大的偏差。

（二） 标准要求

酒度即酒精度，白酒的酒度在我们国家是用20℃时，100mL白酒中所含有乙醇（酒精）的体积（mL），即体积的百分数来表示，单位为%vol，在口头交流当中常用"度"来表示。酒度是白酒最基本的理化指标，其含量的波动对白酒的品质会有影响，对一款白酒来说，要求提供给消费者的酒度应该是稳定的，不能时高时低。为此，我们国家对白酒酒度的波动范围做出了限制，国家标准要求酒精度实测值与标签标示值的允许差为±1.0%vol。

在多次政府的白酒质量监督抽检当中，酒度不合格是经常出现的问题，既有实际酒度低于标签标示值的情况，也有实际酒度高于标签标示值的情况。国家食品药品监督管理总局在2015年10月至12月公布的对白酒抽检的结果显示，在这次抽检当中，总共检测了943批次样品，抽检检验项目全部合格的样品有901批次，不合格的样品有42批次。其中，检出酒精度不符合标签明示值的，总共有24批次。其中，酒精度检测值低于标签明示值的样品为23批次，高于标签明示值的样品为1批次。

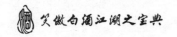

（三） 引起误差的原因

白酒勾调过程中控制酒精度是一门需要掌握的学问，在计算酒精度变化和加浆量的时候，不能简单地根据体积数进行比例换算，而要考虑密度，进行精确的计算。一般情况下为了保证酒精度，在勾酒设计的时候，最佳操作实践经验是勾调酒样的酒精度设计值建议比目标酒精度高出 0.3%vol。

酒精度不合格的原因，除了加浆量计算不准之外，其他原因主要是生产企业检验能力不足，造成检验结果偏差大，或是包装不严密造成酒精挥发或渗漏，导致酒精度降低以致不合格，也有可能是为了降低成本，将酒精度按下限进行控制。

（四） 酒精度的检测

酒精度的检测看似很简单，但是里面的学问实则很大，其实，对于白酒酒精度的精准测定是近代的事。酒精度是白酒最基本但也是最重要的一项指标，准确测定白酒的酒精度非常重要，下面就对白酒酒精度的测定做一简要介绍。

1. 经验方法

根据酒花判断酒精度的内容，前面已经有详细的介绍，这里就不再赘述。用火烧的方法也只是对酒精度做一粗略判断。

使用火烧的办法是先将白酒斟在盅内，点火燃烧，火熄后，看剩在盅内的水分多少，根据水分的数量确定该酒酒精的含量。这种方法受外界条件的影响大，所以尚欠准确。

2. 密度瓶法

现行的国家标准中，测定白酒酒精度第一法就是密度瓶法。该方法的原理是以蒸馏法去除样品中的不挥发性物质，用密度瓶法测出试样（酒精水溶液）在20℃时的密度，查表求得在20℃时乙醇含量的体积分数，即为酒精度。

具体测定时用一干燥、洁净的 100mL 容量瓶，准确量取样品（液温 20℃）100mL 于 500mL 蒸馏瓶中，用 50mL 水分三次冲洗容量瓶，洗液并入蒸馏瓶中，加几颗沸石或玻璃珠，连接蛇形冷却管，以取样用的原容量瓶作接收器（外加冰浴），开启冷却水（冷却水温度宜低于 15℃），缓慢加热蒸馏（沸腾后的蒸馏时间应控制在 30~40min 内完成），收集馏出液，当接近刻度时，取下容量瓶，盖塞，于 20℃ 水浴中保温 30min，再补加水至刻度，混匀，备用。

将附温密度瓶洗净，反复烘干、称量，直至恒重（m）。

取下带温度计的瓶塞，将煮沸后冷却至 15℃ 的水注满已恒重的密度瓶中，插上带温度计的瓶塞（瓶中不得有气泡），立即浸入（20.0±0.1）℃恒温水浴中，待内容物温度达 20℃，并保持 20min 不变后，用滤纸快速吸去溢出侧管的液体，立即盖好侧支上的小罩，取出密度瓶，用滤纸擦干瓶外壁上的水液，立即称量（m_1）。

将水倒出，先用无水乙醇，再用乙醚冲洗密度瓶，吹干（或于烘箱中烘干），用试样液反复冲洗密度瓶 3~5 次，然后装满。重复上述操作，称量（m_2）。

试样液（20℃）的相对密度按下式计算：

$$d_{20}^{20} = \frac{m_2 - m}{m_1 - m}$$

式中　d_{20}^{20}——试样液（20℃）的相对密度

　　　m_2——密度瓶和试样液的质量，g

　　　m——密度瓶的质量，g

　　　m_1——密度瓶和水的质量，g

根据试样的相对密度，查"不同温度下酒精溶液相对密度与酒精度对照表"可以得到 20℃ 时样品的酒精度。所得结果保留一位小数。

此方法在重复性条件下获得的两次独立测定结果的绝对差值，可控制在不超过平均值的 0.5% 的水平。

3. 酒精计法

在现行的国家标准中，测定白酒酒精度第二法是酒精计法。该方法的原理是用精密酒精计读取酒精体积分数示值，查表进行温度校正，求得在 20℃时乙醇含量的体积分数，即为酒精度。

所用的仪器是分度值为 0.1%vol 的精密酒精计。

具体的测定步骤是将试样液（密度瓶法制备）注入洁净、干燥的量筒中，静置数分钟，待酒中气泡消失后，放入洁净、擦干的酒精计，再轻轻按一下，不应接触量筒壁，同时插入温度计，平衡约 5min，水平观测，读取与弯月面相切处的刻度示值，同时记录温度。根据测得的酒精计示值和温度，查"温度 20℃时酒精计浓度与温度换算表"，换算为 20℃时样品的酒精度。所得结果应保留一位小数。

此方法在重复性条件下获得的两次独立测定结果的绝对差值，可以控制在不超过平均值的 0.5%的水平。

4. 数显仪器法

密度瓶法和酒精计法的共同优点都是所用的测定设备成本低，共同的缺点是操作繁琐、耗时、消耗的白酒样品量大，至少需要 100mL 以上。测定过程必须要在一个专门的化验室里才能进行，测定完不能马上得到酒精度的结果，需要查表，并进行内插法计算才能得到结果，需要专业的检测人员，检测人员要有一定的经验才能保证测定的准确性。用密度瓶法和酒精计法测定一个白酒样品的酒精度，都需要对酒样进行蒸馏前处理，完成整个测定过程，至少需要两三个小时。

在白酒勾调过程中，需要经常测定勾调小样的酒精度，对小样勾调来说，存在两个主要的问题，一是酒样的体积量少，二是需要及时快速测定结果。显然目前国家标准里推荐的这两种测定方法都不适合，因此需要一种样品消耗量少、快速准确并且能马上出结果的测定方法。奥地利安东帕公司生产的手持数显 DMA35 密度计正好可以完美地解决这个问题，该仪器的外形如图 5-2 所示。使用该仪器测定白酒的酒精度操作过程非常简单，只需按下按钮，吸取样品后，即刻便能读取酒精度、密度等参数，既省时又省力。

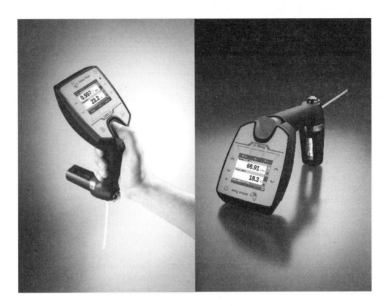

图 5-2　手持数字密度计 DMA35

使用该仪器测定白酒的酒精度时，只需 3mL 样品，能够通过显示屏直接给出检测结果，不需查表换算，有温度自动校正功能，也就是说使用该仪器测定酒样的酒精度时，不需要对样品进行 20℃ 的恒温预处理，节省很多繁琐的操作，整个测定过程只需数秒。

该仪器测定白酒样品的精密度特别高，笔者对一个酒样使用该仪器连续测 5 次的结果分别为：52.9%vol，52.9%vol，52.9%vol，52.8%vol，52.9%vol，经计算该结果的精密度为 0.08%，远低于国家标准推荐方法的 0.5%。

奥地利的安东帕公司是一家专业做密度计的国际化公司，该公司于 1967 年推出了世界上第一台数显密度计，此后不断地进行更新换代，至今在密度和浓度测量领域已有超过 50 年的行业经验，是密度和浓度测量领域的先驱者和市场领导者，在国际啤酒、烈酒及葡萄酒行业中具有垄断地位。安东帕公司具有全球最全最专业的密度和浓度测量仪器和解决方案，目前安东帕公司可以用于白酒酒精度测量的手持式产品主要有四个型号，分别为基础型的

DMA35、防爆型的 DMA35EX、基础版 Snap41 和高精版 Snap51 酒精计，这四款仪器的特点和性能如表 5-1 所示。

表 5-1　　　　　安东帕公司手持数字密度计产品的特点和性能

项目	DMA35 和防爆型的 DMA35EX	Snap41 基础版/Snap51 高精版
操作特点	1. 左手或右手单手操作，直接显示酒精度（%体积分数或%质量分数）、密度、相对密度、温度等结果 2. 仅需 3mL 样品量，最快数秒内即可得到结果 3. 环境温度下实时测量，结果自动换算为 20℃ 结果 4. 最佳的 U 形管位置和可更换设计 5. 独家 ATEX 认证防爆版本，适用于有防爆需求的场合	1. Snap41 简单显示酒精度，Sanp51 可额外显示多种参数 2. 仅需 3mL 样品量，最快数秒内即可得到酒精度结果 3. 环境温度下实时测量，结果自动换算为 20℃ 结果 4. Snap51 独特的金属测量池设计，温度稳定性更好，结果准确度更高，并且耐摔抗腐蚀
分辨率	酒精度：0.1 %vol 密度：0.0001g/cm³ 温度：0.1℃	酒精度：0.1 %vol 密度：0.0001g/cm³ 温度：0.01~0.1℃

二、 二度学会把酯看

（一） 内容

指勾调的第二关，要过酯含量关，即要把主要的酯含量调合格。对勾酒来说第二阶需要学会的能力，就是根据产品标准来控制酒中微量风味成分酯类的含量，至少保证所勾酒的酯类含量合格。

（二） 酯的作用

酯是中国白酒中重要的呈香风味成分，中国白酒之所以有众多的香型，最主要的原因就是白酒中酯含量的量和量比不同而引起的。从有机化学的知识可以知道，酸和醇反应可以生成酯，在白酒中最多的醇是乙醇，以百分比的浓度存在，因为含量极高，因此可以和白酒中存在的很多有机酸发生酯化反应，生成相应的某酸乙酯。因而，在白酒行业有这么一句话，即"有什么样的酸，就会有什么样的酯"，这里的酯应该是指乙醇酯即某酸乙酯。微量分析表明我国白酒中酯类超过三十种之多，芳香的酒和名酒中一般含酯量均较高，平均在2g/L以上，白酒中所含各种酯类，其香气和对酒质的影响是不同的，白酒中最主要的酯有四种，即乙酸乙酯、乳酸乙酯、丁酸乙酯和己酸乙酯，这四种酯在白酒行业被称为"四大酯"，占总酯含量的90%以上。浓香型白酒还含有较高的甲酸乙酯，清香型白酒中还有琥珀酸乙酯。

乙酸乙酯的呈香呈味特征为有苹果香、有刺激感，带涩味，具有白酒的清香感，是清香型白酒的主体香味成分。乳酸乙酯的呈香呈味特征为香气弱，有脂肪气味，适量的时候有浓厚感，大量的时候有刺激味、带涩味和苦味。丁酸乙酯的呈香呈味特征为脂肪臭比较明显，有类似菠萝香味，味涩，爽快可口。己酸乙酯的呈香呈味特征为有菠萝果香气味，味甜爽口，具有白酒窖香感，带刺激涩感，是浓香型白酒的主体香味成分。

浓香型白酒香气浓郁、绵甜甘洌、香味悠长，是因为其中四大酯的比例较为独特，己酸乙酯的含量高，己酸乙酯阈值低，故而浓香型白酒香气浓郁。如剑南春四大酯比例为己酸乙酯>乙酸乙酯>乳酸乙酯>丁酸乙酯，从而赋予了剑南春绵甜甘洌的特点。泸州老窖是浓香型酒的代表，它的四大酯比例与剑南春的截然不同，使泸州老窖具有浓香特点。清香型白酒四大酯比例也比较独特，乙酸乙酯>乳酸乙酯>己酸乙酯>丁酸乙酯，从而形成了清香型酒清爽甘洌、香味协调的独特风格。总之，四大酯的量和量比关系非常重要。要生产什么香型的酒，就必须有与其相适应的酯的比例关系，勾兑时一定要慎重。

酯类化合物不但可以影响白酒的质量风格，一定量的酯类的存在还可以使体系的饱和蒸气压降低，延缓其他组合的挥发速度，起到香气持久和稳定香气的作用。酒要香，就必须有较高含量的酯，酯含量低的酒香不了。大多数厂家为了使酒更香，采取了不少措施，如延长发酵期、泥包发酵、添加酯化液等，都在千方百计地增加酒的酯含量，从而提高酒质。要想产高质量的酒，就必须有高质量工艺和技术，没有捷径，只有踏踏实实地做，才能产出好酒。中国白酒能独立于世界酒林，是因为中国含有洋酒无法相比的高酯含量，中国白酒的香是中国酒的特色。

（三） 标准要求

在勾调白酒的时候，要熟悉相应白酒标准对酯含量的要求。既要关注总酯的含量，也要关注单一酯的含量和比例。一般白酒总酯量应为 0.5g/L 以上（以乙酸乙酯计），粮食酒应为 1g/L 以上。高度浓香优级酒的总酯含量要求大于等 2.0g/L。主要香型白酒标准对酯含量的要求见表5-2。

表5-2 主要香型白酒的酯含量的标准要求 单位：g/L

香型	标准	总酯	己酸乙酯	乙酸乙酯	乳酸乙酯	乳/乙	丁酸乙酯	丙酸乙酯
酱香型	GB/T 26760	2.2	0.3	—	—	—	—	—
浓香型	GB/T 10781.1	2	1.2~2.8	—	—	—	—	—
清香型	GB/T 10781.2	1	—	0.6~2.6	—	—	—	—
米香型	GB/T 10781.3	0.8	—	—	0.5	—	—	—
芝麻香型	GB/T 20824	2.2	0.1~1.2	0.6	—	—	—	—
老白干香型	GB/T 20825	1.2	0.03	—	0.5	0.8	—	—
豉香型	GB/T 16289	14mmol/L，酸酯总量	—	—	—	—	—	—
兼香型	GB/T 23547	2	0.6~2	—	—	—	—	—
凤香型	GB/T 14867	1.6	0.25~1.2	0.6	—	—	—	—
特香型	GB/T 20823	32mmol/L，酸酯总量	—	—	—	—	—	20mg/L
馥郁香型	GB/T 22736	2	0.8	0.6	—	—	—	—
董香型	DB/T 550	0.9	—	—	—	—	0.3	—
小曲清香型	GB/T 26761	0.6	—	0.3	—	—	—	—
液态法白酒	GB/T 20821	0.4	—	—	—	—	—	—
固液法白酒	GB/T20822	0.6	—	—	—	—	—	—

三、 三度学会巧用酸

（一） 内容

指勾调的第三关是要过酸含量关，即要把酸含量调合格，并且巧妙利用酸的功用。对勾酒来说第三阶需要学会的能力是巧妙利用酒中的酸，既要做到保证所勾酒的酸含量合格，也要会利用酸来弥补基酒在口味口感上的一些缺陷。

（二） 酸的作用

白酒中的酸绝大部分是有机羧酸（RCOOH）。它们在白酒中的地位和作用近年有更深入的认识，酸是主要的谐调成分，酸的作用力最强，功能十分丰富，影响面广，也不容易掌握好。

一般来说酸量不足的酒易有苦味，酸量适中的酒会带有甜味，酸量过多酒可能不苦，但会使酒带糙或产生别的问题。因此，酸的勾调十分重要。酸对酒的作用可以总结为"酸少适多苦甜糙，压香增味催酒老"，下面就酸对白酒的作用进行详细介绍。

1. 减轻酒的苦味

正丁醇小苦，正丙醇较苦，异丁醇苦味极重，异戊醇微带苦，酪醇含量为 0.5mg/L 时就苦，丙烯醛是持续性的苦，单宁和酚苦涩，一些肽也呈苦味。如果有适量的有机酸存在，这些物质引起的苦味可以得到减轻。

2. 白酒最好的呈味剂

酸是中国白酒重要的显味风味成分，对提高白酒绵甜感起到很重要的作用，白酒缺乏酸类（如液态法白酒），酒体会显得单薄，欠柔和，呆滞，邪杂味露头，酒发苦，不干净，酒口味寡淡，后味短淡，酒体不丰满。

（1）可出现甜和回甜　在色谱骨架成分合理的情况下，只要酸量适度，比例谐调，可使酒出现甜味和回甜感。

（2）增加酒的味道　人们在饮酒时，总是希望味道丰富。而有机酸能使酒变得口味丰富而不单一。

（3）可适当减轻中、低度酒的水味。

（4）增加酒的后味　即指酒的味感在口腔中保留时间的增长。

（5）消除燥辣感，增加白酒的醇和度。

（6）减少或消除杂味。

白酒口感的重要评价标准之一是净，即指酒没有杂味，更不能有怪味。在消除白酒杂味功能上，羧酸比酯、醇、醛的效果更好。

3. 对白酒香气有抑制和掩蔽作用

含酸量偏高的酒，对正常酒的香气有明显的压抑作用，俗称压香。也就是说，酸量过多，使其他物质的芳香阈值增高了，放香程度在原来的基础上降低了。酸量不足时，会普遍存在酯香突出，酯气复合程度不高等现象。酸在解决酒中各类物质之间的融合程度，改变香气的复合性方面，有一定程度的强制性。总的来说，酸压香提味，而乙醛和乙缩醛则是提香压味。

4. 新酒老熟的催化剂

存在于白酒中的酸自身就是老熟的催化剂。它的组成情况和含量多少，对白酒的谐调性和老熟的能力有所不同。控制好入库新酒的酸度，以及必要的谐调因素，对加速酒的老熟起到很好的作用。

酸也是生成酯类物质的前体物质，没有酸就生不成酯，所以，要勾兑多高的酯，就要配比多高的酸。清香型酒的酸含量没有浓香型白酒高，因而酯含量也没有浓香型高，酒也就没有浓香型的酒香。

白酒中的四大酸是指乙酸、丁酸、乳酸和己酸。乙酸的呈香呈味特征为醋酸气味，爽口带酸微甜，带刺激。丁酸的呈香呈味特征为闻着有脂肪臭，微酸、带甜。乳酸的呈香呈味特征为脂肪臭，入口微酸、甜，带涩、具有浓厚感。己酸的呈香呈味特征为强烈脂肪臭，有刺激感，类似于大曲酒气味，爽口。

四大酸是白酒的主体酸，占总酸的90%以上，它们的协调配比，为中国白酒带来了丰富神奇的口感，创造了中国白酒的众多香型和风格流派。

不同香型和不同酒质的酒，其四大酸的含量也不相同。"五粮液"己酸含量最高，占总酸含量的35%，其次是乙酸，占总酸含量的23%。"汾酒"的乙酸含量高，占总酸含量的70%以上。米香型"三花酒"乳酸、乙酸含量高，乳酸占总酸含量的80%。酱香型白酒与浓香型白酒相似，乳酸、乙酸、己酸和丁酸是其主体酸，其中乳酸含量高，占一半。"西凤酒"的主体酸是乙酸和己酸。

多种粮食的酒比单一粮食的酒口感好，这是大多数单一粮食浓香型白酒的生产厂家改生产多粮型酒的原因，因为多粮型酒的酸比单粮型酒的酸结构和配比协调平衡。单粮型酒普遍乳酸含量多，口感浓厚，容易造成酒后味发涩。五粮型酒己酸含量普遍偏高一点，酒口感比较丰满细腻，后味干净。川酒的口感好，主要原因之一是川酒生产中母糟经黄水浸泡，为母糟提供了协调而丰富的酸类物质，酸的结构及配比协调。而其他地方生产白酒是将黄水单独存放在窖底小坑内，使黄水未能浸泡母糟，而是产一点黄水，就流走一点，糟醅酸含量少，酸类物质的结构不完全协调平衡。所以，四大酸的结构和平衡性，对酒质的影响也非常大，是勾调工作中的重要环节，也是酒体设计的核心部分。

另外，酸不协调的酒，饮后容易上头、口渴，对人的健康不利。酸含量过高的酒，会使酒变得粗糙，放香差，闻香不正，发涩，酒体不协调，一种酸过头，也会给酒质造成极大的危害，例如乙酸含量多的酒，酒体刺激感强，而适量的乙酸会使酒有爽快感。酸低的酒，邪杂味露头，酒发苦，不干净，单调，酒口味寡淡，后味短淡，酒体不丰满。在勾兑时要尽量避免这种现象的发生。四大酸与酒质的关系是非常重要的，勾兑时要特别注重它的配比和含量。

（三）　酸的标准

在勾调白酒的时候，要熟悉相应白酒标准对酸含量的要求。要关注总酯含量，也要关注单一酯的含量和比例。高度浓香优级酒的总酸含量要求大于等于 0.4g/L。各香型白酒标准对总酸及其他特征指标的要求见表 5-3。另外，白酒中其他一些风味物质的含量如表 5-4 所示。

表 5-3　　　　　　主要香型白酒高度优级酒总酸及其他理化要求

香型	标准	总酸/ (g/L)	苯乙醇/ (mg/L)	正丙醇/ (g/L)	3-甲硫基丙醇/ (mg/L)	固形物/ (g/L)
酱香型	GB/T 26760	1.4	—	—	—	0.7
浓香型	GB/T 10781.1	0.4	—	—	—	0.4
清香型	GB/T 10781.2	0.4	—	—	—	0.4
米香型	GB/T 10781.3	0.3	30	—	—	0.4
芝麻香型	GB/T 20824	0.5	—	—	0.5	0.7
老白干香型	GB/T 20825	0.4	—	—	—	0.5
豉香型	GB/T 16289	14mmol/L, 酸酯总量	40	—	—	0.6
兼香型	GB/T 23547	0.5	—	0.25~1.2	—	0.8
凤香型	GB/T 14867	0.35	—	—	—	1
特香型	GB/T 20823	32mmol/L, 酸酯总量	—	—	—	0.7
馥郁香型	GB/T 22736	0.4	—	0.1	—	0.6
董香型	DB/T 550	0.9	—	—	—	0.5
小曲清香型	GB/T 26761	0.4	—	—	—	0.5
液态法白酒	GB/T 20821	0.25	—	—	—	—
固液法白酒	GB/T20822	0.3	—	—	—	—

表 5-4　　　　　　　　重要风味成分在白酒中的含量

序号	组分	香味特征	含量/ (mg/100mL)
1	乙醛	果香，生木气味，刺激感，带涩	15~30
2	甲酸乙酯	桃香或荔枝味，味酸略有涩感	微量~20
3	乙酸乙酯	苹果和香蕉的水果香气，有辛、糙感	50~150

续表

序号	组分	香味特征	含量/（mg/100mL）
4	丙酸乙酯	菠萝香，略有芝麻香	约2
5	正丙醇	似酒精气味，香气清雅，微燥	10~160
6	仲丁醇	杂醇油味	3~6
7	乙缩醛	舒适、轻微的中药气味	30~100
8	异丁醇	味微苦，较柔，较醇净，稍有苦涩	酱香：10~20；浓香：10~30；清香：30~70；米香：40~70；药香：30~60
9	正丁醇	水果香、臭	酱香：7~10；浓香：6~8；清香：1~2；米香：4~10；药香：10~30
10	丁酸乙酯	菠萝香、苹果香	酱香：5~18；浓香：15~50；清香：微量；药香：约100
11	异戊醇	水果香、臭	酱香：46~80；浓香：25~60；清香：30~50；米香：60~90；药香：60~90
12	正戊醇	水果香	酱香：约3；其他香型：微量
13	戊酸乙酯	底窖香，味较长	酱香：约6；浓香：5~15；清香：微量；米香：微量
14	乳酸乙酯	乳酸乙酯香弱、不爽、微甜，	酱香：约100；浓香：120~200；清香：约160；米香：110~140
15	正己醇	醇浓带甜，尾味长，略带油味、微辛	1~8
16	糠醛	焦烟臭	酱香：10~30；浓香：1~5
17	己酸乙酯	菠萝香，味甜、爽口	酱香：<30；浓香：180~250；清香：<3；米香：微量；药香：70~90

四、 四度学会品评鉴

指勾调的第四关是要过品评关，调出感官质量满意的酒品，即勾调好的酒风格风味都比较理想。对勾调白酒来说第四个需要保证的是所勾调的白酒在理化指标满足标准的前提下，酒的感官质量要过品评关，风格和风味都很完美。

白酒的品评、勾兑与调味这几项工作在白酒生产工作中极其重要，对成品酒的感官质量起着重要的作用。白酒的品评、勾兑与调味是提高产品质量的一个不可分割的整体。品评是判定酒质好坏，是勾兑、调味的主要依据，而勾兑和调味又都是在品评的基础上进行。有人形容勾兑是"画龙"，调味是"点睛"，品评是鉴评。所以说品评是勾兑、调味的前提，没有品评就谈不上勾兑，不会品评的人也不能胜任有水平的勾兑和调味工作。

品评是勾调的基础，贯穿整个白酒的勾调过程，即品评的对象不只是组合酒，勾调的小样酒，也要品评基酒和调味酒。勾兑是个细心的技术活，在勾兑前应先查阅酒库贮存酒的卡片，了解陈酒的酒龄、轮次和酒精度等，决定选用哪些酒来勾兑。然后将选用的酒逐坛取样品评，看是否符合产品质量标准。

在品评时，要准确掌握基础酒和调味酒的特点。基础酒是无异味、柔和、香味较好，符合一定质量标准且初具一定风格的酒；调味酒应是无异味，香气浓郁，典型性特强的酒，如果某种或某几种香味成分含量特别高，可以弥补基础酒的某一缺陷。

在装瓶之前也要进行感官品评，以鉴定是否发生变调现象以及质量是否符合标准，以保证产品灌装前的质量，对装瓶后贮存期较长的低度白酒在出库前也要进行感官品评，以检验其质量是否发生变化，是否因物理、化学变化等原因造成质量不稳定，以确保出厂产品质量的一致，有些企业为了保证出厂酒的质量，装瓶之后要在库房放置一天，甚至一年。

勾调好的酒样，其质量要达到以下五点要求。

一是风格典型，个性突出。白酒的典型性，也称为白酒的风格，是构成白酒质量重要的组成部分。不同香型的白酒会有不同的典型风格；同一香型的白酒也有一定的风格特征，具有各自的典型特征。通过勾兑和调味，首先要突出产品本身固有的典型风格，达到稳定产品风格的目的。

二是香气平衡，白酒香味成分保持适宜的量比关系。白酒是由很多香味成分组成的复杂混合物，其中某些香味成分起到主要作用。通过勾兑和调味，可以调整白酒中香味成分的组成，从而使重要的微量风味成分的含量保持适宜的量和量比关系，使白酒香气和口味以及香与味之间保持平衡。

三是香味协调，香与味的协调更好、更完美。

四是相互缓冲，风味悠长。部分物质对香气的助香作用称作缓冲作用。对白酒的香或味起到的协调作用称之为缓冲作用。如酸类物质和醛类物质是很好的协调成分，可以使酒质绵软，从而起到缓冲作用。

五是酒水分子缔合充分。白酒在贮存过程中，由于酒精和水之间会产生缔合作用，形成了缔合结构，增加了水分子约束酒精分子的活性，从而降低了酒精分子的刺激性，使酒体变得柔和，浑然一体。

五、 五度学会成本算

（一） 内容

勾调白酒的第五关是成本关，会综合权衡酒的成本。对勾调白酒来说第五个需要学会的能力是对白酒成本的计算，知道不同年份的基酒对白酒成本的影响。

（二） 基本的原则

进行酒体勾调时要有成本观念，勾调的成本原则就是做到以最低的成本勾出最好的酒。

（三） 酒的价格构成

1. 酒的销售价的结构

中国传统白酒的酿造过程是一个你中有我、我中有你的"循环交互式的"的过程，因此一瓶白酒的成本是很不容易算清楚的，甚至可以说是无法准确计算的。所谓的"循环交互"是说一瓶中可能有当年新酿造的酒，也可能有几十年前酿造的老酒。但是作为白酒企业，保持一定的利润水平不是"唯利是图"的表现，而是为社会负责的行为，因此即使白酒的成本不容易算清楚，作为勾调人员也要掌握一套行之有效的评估方法。首先要了解白酒出厂销售额的构成，据笔者总结，白酒的销售额由变动工业成本、变动商业成本、固定成本、企业利润和政府税收五部分构成。

变动工业成本和变动商业成本加起来就是变动成本，变动成本和固定成本相对。制造企业的变动成本是与生产成本直接相关的，包括直接人工、直接材料、辅助成本、制造费用中与生产有关的分摊费用，营业费用中的促销费用，销售人员的提成工资等。

制造企业的固定成本有管理费用、营业费用，制造费用中的固定资产折旧、车间管理人员工资和办公费用、差旅费用等。

区分固定成本和变动成本，有助于进行成本分析和寻求降低成本的途径。要降低单位成本中的固定成本，主要应从节约各个时期的绝对支出数和增加产品产量或商品流转量着手。下面是白酒销售额五部分的构成比例情况。

变动工业成本主要由生产成本组成，占 40%~50%。

变动商业成本主要由促销费用组成，占 20%~30%。

固定成本主要由管理费用组成，占 10%左右。

企业利润，至少要预留 10%以上。

企业的综合税负，至少是销售额的 15%以上。

税费计算公式为：应纳税额=销售额×比例税率+销售数量×定额税率。白酒消费税是按照 20%的从价税率和 0.5 元/斤的从量税计算的。消费税是在对货物普遍征收增值税的基础上，选择少数消费品再征收的一个税种，主要是为了调节产品结构，引导消费方向，保证国家财政收入。现行消费税的征收范围主要包括：烟、酒、鞭炮、焰火、化妆品、成品油、贵重首饰及珠宝玉石、高尔夫球及球具、高档手表、游艇、木制一次性筷子、实木地板、摩托车、小汽车、电池、涂料等税目，有的税目还进一步划分若干子目。

2. 变动工业成本

由上面的分析可以知道，白酒的基础酒成分，应属于变动工业成本当中，白酒变动工业成本主要包括包装材料成本、原材料成本，辅助材料成本、能源成本及人员工资成本五部分。一般酒的变动工业成本构成如下。

包装材料成本占变动工业成本的50%左右。

原材料成本占变动工业成本的30%左右。

能源占变动工业成本的10%左右。

工资占变动工业成本的7%左右。

辅助材料占变动工业成本的3%左右。

原材料成本主要是指酿造白酒的粮食成本，根据变动工业成本的构成和销售价格的构成，可以估计出白酒的出厂价格应为原料成本的1÷30%÷40%倍（粮变销售三四成，即粮食成本是变动工业成本的三成，变动工业成本是销售额的四成），即8倍左右。若简单的按照2.5斤高粱1斤的出酒率来估算，酿酒高粱4元/斤，则一瓶白酒的出厂价格应在80元以上。

另外，这里估计的白酒的出厂价格，不是白酒终端销售价格，按照一般白酒的销售定价是出厂价的3倍，是一级经销商的三分之二，则白酒的终端售价则在240元以上。

这里需要说明的是，这里只是非常简单地作了一个示例分析而已，实际情况要比这里复杂很多，所以价格也是千差万别。

根据国家统计局公布数据，对我们国家的白酒出厂价格做了一个测算，如表5-5所示。2016年我国白酒市场销售额为6125.7亿元，总产量1358万千升，考虑到其中的部分被作为原酒进行储存，实际销量估计在1100万千升上下，其中高端酒 5 万千升，次高端酒 4 万千升，中端酒 102 万千升，剩余部分为 100 元/瓶以下的低端酒。销量结构表现为极度的不平衡，高端、次高端合计占比不足 1%，市场上销售的近 90% 的产品仍然是单瓶价格低于 100 元的低端产品。

表 5-5 　　　　　　　　我国白酒实际出厂价格测算 （ 2016 年 ）

分市场	价格区间	代表产品	销量/ 万千升	价格/ （万元/千升）	规模/ 亿元
高端	>500 元/瓶	茅台，五粮液、国窖 1573	5	150	750
次高端	300~500 元/瓶	剑南春，水井坊，青花酒，舍得	4	60	240
中端	100~300 元/瓶	海/天之蓝，古井，口子窖	102	25	2550
低端	<100 元/瓶	金种子，牛栏山二锅头，劲酒等	989	2.6	2585.7
合计			1100	5.6	6125.7

（四） 白酒成本估算口诀

上面对白酒的成本做了粗略的估算，主要目的是让大家知道白酒成本和出厂价和终端销价区别很大，在勾调过程中一定要树立成本观念，并积累实际经验。为了更好理解白酒价格的相关内容，笔者把相关的内容融合在一首诗里面，诗的内容如下：

白酒的成本

白酒成本费思量，抓住宏观简化项，

变动工商固利税，四十二十变工商，

三七一零三五成，辅助工能原包装，

终端价格三出厂，出厂价格八倍粮。

诗的第一句是说白酒成本算清楚是很难的。

第二句是说为了估算成本或售价，建议抓住宏观的比例，简化一些无法切割的成本项。

第三句是说根据简化的原则，白酒的出厂售价可分成变动工业成本、变动商业成本、固定成本、利润和税收共五项。

第四句是说变动工业成本占40%，而变动商业成本占20%。

第五句和第六句描写的是变动工业成本的五项构成。是说变动工业成本按照从小到大顺序排列分别为辅助原料成本、工资成本、能源成本、原料成本和包装成本五项，这项的占比分别为3%、7%、10%、30%和50%。

第七句和第八句对粮食成本与出厂价，终端销售价格之间关系做了总结。意思是说根据上面的科目项和项的占比，可以算出白酒的出厂价格是粮食成本的八倍左右（1/30%/40% = 8），而终端销售价格为出厂价格的三倍左右。

六、 勾三调四五安全

（一） 内容

指勾调白酒第六方面是要保证五类食品安全指标的合格。对勾调酒来说，第六阶需要学会的能力是要保证所勾调的酒符合国家食品安全指标。根据目前我们国家的食品安全标准体系及国际上对蒸馏酒的要求，总结起来成品白酒需要满足的食品安全指标主要有五类。

（二） 总体原则

酒体勾调时心中要有食品安全底线，要保证原料合法，生产过程合法，最终的成品酒符合食品安全限量标准。

（三） 要求

要保证最终的成品酒合格，需要做到材料合法，过程合法，成品要满足相关的食品安全国家标准。根据目前我们国家现行的食品安全国家标准及国

际上对蒸馏酒的要求，总结起来，成品白酒需要满足的食品安全国家标准主
要有五类。这里需要说明的是，这五类指标是根据目前现行标准体系总结出
来的，应该说随着研究深入，这五类食品安全指标可能会发生变化。这五类
食品安全指标见表5-6。

表5-6　　　　　　　　　成品白酒需要遵守的食品安全指标

序号	类别	项目	要求
1	原料污染物	甲醇/（g/L）	≤0.6；≤2.0（非谷物）
		氰化物（以 HCN 计）/（mg/L）	≤8.0
2	发酵污染物	氨基甲酸乙酯	暂无国标
		杂醇油/（g/L）	2（老标准）
3	有毒元素	铅（以 Pb 计）/（mg/L）	≤0.5
4	塑化剂	邻苯二甲酸二丁酯 DBP/（mg/kg）	0.3
		邻苯二甲酸二（2-乙基）己酯 DEHP/（mg/kg）	1.5
		邻苯二甲酸二异壬己酯 DINP/（mg/kg）	9
5	非法添加物	食用酒精	不得检出（固态酒）
		食用香精	不得检出（固态酒）
		阿斯巴甜	不得检出（固态酒）
		N-［N-（3,3-二甲基丁基）-L-α-天门冬氨酰］-L-苯丙氨酸-1-甲酯（又名纽甜）	不得检出（固态酒）
		三氯蔗糖	不得检出（固态酒）
		糖精钠	不得检出（固态酒）
		乙酰磺胺酸钾（又名安赛蜜）	不得检出（固态酒）
		环己基氨基磺酸钠（又名甜蜜素）	不得检出（固态酒）

注：甲醇、氰化物指标均按100%酒精度折算。

作为勾酒人员，一定要熟悉国家及国际上对蒸馏酒食品安全指标的限制
标准，在勾酒过程中不能违规使用食用酒精、食用香精、甜味剂，也不能使
用塑化剂超标的基酒。笔者把五类食品安全指标及其限量要求融合在了十二
句诗句里，以便记忆，诗句的内容如下：

白酒五安全

原料发酵重塑添，甲氰百度点五铅，
杂氨三塑三种添，酒精香精六个甜，
丁二乙己加异壬，三氯阿纽赛钠甜，
杂醇两克氨基无，三一五九添不检，
粮谷甲醇零点六，其他两克龙舌兰，
八个毫克氢氰酸，白酒出口氨基限。

诗的第一句首先把目前和白酒息息相关的五类安全指标进行了列举，意思是原料污染物、发酵污染物，以重金属为代表的有毒有害元素，以塑化剂为代表的和酒体接触后发生迁移的污染物和在固态发酵酒中添加的非法外来添加物。

第二句是说酒的原料污染物目前主要有甲醇和氰化物，这两者都是以100%酒精度来计的，重金属铅的限量标准为 0.5mg/L。

第三句是以杂醇油和氨基甲酸乙酯为代表的发酵污染物，以三个塑化剂为代表的塑化剂及在传统固态酒中添加的三类非白酒发酵产生的外来添加物。

诗的第四句列举了三种添加物即酒精、香精和六个甜味剂。

诗的五句把三个塑化剂代表的名称列出，即分别是邻苯二甲酸二丁酯，邻苯二甲酸二（2-乙基）己基酯和邻苯二甲酸二异壬酯。

第六句则把六个甜味剂代表的名称列出，即分别是三氯蔗糖、阿斯巴甜、纽甜、安赛蜜、糖精钠和甜蜜素（环己基氨基磺酸钠）。

第七句把发酵污染物的限量标准进行了描述，杂醇油和氨基甲酸乙酯目前都无国家标准限量要求，1981 年版的国家标准 GB 2757—1981 对白酒中的杂醇油是有限量标准的，当时标准要求是不高于 2g/L。

第八句描述了三个塑化剂和外来添加物的限量标准。意思是说邻苯二甲酸二丁酯、邻苯二甲酸二（2-乙基）己基酯和邻苯二甲酸二异壬酯的限量标准分别为 0.3mg/L、1.5mg/L 和 9.0mg/L，而外来添加物都要求不得检出。

第九句和第十句把甲醇的限量要求表达出来。意思是说粮谷类蒸馏酒甲醇的限量标准是 0.6g/L，其他类蒸馏酒甲醇的限量标准则提高到了 2g/L，据说是为了龙舌兰能进口到国内而提高的。

第十一句描写的是白酒对氰化物的限量标准。意思是说对白酒中氰化物的限量标准是以氢氰酸计，为 8.0mg/L。

第十二句是关于氨基甲酸乙酯的问题。目前我们国家对氨基甲酸乙酯还没有限量标准，但是国际很多国家对蒸馏酒的氨基甲酸乙酯都有限量要求，因此对于出口到国际上的中国白酒需要检测氨基甲酸乙酯的含量。

第五节　勾三六四全五的解读

"勾三六四全五"也指勾调白酒由试验配方、选择配方和完成配方三个过程组成，在小样勾调反复试验配方时，主要依据四类六个指标，并且要使最终的成品白酒满足五类食品安全指标。在这个名词当中有四个重要的数字，一是三，二是六，三是四，四是五。白酒的勾调是一门学问很深的技术，全面深入掌握其中包涵的内容，对提高勾酒的效率和水平具有非常重要的意义。为此将该技术名称中的数字和勾酒的重要原理进行关联，这样有利于记忆和系统理解勾调的技巧。下面对每个数字关联的勾调原理或规则进行详细的解读。

一、　三的解读

关于三，前面已经做出了解释，是指勾酒由试验配方、选择配方和完成配方三个过程组成，除此之外，在勾调技术中还有其他一些内容和三有关。

勾调过程中涉及三个重要的技术分别是品评、勾兑和调味。

勾调是由小样试验配方、选择配方、大样完成配方三个过程组成。

勾兑由选酒、小样组合和大样组合三部分组成。

调味由选酒、小样调味和大样调味三部分组成。

用于组合的基酒可以分大宗酒、搭酒和带酒三类。

勾调的三个基本原理是添加作用、平衡作用和化学反应。

表示勾调的三大作用分别是调整重要微量风味成分的量和量比关系，除杂增香，稳定和提高酒质，即统一标准、完美风味和降低度数到目标酒度。

二、 六的解读

六和四原本指的是勾调的六四准则，除此之外，在勾调的时候还有其他一些内容和六有关系，分别详述如下。

在勾兑或组合酒样时应注意六种酒的配比关系即一是老酒和一般酒的比例；二是老窖酒和新窖酒的比例；三是不同糟层酒之间的混合比例；四是不同发酵期所产的酒之间的比例；五是不同季节所产酒的配比；六是全面运用其他各种酒的配比关系。

在勾调的时候不同基酒之间的混合，混合后的风味质量存在六种变化规律。

一是好酒与好酒勾兑，一般来说质量总是提高的；

二是好酒与好酒勾兑，如果比例不当，也可能使勾兑后的酒质量下降；

三是差酒与差酒相勾兑，一般是变差，但是勾兑后的酒也可以变好酒；

四是好酒与差酒相勾兑，勾兑后的酒可以变好酒；

五是有杂味的酒不一定是差酒，除了作搭酒外，还可作调味酒，可能是好酒。例如苦、酸、涩、麻的酒，也可能是好酒。后味苦的酒，可以增加酒的陈酿味。后味涩的酒，可以增加酒的香味，除了作搭酒，还可作带酒。有焦煳味的酒，有酒尾味的酒，以及有霉味、倒烧味、丢糟味的酒，如果这些酒异味较轻微而又有其特点，可作为搭酒，也可作为带酒，少量用以勾兑，可增加酒的香气。

六是勾兑需要大量的老酒，陈味突出的老酒才能在压暴香、增加陈味上，起到作用。

在以酒勾兑酒的实践中，可总结出一些口诀要点：

> 浓香可带短淡单，微涩微燥醇和掩，
>
> 苦涩与酸三相适，味新味闷陈酒添，
>
> 放香不足添酒头，回味不足加香绵，
>
> 香型气味须符合，增减平衡仔细研。

这些原则同样适用于各种香型酒的调味。

三、 四的解读

四除了指勾酒的四类指标外，在勾调酒样时，还有不少内容和四有关联，例如四表示小样组合试验时按四个步骤来进行即第一步是进行大宗酒的组合；然后第二步是试加搭酒；第三步是添加带酒；第四步是进行组合验证检查。

四、 五的解读

五指五类食品安全指标，除此之外五还表示调味试验具体可分五个步骤来进行即第一步是确定基础酒的优缺点；第二步是选用调味酒；第三步是选择小样调味的工具；第四步是小样调味；第五步是大样调味。

五在调味倍增中的法则作用如下。传统的调味试验是在 50mL 酒样中添加 1 滴调味酒，即相当于添加了万分之一的量，试验时按照一滴一滴的递增量往上增加，最多添加 100 滴，即添加到 100 滴后，没有调味效果则需要更换调味酒。笔者认为一滴滴添加效率偏低，用针头添加误差也大。为此笔者提出将基础酒的量改为 10mL（6 和 4 之和正好是 10），每次添加一滴，或者使用微量移液枪替代针头，每次添加 5μL，则每次添加相当于添加了万分之五，也即相当于（5mL/10kL），这样可以快速锁定合适的窗口区，缩短时间，减少误差。调味添加量小样每次 5μL，最多控制在 6 次之内。

第六节 勾三调四勾调法实践示例

一、 基本概念

（一） 原酒

酿酒车间经蒸粮、拌曲、发酵、蒸馏后得到的，即将入库储存待定级的半成品酒，称为原酒，原酒有原始酒、原度酒的涵义在里面。

原酒的酒精度较高，一般在65%vol左右，发酵正常的白酒生产入库酒精度基本均在65%vol以上，65%vol也是考核酿酒车间出酒率的标准酒度。

不同批次的原酒差别较大，因此原酒是具有各种感官特征的个性酒，多面孔酒，因此，入库前对原酒进行分类定级非常有必要。对原酒的分类定级以感官品评为主，理化指标为辅；也就是说首先通过原酒品评员对原酒进行感官品评确定类型和等级后，再根据理化、安全指标情况，是否符合相应等级的质量标准，若理化指标不符合应降级使用，若安全指标不符合应采取相应措施进行处理。

具体的分类定级方式有以下三种。

一是量质摘酒分级。酿酒蒸馏时，摘酒工人根据流酒过程馏分的变化规律，通过感官判断，边摘边尝，对原酒按质量标准要求分段分级摘取。

二是按质分级并坛。摘酒工人对原酒按质量标准要求，将可能符合某个质量等级标准的原酒并入对应等级的酒坛内。

三是专业验收定级。通过品酒师感官品尝，将感官质量、风格相同或相近的原酒按各级原酒的感官标准判定为同一个级别，归为同一类，以便于组合和陈酿。

原酒分类定级有以下五种方法。

一是按色香味格进行分类定级。原酒可分成调味酒、特级酒、优级酒、普级，也可分成特级、一级、二级、三级等类级。

二是按馏分段落进行分类定级。可将原酒分为酒头酒、前段酒、中段酒、后段酒、尾酒和尾水。

三是按发酵轮次进行分类定级。可以将原酒分成一次酒、二次酒和三次酒等。

四是按窖内层次进行分类定级。可以将原酒分成上层酒、中层酒、下层酒、面糟酒、中层干糟酒、底层湿糟酒等。

五是按窖龄进行分类定级。可以将原酒分成老窖酒、新窖酒、中龄窖酒等。

（二） 基酒

已定级分类的需较长时间在贮酒库内陈酿的半成品酒即为基酒，它是具有某种感官特征（同一级别）的酒（一类酒）。浓香型基酒的储存时间一般为一年以上，调味酒的储存时间一般为五年以上。在这段储存时间内，基酒将发生一系列的物理、化学变化，如挥发、缔合、缩合、氧化还原等，致使基酒质量发生变化，有变好的，也有变差的。为了加速基酒的储存老熟，避免由于管理不善影响基酒质量，在基酒储存过程中应加强库房管理，定期对储存基酒质量的变化情况进行鉴评，加强储存组合，提高基酒的质量。因此基酒的管理不仅仅是单纯的库房物资管理，更重要的是动态的基酒质量管理。

（三） 组合酒

不同的基酒按一定的比例混合之后的酒称为组合酒。

（四） 基础酒

用于调味的组合酒称为基础酒。

（五）　加浆降度

所谓加浆降度是指将酒度高的酒，通过添加合格的水，降低其酒度的操作。白酒加浆降度是健康的要求，也是技术的进步。以前白酒的度数都较高，所生产的白酒的度数很多大都在60%vol以上，这么高的酒精度对人的刺激作用大，从20世纪70年代开始，中国白酒提出了低度化的发展转变，白酒生产向低度化方向发展，主要度数范围延伸至40%vol以下，于是白酒的加浆降度就应运而生。

传统工艺接酒过程中最先和最后出来的酒（即头酒和尾酒）单独接取，中间出来的酒作基酒入库，基酒综合度数很高，一般在65%vol左右，这种高度酒适合储藏，如果饮用还需要做降度处理。

有些企业将基酒的综合度数接到50%vol左右（一般不低于48%vol），这实际是在接酒过程中直接降度，用尾酒降度，只要接的尾酒度数不是很低（接的尾酒度数太低，酒变浑浊，苦涩味重，这一锅酒就废了），喝酒的人还是可以接受的。俗话说：宁加3斤水，不加1两尾，表明白酒降度还是用水好。

（六）　调味酒

调味酒是指酿造过程中采用特殊工艺取得的具有典型风格和鲜明个性特征的基酒，经长期陈酿老熟，勾调时用于丰富和完善酒体的香和味，解决基础酒的某个或某些缺陷的基酒。调味酒与普通的基酒是有较大区别的，调味酒与普通的基酒（陈酒）都经过了"陈酿"或"老熟"过程，但是调味酒的陈酿老熟时间更长。调味酒是具有某一或几方面独特感官特性的酒；基酒是（陈酒）具有某一级别酒感官特性的酒。

调味酒拥有自己的独特个性，根据其独特的风味特点，可将调味酒分为不同的类型，各类型的调味酒各自具有不同的感官特点。调味酒一般要具有特香、特浓、特陈、特绵、特甜、特酸、窖香、曲香等独特风格。可分为酒头调味酒、酒尾调味酒、双轮调味酒、陈年调味酒、老酒调味酒、窖香调味酒、曲香调味酒和酯香调味酒等。

调味酒又称精华酒，是采用特殊少量的调味酒来弥补基础酒的不足，加强基础酒的香味，突出其风格，使基础酒在某一点或某一方面有较明显的改进，弥补酒的不足，质量有较明显的提高。调味酒的用量一般控制在千分之三以内。

调味是在组合、加浆、过滤后的半成品酒上进行的一项精加工酿酒技术，是组合工艺的深化和延伸。组合、调味在酿酒技术中有画龙点睛的作用，组合是"画龙"，而调味是"点睛"。基础酒经组合、后处理为半成品，达到一定的质量标准，已接近成品酒质量标准，但尚未完全达到成品酒感官质量标准，在某一点上略显不足，这就要通过调味工序来加以解决。调味就是针对处理后的半成品酒香气和品味上的不足，选用适当风格特点的调味酒对半成品酒的香和味进行平衡、协调、烘托，从而使产品质量更加完善和统一。经过调味后，半成品酒达到质量标准，产品质量保持稳定或提高。也有人认为调味像一个精加工车间，是产品质量的一个精加工过程或者调试过程，从而使产品质量更加完美。

二、 加浆量的计算

按照本书介绍的"勾三调四五安全"的技术体系，勾酒的第一步是"一度掌握酒度变"，即掌握不同酒精度的酒组合后酒精度的换算方法，以及高度酒降度时，所需要的加浆量精确计算方法。为了让大家掌握这项能力，在此举几个例子。

（一） 重量计量法

第一种方法是以重量计量，就是指酒和水的计量单位都是重量单位，这对于小型酒厂是比较可行的办法，因为小厂一般来说没有精确的流量计，而每批所做的酒样不是很多。

这时需要用到折算率或酒精度折算系数。

酒精度折算率=原酒酒精度（质量分数）/目标酒精度（质量分数）×100%

这里的酒精度（质量分数）是指酒的酒精质量分数，这和我们平常所说的酒精度不是一回事，平常我们所说的酒精度是体积分数，这时需要查酒精体积分数、相对密度和质量分数表（见附录），查出相应酒精度对应的质量分数。如65%vol白酒的质量分数为57.1527%，38%vol白酒的质量分数为31.5313%。

加浆量=（原酒重量×酒精度折算率）-原酒重量=（酒精度折算率-1）×原酒重量

例如：原酒为72.6%vol，重量为300kg，要求兑成60%vol的酒，则需加水多少。

由于72.6%vol的原酒折算到60%vol标准度的折算率为72.6%vol对应的质量分数65.1903%除以60%vol酒对应的质量分数52.0879%，即折算率=65.1903/52.0879=125.1544%，加浆数量按上式计算：

加浆量=（300×125.1544%）-300=75.46kg

或　　　　　　　加浆量=（125.1544%-1）×300=75.46kg

所以，原酒72.6%vol 300kg兑成60%vol时，其加水数应为75.46kg。

（二）体积计量法

在自动化生产中，计量设备是流量计，流量计的计量单位是体积，因此对于较为现代化的白酒厂来说，一般都安装有精密流量计，这时酒液的勾兑都可以通过微机控制，以体积量进行勾兑混合。这时在计算加浆量时不需要查出酒精度对应的质量百分数，但是需要查出对应酒的密度，水的密度以1g/mL进行计算，这时水的重量和水的体积是相同的。下面举几个例子演示加浆量的计算过程。

示例1：用95.2%vol的食用酒精，分别勾兑出52%vol、42%vol的32%vol的新工艺白酒5kL，请计算食用酒精量和加浆量。其中95.2%vol的密度为0.81059g/mL；52%vol的密度0.92615g/mL；42%vol的密度0.94475g/mL，

32%vol 的密度 0.95966g/mL。

以 52%vol 的酒为例子显示"勾三调四五安全"的过程，具体操作步骤如下。

第一步先取 10mL 的 95.2%vol 的食用酒精于品评杯中，进行品尝确认。

第二步将 10mL 的 95.2%vol 的食用酒精降度到 52%vol 进行品评再确认。10mL 的 95.2%vol 的食用酒精降度到 52%vol，加浆量为 8.85mL（10×95.2/52×0.92615−10×0.81059），则得到 18.31mL 52%vol 的酒。

第三步"达到理想放大之。"要生产 5kL 的 52%vol 的酒则需要 95.2%vol 的酒 2.731kL（5×10/18.31），加浆水的量为 2.417t（5×8.85/18.31）。

同理，算得要生产 5kL 的 42%vol 的酒则需要 95.2%vol 的酒 2.206kL，加浆水的量为 2.936 吨；生产 5kL 的 32%vol 的酒则需要 95.2%vol 的酒 1.681kL，加浆水的量为 3.436 吨。

示例2：用 20% 的 95.2%vol 的食用酒精和 80% 的 74.5%vol 的固态基酒，勾调出 52%vol、42%vol 和 32%vol 的固液法白酒 5kL，则需要加浆量多少？74.5%vol 白酒的密度为 0.8741g/mL。

以 52%vol 的酒为例阐述"勾三调四五安全"的过程，具体操作步骤如下：

第一步先取 2mL 的 95.2%vol 的食用酒精和 8mL 酒精度为 74.5%vol 的基酒于品评杯中，进行品尝确认。

第二步将按上述比例混合的小样酒降度到 52%vol 进行品评再确认。加浆量为 5.39mL（10×78.64/52×0.92615−2×0.81059−8×0.8741），则得到 15.12mL 酒精度为 52%vol 的固液法新工艺白酒。

第三步"达到理想放大之"。要生产 5kL 的 52%vol 的酒则需要 95.2%vol 的食用酒精 0.661kL（5/15.12×2），2.645kL（50/15.12×8）的 74.5%vol 的酒，2.417t（50/15.12×5.39）的加浆水。

同理，算得要生产 5kL 的 42%vol 的酒则需要 0.534kL 的 95.2%vol 食用酒精，2.136kL 的 74.5%vol 的基酒和 2.423t 的加浆水；生产 5kL 的 32%vol

的酒，则需要 0.444kL 的 95.2%vol 的食用酒精，1.776kL 的 74.5%vol 的基酒和 2.850t 的加浆水。

三、 二度学会把酯看

"勾三调四五安全"技术体系的第二步是"二度学会把酯看"，即掌握根据酯的含量和酯的比例关系，确定酒的勾兑配比或新工艺白酒酯的添加量计算方法。

为了让大家理解如何精确把酯看，下面以新工艺白酒为例介绍酯添加量的计算方法及酯的量和量比范围。

国家标准对白酒酯的限量主要有两类指标：一类是总酯，另一类是具体的酯。以往的国家标准里，酯的单位是 g/L，总酯的单位也是 g/L，总酯不是指所有酯的质量总和，而是用滴定法测得的物质的量，乘以乙酸乙酯的摩尔质量 88g/mol，换算成的质量浓度。新的国家标准中倾向于将酸和酯合并在一起，并且单位直接采用物质的量浓度，即 mmol/L，这种做法是为了解决低度酒酯水解而导致不合格的问题。

每个具体的酯对总酯的贡献与其分子质量成反比，即酯的分子质量越小则其对总酯的贡献越大。如果以乙酸乙酯对总酯的贡献系数为 1，则其他酯的对总酯的贡献系数则为 88/酯的分子质量，据此可以算出其他酯的贡献系数。贡献系数反映的是物质的量的比例关系，在总酯的贡献当中具有加和性。白酒中常见酯对总酯的贡献系数见表 5-7。

表 5-7　　　　　　　　白酒中常见酯对总酯的贡献系数

具体的酯	相对分子质量	贡献系数	密度/（g/mL）
甲酸乙酯	74	1.1892	0.915~0.920
乙酸乙酯	88	1	0.894~0.898
丙酸乙酯	102	0.8604	0.886~0.889
丁酸乙酯	116	0.7585	0.870~0.878
戊酸乙酯	130	0.6767	0.877

续表

具体的酯	相对分子质量	贡献系数	密度/（g/mL）
己酸乙酯	144	0.6109	0.867~0.871
庚酸乙酯	158	0.5568	0.867~0.874
异戊酸乙酯	130	0.6759	0.862~0.866
辛酸乙酯	172	0.5115	0.865~0.869
壬酸乙酯	186	0.473	0.863~0.867
癸酸乙酯	200	0.4398	0.863~0.868
乳酸乙酯	118	0.7459	1.028~1.033
月桂酸乙酯	228	0.3856	0.858~0.862
油酸乙酯	310	0.2838	
棕榈酸乙酯	284	0.3097	
癸二酸二乙酯	129	0.6821	0.96~0.965

例如要以食用酒精设计一款52%vol新工艺白酒，使该新工艺白酒具有浓香风味，该如何设计酯的量和量比关系呢？这需要以现行的某一浓香型白酒的酯的量比关系进行模拟设计。例如某名优白酒中的四大酯的比例关系为，己酸乙酯：乙酸乙酯：乳酸乙酯：丁酸乙酯＝1.49：1：0.97：0.14。该新工艺白酒最终的总酯量为2.0g/L。下面将以此为例显示各酯添加量的操作过程。

这个工作有两部分：一部分是计算，另一部分是添加操作。

以下演示计算部分的过程。

第一步将上述质量比换算成物质的量比，换算过程很简单，只需将上述质量比的数乘以各自的贡献系数，即己酸乙酯为1.49×0.6109＝0.9102，其余三酯执行同理操作，则得到四大酯的物质的量比为己酸乙酯：乙酸乙酯：乳酸乙酯：丁酸乙酯＝0.9102：1：0.7235：0.1060。

第二步计算每个酯的添加量。己酸乙酯的量为2×0.9102／（0.9102＋1＋0.7235＋0.1060）＝0.6644g/L。其余三酯同理算得量分别为乙酸乙酯0.7299g/L，乳酸乙酯0.5281g/L，丁酸乙酯0.0775g/L。

第三步计算各酯的体积添加量。这需要引入酯的密度和纯度，为简化过程，假设酯的纯度均为100%。据调味倍增法则知10mL酒添加1μL密度为1的物质的倍增量为0.1g/L。根据四大酯的密度和贡献系数，可以算出每种酯的添加的体积量。己酸乙酯的密度为0.867g/mL，对总酯的贡献系数为0.6109，则己酸乙酯的添加量为0.6644/0.6109/（0.1×0.867）= 12.54μL。同理算得其余三种酯的调味添加量分别为乙酸乙酯8.16μL，乳酸乙酯6.89μL，丁酸乙酯1.17μL。如果纯度不为100%，则添加量为上述值除以相应的纯度。

第二部分为添加操作，具体步骤如下。

第一步先取10mL的95.2%vol的食用酒精于品评杯中，进行品尝确认。

第二步将10mL的95.2%vol的食用酒精加浆8.85mL，则酒精度降度到52%vol，再进行品评确认。

第三步取上述降度后的52%vol酒于另一品评杯中。按上述计算量，用微量移液枪添加四大酯，混匀后，进行品评。

第四步如果风味理想，则可以根据比例进行生产放大。

四、 三度学会巧用酸

"勾三六四全五"技术体系的第三步是"三度学会巧用酸"，即掌握根据酸的含量和酸的比例关系确定酒的勾兑配比，或新工艺白酒酸的添加量计算方法。

为了让大家理解如何精确巧用酸，下面仍然以新工艺白酒为例介绍酸的添加量计算方法及酸的量和量比范围。

白酒国家标准中的总酸类似于总酯的概念，白酒中的总酸是以乙酸计的，单位为g/L，乙酸的相对分子质量为60。每个具体的酸对总酸的贡献与其相对分子质量成反比，即酸的相对分子质量越小则其对总酸的贡献越大。如果以乙酸对总酸的贡献系数为1，则其他酸对总酸的贡献系数则为60/酸的相对分子质量，据此可以算出其他酸的贡献系数。贡献系数反映的是物质的量的比例关系，在总酸的贡献当中具有直加和性。白酒中常见酸对总酸的贡献系数见表5-8。

表5-8　　　　　　　白酒中常见酸对总酸的贡献系数

具体的酸	相对分子质量	贡献系数	密度/（g/mL）
甲酸	46	1.3034	1.0492
乙酸	60	1	0.992
丙酸	74	0.8106	0.9577
丁酸	88	0.6811	0.9391
戊酸	102	0.5876	0.929
己酸	116	0.517	0.9184
庚酸	130	0.4612	0.92
辛酸	144	0.4163	0.9052
壬酸	158	0.3795	0.8858
癸酸	172	0.3486	1.2485
乳酸	90	0.6666	1.245
亚油酸	148	0.2157	0.8906
油酸	278	0.2126	0.853
棕榈酸	282	0.2342	1.601

下面举例说明勾酒时酸的控制，示例同酯的添加量部分一样，仍然以食用酒精设计一款52%vol新工艺白酒，使该新工艺白酒具有浓香风味，该如何设计酸的量和量比关系呢？这需要以现行的某一浓香型白酒的酸的量比关系进行模拟设计。例如某名优白酒中的有机酸的量见表5-9。该新工艺白酒最终的总酸量为1.0g/L。下面将以此为例显示各酸添加量的操作过程。

表5-9　　　　　　　　　浓香型名酒的有机酸组成

有机酸	实际含量/（mg/L）	贡献系数	总酸贡献量/（mg/L）	总酸/（g/L）	酸量/（g/L）	密度	添加量/μL
甲酸	41.9	1.3034	54.61	1	0.026424	1	0.2027
乙酸	758.8	1	758.80	1	0.367136	1.0492	3.4992
丙酸	13	0.8106	10.54	1	0.005099	0.992	0.0634

续表

有机酸	实际含量/ （mg/L）	贡献 系数	总酸贡献量/ （mg/L）	总酸/ （g/L）	酸量/ （g/L）	密度	添加量/ μL
丁酸	194.7	0.6811	132.61	1	0.064162	0.9577	0.9836
戊酸	40.5	0.5876	23.80	1	0.011514	0.9391	0.2087
己酸	1207.8	0.517	624.43	1	0.302124	0.929	6.2904
乳酸	693.1	0.6666	462.02	1	0.223543	1.2485	2.6860
总酸			2066.81				

这个工作有两部分：一部分是计算，第二部分是添加操作。

首先演示计算部分的过程：

第一步将所添加的有机酸的含量换算成对白酒总酸的贡献量，换算过程很简单，只需将有机酸的浓度乘以各自的贡献系数，所得结果见表5-9。

第二步计算每种酸的添加量。甲酸的量为 $1 \times 54.61/2066.81 = 0.026424 g/L$。其余三酸同理算，所得结果见表5-9。

第三步计算各酸的体积添加量。这需要引入酸的密度和纯度，为简化过程，假设所有酸的纯度均为100%。据调味倍增法则知10mL酒添加1μL密度为1的物质的倍增量为0.1g/L。根据各酸的密度和贡献系数，可以算出每种酸的添加的体积量。甲酸的密度为1g/mL，总酸的贡献系数为1.303，则甲酸的添加量为 $0.026424/1.303/（0.1 \times 1） = 0.2027 μL$。同理算得其余酸的调味添加量，见表5-9。

第二部分为添加操作，具体步骤如下：

第一步先取10mL的95.2%vol的食用酒精于品评杯中，进行品尝确认。

第二步将10mL的95.2%vol的食用酒精加浆8.85mL，则酒精度降度到52%vol，再进行品评确认。

第三步取上述降度后的52%vol酒于另一品评杯中。按上述计算量，用微量移液枪添加各有机酸，混匀后，进行品评。

第四步如果风味理想，则可以根据比例进行生产放大。

第七节　酱香型白酒的勾调

传统酱香型白酒的生产工艺独特，每个窖池每个生产周期内会产生三种典型体，也有七个轮次的酒，每个轮次的酒个性明显，在正式勾调之前，需要对轮次酒进行盘勾，盘勾之后，还需要再放三年左右，才开始进行酒的勾调，勾调好的酒需要再放一年左右，才可以进行灌装，酱香酒的生产周期总结如下：

酱香生产有周期

坤酱下沙十月底，二月上旬一次酒，

蒸生要发次相同，蒸煮上次上次酒，

自上而下三典型，九次生产七次酒，

一盘三勾一灌酒，一生五陈六年酒。

第一句和第二句是说以贵州茅台酒为代表的大曲坤沙酱香型白酒一般是每年阳历十月底十一月初的时候开始投料下沙，大约到了第二年的二月上旬的时候出一次酒。

第三句和第四句对酱香酒生产过程中出现的各种轮次之间的关系进行描述。酱香酒生产过程中的轮次概念较多，包括蒸煮轮次、生产轮次、发酵轮次、出酒轮次等四种轮次，其中发酵轮次又有上轮次和下轮次的概念，这些轮次之间不一定为同一次，有的相同、有的不相同，要注意区分。第三句是说蒸煮轮次、生产轮次、即将要进行的发酵的轮次，这三个轮次数是相同的，例如所说的第三次蒸煮，也就是三次生产、蒸煮之后进行三次发酵。第四句是说蒸煮的对象是上次发酵的酒醅，出酒的轮次比上次发酵的物料还要少一次，例如进行三次生产时，也就是第三次进行蒸煮，蒸煮的对象是二次发酵的酒醅，出酒的轮次比二次还要少一次即出一次酒，其他依次类推。

第五句和六句是说每个窖池中自上而下的酒醅蒸出的酒分别对应的是酱

香体、醇甜体和窖底香三种典型体，酱香酒每个周期总共有九次生产，也即九次煮蒸，蒸煮的对象是八次发酵的酒醅，出七轮次酒。第七句和第八句的意思是说，新生产出来的轮次酒放一年后进行盘勾，盘勾好的轮次酒放三年后进行勾调，勾调好的酒，还要再放一年才能进行灌装，这样就经过了一年的生产和五年的陈酿，总共经过了六年，酱香酒才可出厂。

一、盘勾

每个轮次分三种典型体，一次酿酒共有 21 个类型的原酒，分别贮存 1 年，1 年后进行盘勾，即将所有的窖底香酒混一起，所有的醇甜酒混一起，所有的酱香酒混一起。

对轮次酒的盘勾，有以下三种方式。

第一种方式是将 3~5 次酒盘勾综合在一起，将 1、2、6、7 次酒盘勾综合在一起。

第二种方式是将 3~6 次酒盘勾综合在一起，将 1、2、7 次酒盘勾在一起作为搭酒使用。

第三种方式是将 2~7 次酒盘勾综合在一起，将 1 次酒作为搭酒使用。

二、勾调

盘勾之后再贮存两三年，两三年后其中 70% 的酒进行勾调，另外的 30% 保存起来，留作年份酒。

三、陈放

勾调之后再放一年，一年之后进行灌装成成品酒。每次馏酒时设计好浓度，使混合后浓度正好在 53%vol 左右。做低度酒时，也需要进行降度，但是降度后会有沉淀，需要吸附处理（硅藻土、活性炭处理），再进行贮存。

第八节　基酒是酒体勾调的前提

基酒是白酒酒体设计的前提，好的基酒才能出好的白酒。好白酒和劣质白酒的差别除了勾兑技术外就是基酒的差别了，可以说基酒对成品白酒的影响是决定性的。好的基酒即使是随便勾兑也能成为比较出色的酒，而如果基酒品质低劣，则不管怎么勾兑都很难改变，即便是中国最有名的调酒师也不能调出好喝的酒，因此基酒是十分重要的。

基酒的品质决定了成品酒的质量，白酒的质量是生产出来的，不是检测出来的，不是贮存出来的，也不是勾兑出来的，贮存和勾兑只是锦上添花的作用，一定要把基酒的重要性摆在首位，这个是其他一切工作的中心。任何一款酒想要成为一等品质的好酒，都必须把基酒的质量看作重中之重，勾兑的时候根据目标酒的风格风味要求，选择好相应的基酒来勾兑，以酒兑酒，这样取长补短，使得成品酒在香气、味道、口感、风格等各个方面都达到协调状态。

以酱香型白酒为例，其"七次取酒"所得到的新酒都是香气、口味各异的，其中以第三、四、五次取出的酒各方面比较优良，所以一般来说好的酱香型白酒都是用这几次取出的酒作为基酒，再加入其他年份的、不同酒精度的、带有其他香味的基酒进行勾兑。基本上其他酒负责细微地调节一下基酒的香味、口感等，而基酒占了整个酒的大部分，基酒是一瓶酒的基础，一瓶酒的身体。

泸州地处北纬 30°名酒带，是生产好酒的原产地，为了给白酒行业提供优质的原酒和基酒，2015 年，在四川省委、省政府和泸州市委、市政府、中国酒业协会的高度重视及大力支持下，由四川发展（控股）有限责任公司和泸州市兴泸投资集团作为主发起人，成立总规模达 30.15 亿元的四川发展纯粮原酒股权投资基金合伙企业（有限合伙人，以下简称四川发展原酒基金）。四川发展原酒基金立足"原酒收储、原酒销售、资产管理、技术服务"四大核心业务板块，通过创新"酒业基金平台+原酒酒窖集群"的合作方式，集聚核心原酒地生产企业，汇集优质窖池和原酒资源，整合上下游产业链统一产能规划与技术支持保障。目前，与泸州市、宜宾市和茅台镇范围内 50 余家规模以上酒企携手，稳定合作窖池 1.5 万余口，建立了安宁、石洞、长安、特兴、关口、漕溪和丰乐等七大基地，累计收储优质纯粮固态原酒近 4 万吨。四川发展原酒基金已成功列入四川自贸区川南临港片区全国首创十大典型案例，成为中国资本最大、收储规模最大且"全球唯一"的中国白酒原酒收储销售一体化交易平台。

四川发展原酒基金是国内第一家由政府出资的原酒平台，建立了"集权威""严准入""全监督"和"控质量"的规范运作机制，从而确保每批原酒基酒的质量。

四川发展原酒基金拥有品种丰富的优质原酒，有酱香型原酒基酒、浓香型原酒基酒，也有清香型原酒基酒。酱香型原酒基酒有产自泸州古蔺产区的，也有产自仁怀产区的。浓香型原酒基酒有单粮浓香型的，也有多粮浓香型的，有泸州产区的浓香型原酒基酒，也有宜宾产区的浓香型原酒基酒，也有成都邛崃产区的浓香型原酒基酒。清香型原酒基酒主要是泸州产区的。

如果本企业的原酒基酒质量一般，酯含量不高，而国家又有标准禁止非法添加香料香精，建议采购一部分优质的原酒基酒，这样会起到事半功倍的效果。

第六章

六道轮回，鉴别白酒之真伪

第一节　认识真假酒

要想全面弄懂白酒真伪鉴别的内容，就要弄清楚关于白酒真伪的四个基本问题，这四个基本问题如下：

（1）什么是真假酒？

（2）假酒造假对象？

（3）假酒造假方式？

（4）真伪鉴定方法？

回答好了这四个基本问题，也就能够从宏观上，对白酒的真假问题进行系统的把握。笔者把对这四个基本问题的回答总结在一首诗里面，诗的题目就叫假酒之假，诗的内容如下：

假酒之假

假冒伪造不是仿，以假乱真非名厂，

三种方式三假象，名优好卖最平常，

三八包装把酒藏，抓住酒水破包装，

箱盒瓶封皆破相，体改色变非常香。

前四句对第一个问题、第二问题和第三个问题做了回答。第一句的意思是说假冒酒也叫伪造酒，和仿冒酒不是一回事，假冒酒才是假酒，仿冒酒可能存在侵权行为，也可能不存在侵权，但是仿冒酒不是假酒。

第二句的意思是说假酒是以真实名义存在的假冒酒，以真实名义存在的假冒酒有"非酒""假名酒"和"假厂酒"三种。"非酒"是指以不符合酒类定义的东西，冒充酒进行销售，典型的就是工业酒精或甲醇兑水当酒卖。"假名酒"是指冒充市场上某一款已经存在的酒在卖的酒。"假厂酒"是指冒充某厂家的名义在卖的酒。这三种假酒的内涵后面还会有介绍。

第三句的意思是说假酒的造假方式主要有三种，即全套造假酒，回收造假酒和打孔回收造假酒，造假对象也主要有三类，三种造假方式和三种造假对象下面会详细介绍。

第四句的意思是说名优酒的假酒情形最复杂，也是最常见的造假现象。

第五句到第八句主要是对第四个问题的回答。第五句的意思是说对于一个商品白酒来说，可分解成九个部分，即八部包装一部酒。一般来说酒有三级包装物：即和酒水直接接触的一级包装物，例如瓶子；二是装瓶子的二级包装物，例如盒子；三是装盒子的三级包装物，例如箱子，三级包装可以进一步分成八个部分，而对整个酒来说是九个部分，即八部包装一部酒。

第六句的意思是说对于鉴别酒的真伪来说，重点要抓住酒水和破坏性开启的包装部分。

第七句对开启必定会破坏的包装部位进行了例举，即三种封口和瓶盖等都是破坏开启的部位。指箱封、盒封和瓶封等三级包装物的三个封口材料（有封箱的胶带、封盒的材料、封瓶口的材料）。

第八句的意思是假酒假包装部分的字体样式和颜色的改变是判定假酒的关键依据，另外假酒的香气和平常真酒香气不一样，也是判定假酒的依据。

关于这四个问题的具体内容，下面将逐一做详细介绍。

一、真假酒的定义

假和真是相对立的，假是针对真来说的，所以假酒是相对真酒来说的。基于这个逻辑，假酒总结起来不外乎有三种情况：第一种情况是针对酒本身而伪造的产品，也就是说这种假酒连酒都不是，不符合酒的定义，是真正的假酒，例如用工业酒精勾兑成的白酒；第二种情况是针对市场上真实存在的某款酒而伪造的假酒；第三种情况是针对真实存在的某个酒厂而伪造的酒，这种伪造的酒只是伪造厂家的名义，而这款酒，这个被伪造的酒厂根本不生产，例如市场上打着名优酒厂名义的各种特供专供酒，如图6-1所示。以茅台为例，贵州茅台酒由贵州茅台酒股份有限公司出品，茅台酒厂没有和任何

图6-1 假借名优酒厂名义的假酒

其他酒厂联营,也未把它的商标许可权授权任何厂家共享,更未设立过一厂、二厂或分厂。凡是注明为联营厂、一厂、二厂和分厂、酿酒总厂的"茅台酒",完全可以肯定是假的。

在这三种假酒当中,第一种假酒,只要具备一定的酒类知识就比较容易识别,最难的就是第二种和第三种假酒,因此本章所探讨的假酒主要是针对第二种和第三种类型的假酒而进行的。这类假酒可描述成:一种只要不是某厂家生产的产品,但是以某厂家或某厂家某款产品的名义在销售的酒,或者笼统地说,只要不是某厂家生产出来的酒,而以某厂家的名义在销售的酒就是假酒、假冒酒、假冒伪造酒。当这三种假酒需要放在一起表达时,为了做出区分,在本书当中,将第一种假酒称为"非酒",第二种假酒称为"假名酒"或"假名",第三种假酒称为"假厂酒"或"假厂"。

除了假酒外,市场上还有一种"仿冒"酒,仿冒酒也是针对市场某种真实存在的酒而进行的仿造,而不是伪造。这类酒应该不算假酒,但是可能存在侵权行为,例如用"午栏山"仿"牛栏山",如图6-2所示。这类仿冒酒的厂家可能也是正规厂家,也有食品生产许可证,生产的酒也符合我们国家白酒的定义,只是品牌不知

图6-2 仿冒酒

名，为了产品销售好一些，而仿照某一销售好的酒而设计酒的外包装，甚至口味口感。其实这种仿冒的行为在现实世界是很普遍的，各行各业都存在，大小厂家都存在。

二、 假酒造假对象

造假酒的根本目的就是利益驱使，因此假酒造假的对象往往都是那些价格贵的酒，以及一些价格虽然不是很贵，但销量非常好的酒。对市场上的假酒研究，也证明了这一点，具体来讲，常见的白酒造假对象主要有三类：一类是十七大名酒；第二类是五十三个国家优质酒；第三是销售好的酒，这类酒的数量不定，近年来有牛栏山等。

为了更好的记住十七大名酒和五十三个优质酒，笔者将十七大名酒和五十三个国家优质酒分别用一首绝句和一首律诗串联起来，诗的内容如下。每个字代表的酒在第二章中已做过详细的解释，在此不做赘述，诗中的数字代表的是该句中包含的酒的个数。

十七大名酒

茅台董酒和郎酒（3），五兴剑舍大泸州（5），

西汾宝宋井河沟（7），加上黄陵十七酒（2）。

五十三国优

三丛四德叙珍习（7），诗仙太白沟双洋（7），

宝玉津张迎林湄（7），杜府滩安浏口汤（7），

三燕沙黔筑宁德（7），二老三高湘西阳（7），

吉龙赤凤哈老白（4），石龙川塔金六坊（7）。

三、 假酒造假方式

一种酒，对大部分消费者来说，其最基本的功能是满足消费者的饮酒需

求。因此，在通常的情况下，某一具体的酒类商品，消费者更在意的是包装容器里面的酒水，也就是说，消费者购买的酒，包括两部分，一部分是消费者所需要的酒水，另一部分是很多消费者觉得并没有多大用处的酒水之外的包装。因为包装对消费来说没有多大用，这也给造假提供了机会，造假者会很容易回收到真酒包装，在此基础之上进行造假，这就使得假酒的包装是真的，这给酒的真伪判定增加了不少难度。但是不管是何种假酒，酒水肯定都是假的，因为造假者无法取得真的酒水。总结起来，根据造假者利不利用回收包装以及怎样利用回收包装造假酒，可将假酒的造假方式分为三类，见表6-1。

表6-1 造假方式分类

造假方式	1 箱	2 盒	3 瓶	4 箱封	5 盒封	6 瓶封	7 标签	8 合格证	9 酒水
全套造假	假	假	假	假	假	假	假	假	假
回收造假	真	真	真	假	真	假	真	真	假
打孔造假	真	真	真（有孔）	假	假	真	真	真	假

从表6-1可以看出，完整的白酒包括九个部分，八部分是包装，一部分是酒水。对于利用回收包装物进行造假的假酒来说，包装部分是很难做到全部是真品，因为包装物有多个地方是破坏型开启的，打开了就不可逆地被破坏了，例如拆开箱子时，箱子的封口胶带就得要撕掉，打开瓶子倒酒时，盖子上的盖帽就必须要被撕掉，有些酒的盖子也是破坏开启的，这些被破坏的地方，必须要重新做，才能重新装酒，因此这些破坏的地方都是假的。

有些造假者，为了避免开酒时对瓶封（瓶盖和盖帽）的破坏作用，想出了另外一种造方式，即打孔造假。这些造假者在真酒瓶身上打一个非常小的孔，把瓶中的真酒水通过引流的方式取出，进行饮用，之后再通过这个小孔注入假酒，这种假酒，只是瓶中的酒是假的，包装全是真的。这种造假方式，因为回收瓶子的难度大，造假量不会太大，对于这种酒只要仔细观察，是很容易发现瓶身上打的小孔的。

四、　真伪鉴别方法

假酒是针对某一真实存在的厂家或酒而伪造的。从酒箱、酒盒、酒瓶及酒瓶中的酒体等，即里里外外都是真的，才能称为真酒。只要有一个不真，即可判定为假酒，即"一假就假"。因此对判断酒真伪来说，可以从八部包装和一部酒体两大部分进行鉴别。正如上面所介绍的一样，白酒的开启是破坏性开启的，所以酒的真伪鉴别，首先要从八部包装入手，对于无法从包装进行明确鉴别的酒才考虑打开瓶子，取出酒水进行鉴别。因此，总体上来说，鉴别酒真伪方法的两个重点做法是，一是检测包装是否为真；二是检测酒体是否为真。

这里涉及的内容很多，笔者根据完整白酒的九个重点鉴定对象及"一假就假"的判定原理，遵循从简单到复杂，由浅入深，由表及里的原则，开发了名优白酒真实性鉴别技术体系，并把这个技术取名为"六道轮回鉴真伪"，简称"六道轮回"。笔者把对白酒的分解、假酒的造假方式、鉴别方法和判定原理，总结在一首诗里，诗的内容如下：

一假就假

商品白酒九部酒，八部包装一部酒，

三包三封签合格，瓶封标签装着酒，

是真是假看回收，三封盖帽伪造酒，

六道轮回鉴真伪，一假就假判假酒。

诗的第一句和第二句描述了对商品白酒的分解。意思是说完整的商品白酒是由九部分构成的酒，即八部分是包装，一部分是酒水。

第三句和第四句是对八部包装和第九部分的酒进行了举例。第三句的意思是说三级包装物（箱子、盒子、瓶子）、三种封口材料、标签和箱子里的合格证（也可能叫装箱单）是包装的八个部分。第四句的意思是说瓶子、瓶封

笑傲白酒江湖之宝典

（包括盖子和盖帽）和标签这三个包装物装着酒就构成了酒的最小销售单元。

第五句和第六句对假酒的真假部位进行了分析。意思是说即使是假酒也有可能有真酒的成分，哪部分真，哪部分假，主要看造假时是否采用了回收包装，对假酒来说，即使使用了真酒的回收包装物，由于使用了开启破坏的技术，致使假酒的三种封口材料、盖帽和酒水都是伪造的。

第七句和第八句对鉴别酒真伪方法和判定原理进行了描述。意思是说用六道轮回技术来对酒的真伪进行鉴别，并利用一假就假的原理来判定真假酒。

第二节　六道轮回鉴真伪体系

一、六道轮回鉴真伪

六道轮回鉴真伪即指由浅入深、由表及里的名优白酒真实性鉴别技术。因为总共要用到六个方法，这六个方法可以循环反复使用，因此形象地称为"六道轮回"。这六个方法分别为扫码鉴真伪、验防鉴真伪、包装鉴真伪、标签鉴真伪、品评鉴真伪和检测鉴真伪。

（一）扫码鉴真伪

扫码鉴真伪，即扫码获息鉴真伪，是指通过扫描酒包装物上条形码或二维码的方法获得与酒有关的信息，再对照酒包装上的信息进行对比分析，从而做出对酒真伪的初步判定。

（二）验防鉴真伪

验防鉴真伪，即验证防伪技术鉴真伪，就是指通过酒自带的防伪技术进行真伪鉴别。企业为了提高假酒的造假难度，降低消费者判定真假酒的难度，几乎每个商品化的名优白酒都采用了防伪技术，并且随酒附上采用防伪技术

248

鉴别真假的操作步骤和判定说明。

按照生产厂家提供的操作方法，验证防伪技术来对酒真假进行鉴别的操作，比扫码鉴真伪稍微复杂些，但是可靠性更高些，又不需要太多的专业知识和经验即可进行，是判定酒真假的一种实用方式。

（三）　包装鉴真伪

包装鉴真伪，即三八三项鉴真伪，三是指三级包装物，八是指三级包装物可以分解成八个部分，第二个三是指字体、色泽和做工三项内容。因此包装鉴真伪，主要是指对三级包装物及附着在其上的印刷内容的字体、色泽和做工等进行检查，然后，对酒的真伪做出判定，"体改色变"是判定假酒与否的关键。

（四）　标签鉴真伪

标签鉴真伪，即标签内容鉴真伪，是指通过对包装物上国家相关标准规定的需要标注的内容，包括文字、图形、符号及一切技术性说明物进行内容检查，从而对酒的真伪做出进一步的判定。

（五）　品评鉴真伪

品评鉴真伪，即品评酒体鉴真伪，是指通过对酒水进行感官品评，最好有真酒作对照，根据品评结果，对酒的真伪做出判定。在评论、评比、评级分及评语的基础之上，还要进行相似性品评，即"评论评比评级分，加上评语相似分"。

（六）　检测鉴真伪

检测鉴真伪，即检测酒体鉴真伪，是指通过对酒的理化指标进行定性定量检测，对检测结果进行研究，找出酒水组成规律的密码，或者建立数学判别模型，据此，对待测酒样的真假做出判定。

以上简要介绍了鉴别酒真伪的六种方法，这六种方法在本书当中，简称为"六道"，这六种方法按照从简单到复杂，按照对专业知识要求的深浅来排列，这六种方法相互补充，相互印证，构成一个循环，故称为"六道轮回"，如图6-3所示。

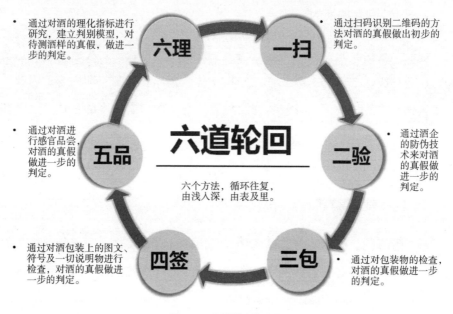

- 通过对酒的理化指标进行研究，建立判别模型，对待测酒样的真假，做进一步的判定。
- 通过扫码识别二维码的方法对酒的真假做出初步的判定。
- 通过对酒进行感官品尝，对酒的真假做进一步的判定。
- 通过酒企的防伪技术来对酒的真假做进一步的判定。
- 通过对酒包装上的图文、符号及一切说明物进行检查，对酒的真假做进一步的判定。
- 通过对包装物的检查，对酒的真假做进一步的判定。

图6-3　六道轮回鉴真伪

扫码鉴真伪方法最简单，不需要专业知识。验防鉴真伪方法也不需要专业知识，但是比扫码操作复杂一些。包装鉴真伪也不需要酒类专业知识，不涉及标签的专业技术内容，主要是根据对真酒包装的经验或对照真酒的包装，对八部包装物上的字体、色泽和做工进行检查，难度明显要比验防鉴真伪高。第四个鉴别真伪的方法是标签鉴真伪，这里说的标签，从构成来说是包装的八部分之一，但是本部分说的标签是指标签上标注的技术内容，这需要懂标签标注的专业知识，国家对标签标注的要求是比较复杂的，涉及的法律法规比较多，而且相关标准也会经常变化，这些都需要及时掌握，难度又明显提高。第五种方法是品评鉴真伪，品评酒体需要开瓶取酒，该方法实施起来的难度明显更大。通过品评鉴别酒真伪，不但需要专业的品评知识，更需要品评技能，对大部分人来讲，都是不具备这种技能的。最后一个方法是检测鉴真伪，同样需要开瓶取酒，但是需要送到专业的机构进行检测，实施的难度和成本最大，所需要的专业知识也最多。

二、 六道轮回鉴真伪口诀

通过对六道轮回鉴真伪技术体系的简要介绍，对酒真伪鉴别的原理和基本逻辑有了一个清晰的认知，为了使六道轮回鉴真伪更具操作性，笔者把该技术的核心内容总结成更具有可操作性的口诀，这些口诀正好构成一首七言绝句，诗的名字就叫"六道轮回鉴真伪"，诗的内容如下：

六道轮回鉴真伪

扫码获息再验防，三八三项四标签，

五品酒体六检测，六道轮回反复鉴。

第一句的意思是说，扫码鉴真伪和验防鉴真伪是鉴别真假酒的两种基本方法。

第二句的意思是说，第三种鉴别真伪酒的方法是包装鉴真伪，第四种鉴别真伪的方法是标签鉴真伪。

第三句的意思是说，第五种鉴别真伪酒的方法是品评鉴真伪，最后一种也即第六种鉴别真伪的方法是检测鉴真伪。

第四句的意思是说，通过这六种方法轮番反复地对酒的真伪进行鉴别。

便于记忆，把上述六种方法可以简称为"扫码验防再三包，四签五品六检测"。

第三节　六道轮回鉴真伪的详细介绍

一、扫码鉴真伪

（一）商品条形码的认识

现在几乎所有的商品酒都有商品条形码（简称商品条码），商品条码发展到现在，已经完全构成了一套成熟的技术体系，不仅有编码，还有自动识别技术和数据交换功能。目前，这套体系已经在商业零售、加工制造、物流配送、电子商务等经济领域得到了成功应用。近年来，随着信息技术与智能手机的日益发展，更是扩展到了数据传输、产品质量和消费者安全服务等领域。

具体地说，商品条码是指由一组规则排列的条、空及其对应代码组成，表示商品代码的条码符号，包括零售商品、储运包装商品、物流单元、参与方位置等的代码与条码标识。条码符号具有操作简单、信息采集速度快、信息采集量大、可靠性高、成本低廉等特点。一般来说，每一瓶酒都是一个零售商品，零售商品是指在零售业中，根据预先定义的特征而进行定价、订购或交易结算的任意一项产品或服务。零售商品都有零售商品代码，该代码在零售业中，是标识商品身份的唯一代码，具有全球唯一性。

商品条码有两种形式，即标准码和缩短码，标准码由13位数字构成，缩短码由8位数字构成，只有当标准码尺寸超过总印刷面积的25%时，才允许申报使用缩短码。标识代码无论应用在哪个领域的贸易项目上，每一个标识代码必须以整体方式使用。完整的标识代码可以保证在相关的应用领域内全球唯一。

13位标准的商品条码的组成是由厂商识别代码、商品项目代码和校验码三部分组成的13位数字代码，分为四种结构，其结构见表6-2。

表6-2		13 位代码结构	
结构种类	厂商识别代码	商品项目代码	检验码
结构一	X13X12X11X10X9X8X7	X6X5X4X3X2	X1
结构二	X13X12X11X10X9X8X7X6	X5X4X3X2	X1
结构三	X13X12X11X10X9X8X7X6X5	X4X3X2	X1
结构四	X13X12X11X10X9X8X7X6X5X4	X3X2	X1

厂商识别代码由 7~10 位数字组成，中国物品编码中心负责分配和管理。厂商识别代码的前 3 位代码为前缀码，国际物品编码协会已分配给中国物品编码中心的前缀码为 690~695。前 3 位是国家代码，我们中华人民共和国可用的国家代码有 690~699，其中 696~699 尚未使用，生活中最常见的国家代码为 690~693。后面才是真正的厂商识别代码，代表着生产企业代码，由各厂商申请，国家分配，当国家代码以 690、691 开头时，厂商识别代码为四位，商品项目代码为五位，当国家代码以 692、693 开头时，厂商识别代码是五位，商品项目代码是四位。

8/9~12 位：共 5/4 位，代表着企业商品代码，由厂商自行确定。

第13位：共 1 位，是校验码，依据一定的算法，由前面 12 位数码，通过计算而得到，用于校正在扫描过程中产生的识读错误。条形码的样式见图6-4 所示。

图6-4 EAN-13 条码的符号结构

（二） 十七大名酒厂商条码

从上面对商品条码的介绍可以看出，商品条码里包含有酒类生产企业、酒的品种等重要信息，厂商代码和酒的商品项目即品种代码都有唯一性。从企业代码可以识别出酒的生产企业，这对识别一些仿冒酒、假厂酒具有很好的效果，消费者通过查询商品条码的信息就能知道是假的。根据《商品条码管理办法的规定》，系统成员转让厂商识别代码和相应条码的，责令其改正，没收违法所得，处以 3000 元罚款；未经核准注册使用厂商识别代码和相应商品项目条码的，在商品包装上使用其他条码冒充商品条码或伪造商品条码的，或者使用已经注销的厂商识别代码和相应商品条码的，责令其改正，处以 30000 元以下罚款。

微信上的扫一扫有很强的商品条码识别能力，通过扫一扫可以获得一些关于酒的重要信息，把通过扫码获得的信息与酒包装上自身的信息进行比对，可以为真假酒的判定提供一些依据。通过扫码可以获得的信息一般会有产品的价格信息、品种信息，甚至还有产品的生产工艺等较为详细的信息，如图 6-5 所示。如果扫码获得的信息和酒包装上的信息有差异，就有可能是假酒。

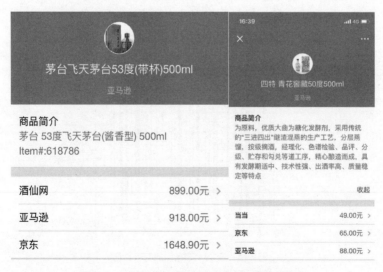

图 6-5　通过微信扫描酒的商品条形码获得的信息

表6-3列举了十七大名酒的商品条码，熟悉这些条码对准确识别酒的信息有重要帮助。

表6-3　　　　　　　　　十七大名酒厂商条码识别码

序号	品牌	品种	国家厂商	厂商名称	商品项目	校验
1	茅台	飞天	6902952	贵州茅台酒股份有限公司	88029	4
		茅台迎宾酒	6902952		88286	1
2	董酒	54度国密董酒	69275164	贵州董酒股份有限公司	0216	3
		54度贵董酒	69275164		0370	2
3	郎酒	45度小郎酒（精酿）	6901683	四川省古蔺郎酒厂有限公司	82169	9
		郎酒青花郎酒53%vol	6901683		80110	3
4	五粮液	五粮液新装52度500mL	6901382	宜宾五粮液股份有限公司	10335	5
5	全兴	38%vol全兴大曲·青花15	69381737	四川全兴酒业有限公司	9504	8
	水井坊	水井坊八号臻酿白酒	6901676	四川水井坊股份有限公司	52958	8
6	剑南春	剑南珍品特曲水晶珍品	6901434	四川绵竹剑南春酒厂有限公司	00433	3
7	沱牌	沱牌大曲	6901435	四川舍得酒业股份有限公司	94800	1
8	泸州老窖	国窖1573酒52%vol	6901798	泸州老窖股份有限公司	10459	5
		国窖1573酒38%vol	6901798		10460	1
9	西凤	55度瓶西凤酒	6902212	陕西西凤酒股份有限公司	03673	7
10	汾酒	53%vol青花30年汾酒	6903431	山西杏花村汾酒厂股份有限公司	13898	3
		38%vol彩筒国宝竹叶青酒	6903431		23328	0
11	宋河粮液	50度国字宋河六号	69247892	河南省宋河酒业股份有限公司	1523	0
12	宝丰	52度宝丰国色清香藏品	6902506	宝丰酒业有限公司	32109	9
13	古井	45度古井贡酒年份原浆古8	6902018	安徽古井贡酒股份有限公司	99971	7
		50度古井酒	6902018		45521	3
14	洋河	洋河蓝优	69325992	江苏洋河酒厂股份有限公司	2274	4
		天之蓝	69325992		1007	9
15	双沟	双沟大曲	6901573	江苏双沟酒业股份有限公司	03344	7
16	黄鹤楼	42度15年原浆酒	69350948	黄鹤楼酒业有限公司	0256	5
17	武陵	武陵1988	6905099	湖南武陵酒有限公司	20096	3

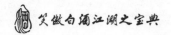

（三） 扫码获息鉴真伪

为了理解条形码和通过扫描条形码鉴别酒真伪的内涵，特地把条形码的核心内容，用一首诗进行总结，诗的内容如下：

扫码鉴真伪

黑白条块十三位，国厂商校共四类，

六九零九中国码，九位厂商跟着追，

零一厂四二三五，厂商四五轮流回，

最后一位校验码，扫码获息能鉴伪。

第一句和第二句对商品条形码做了一个总体上的介绍。第一句的意思是说常见的商品条形码是由黑条白条以及十三位数码组成。第二句的意思是说十三位码是由国家代码、企业代码、商品代码及校验代码共四类代码组成。

第三句至第七句把四类代码进行了进一步的介绍。第三句的意思是说690~699是我国可以用的国家代码。第四句的意思是说国家代码后面紧接着是企业代码和商品代码，两者加起来总共有九位。第五句的意思是说如果国家代码是690或691时，企业代码是四位，国家代码是692或693时，企业代码是五位。第六句的意思是说企业代码和商品代码的位数是四位和五位轮换着来，反正总共就是九位。第七句的意思是说最后一位代码是校验码。

第八句的意思是说通过扫码可以获得一些重要信息，利用这些信息和酒包装上的信息进行对比分析，可以对酒的真伪做出初步判断。

二、 验防鉴真伪

（一） 内容

验防鉴真伪是指按照厂家提供的说明书，对酒自带的防伪技术进行验证，从而对酒的真假进行判断。

（二）　常用的防伪技术

飞天茅台酒等国家名酒的瓶盖上都有防伪标，如用检测器照射，会呈现带有特殊标志的图案。其他一些酒，采用查询防伪码技术，这种防伪技术会在每瓶酒瓶上印有防伪号码，可通过电话或网络查询真假，如图6-6所示。如果查询出来是假酒那就是假酒，但是有时候即使是假酒，也有可能得到真酒的反馈，这时还需要结合其他鉴真伪的方法。

图6-6　查询防伪技术示例

茅台酒由于价值高，产量稀缺，是造假者较多选择的造假对象，为了减少假茅台酒，茅台酒厂采用了比较先进的、复杂的防伪技术，下面对茅台酒的防伪标识进行介绍。

茅台酒厂为了保护消费者的合法权益，从1998年起花巨资引进具有国际领先水平的防伪技术，2000年至2009年的贵州茅台酒所有的产品均使用上海天臣公司提供的防伪标。2009 年后普通茅台酒改用新防伪胶帽技术，部分产品（如年份酒、礼盒酒）仍沿用天臣防伪技术。

每箱贵州茅台酒均配有防伪识别器及操作说明书，下面简单介绍一下茅台酒的天臣防伪标的识别方法。用识别器照射防伪标时，表面的红色"国酒茅台"文字将隐去，底纹出现系列英文字母"MOUTAI"字样，移动酒瓶角度，中间至少出现 1 枚动感银色的"MT"字样，字母若隐若现，充满动感。彩色反光水印 MOUTAI 随不同观察角度呈现出不同颜色。真的天臣防伪标无蜡状等其他附着物，表面粗而不糙，而制假分子生产的假防伪标则往往难以达到真标的效果，假的天臣防伪标图案不清晰，手摸比较粗糙，手刮有粉状物掉下，如图 6-7 所示。

图 6-7　真假茅台酒的天臣防伪标

部分制假者通过回收防伪标，再用双面胶粘合，重复利用，用手摸防伪标与胶帽的接触边缘，有明显的高低差，很不平整。

茅台酒防伪胶帽是 2009 年以后才使用的，下面介绍一下该新防伪标的识别方法。瓶盖由整体具有防伪性能的胶帽收缩套套住，开瓶即毁，不可逆转，杜绝了回收再利用的可能性。

胶帽的侧面通过顺光和逆光观看明暗差异明显，如图 6-8 所示。使用防伪标识别器观察帽顶会有至少一个黑色的浮点出现，浮点可随帽套的转动在亮黄色的背景范围内漂移。透过识别器观察，肉眼看到的帽体表面图文隐退，出现彩虹状背景和黄色"国酒茅台""MOUTAI"文字互相交错出现，可见帽顶部呈亮黄色，至少有一黑色浮点，通常会有两个黑点，可随帽套的转动在亮黄色背景范围内漂移，如图 6-9 所示。

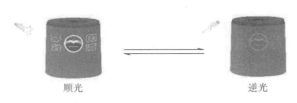

顺光　　　　　　　　　　　逆光

图6-8　肉眼观察

通过专用识别器观察

您将看到原图文及色彩消失

通过专用识别器观察

您将看到原图文及色彩消失

正常观察下
的帽套

识别器下观察
的帽套

肉眼观察下的
帽套顶盖

图6-9　识别器观察

茅台酒瓶口的封口胶帽是采用了难以模仿的防伪技术，所以这个胶帽也叫防伪胶帽，因其收缩套住瓶盖，所以开瓶即毁，不可逆转。其在肉眼和识别器的观察下，呈现出不同的特征，根据此特征出现与否，对酒的真伪进行判定。这些特征可以通过四句话来概括，即"逆来顺受暗变明，透过表面见彩虹，相互交替黄茅英，黑点浮现黄色顶"。

如果还有疑问可以找茅台官方咨询，官方可以提供免费打假鉴定，在每个省会城市，每个周六，都有官方免费打假鉴定活动，可咨询400-818-9999查找具体的联系方式。

（三）　验防鉴真伪口诀

为了理解防伪技术鉴别酒真伪的内涵，特地把相关内容，用一首诗进行总结，诗的内容如下。诗句的意思比较浅显，在此就不一一做解释。

防伪技术识酒

防伪技术有多种，复杂难易各不同，

目的就是防伪造，按照说明来进行，

若没通过必假冒，即使通过未必灵，

加上轮回其他道，识别真酒不被蒙。

三、 包装鉴真伪

要学会鉴定某款酒的真假，最重要的是要知道真酒的特征。要掌握真酒的特征，首先得研究真酒，掌握真酒的特点。要研究酒，总结起来，不外乎四个方面：即酒的包装、标签、酒体的感官特点、酒体的指标特征。

本部分重点介绍酒的包装，并以飞天茅台酒为例子介绍如何掌握酒的包装特征。前面已经介绍过包装鉴真伪也称为三八三项鉴真伪，指通过对酒的三类包装物共八个部分（即"三包三封签合格"八个部分）进行检测，重点检测包装物上的字体、包装物的色泽和包装的做工三方面的内容，然后做出对酒真假的判断。

（一） 八部包装

下面主要以飞天茅台酒为具体的案例，介绍白酒包装的八个分解部分及其特征。贵州茅台酒的包装材料均选择生产能力强、资信情况良好、资金实力雄厚、经营管理规范的企业进行生产，对其生产材料的选用具有严格的质量要求，一般小型企业在生产能力和技术创新上，无法满足公司产品的包装质量要求。

1. 箱子

外包装箱印刷质量高，字体清晰，均匀受力情况下，可承载较重物品而不变形。真茅台的包装箱子是特别定制的瓦楞纸箱，边缘会有明显的折痕，真茅台的外箱编号是由喷码机喷上去的，数字有断连，如图 6-10 所示。真茅台的条形码字迹清晰，logo 颜色明亮。

图6-10　茅台外箱的特征

2. 盒子

茅台酒的盒子是纸盒子，把盒子拆开，摊平即为图6-11所示。总的来说，茅台包装彩盒质地较硬，韧性好，折叠后易恢复，不会断裂，印刷质量高，彩盒颜色均匀，两面光滑，光泽度好，无套色；部分文字及图案有明显的凹凸感；各个时期的部分标识标注有细微的区别。从图6-11可以看出，酒盒子由四个版面构成，为了统一认识，需要把四个版面编个顺序号，一般把有酒名、净含量和酒精度的版面作为第一版。按照这个规则，把飞天茅台酒的酒盒子，做一个整体进行描述，内容如下：

黑白两道金红换，两名度量码一面，

中英酒名凹凸感，主标后证在四版。

意思是说盒子整体上是黑色的字、白色的字，金色的底和红色的底相互变换着，有两个酒名、酒精度、净含量和条形码的展面为第一展面，盒子上的中英酒名摸上去是有凹凸感的，主要的标签内容和后来认证获得的认证标志都放在第四展面上。

下面对飞天茅台酒盒子上的一些特征做一些介绍。飞天茅台酒盒的第一个特征是盒子上第一和第三展面上有书法家书写的"贵州茅台酒"五个字。1974年，茅台酒厂开发新版出口飞天茅台酒包装，由贵州省外贸公司高级美术师马熊先生负责包装设计和工艺美术设计，当时主要以黑、白、金、红为主体颜色，其中岭南书法大家麦华三先生题写的"贵州茅台酒"五字作为重

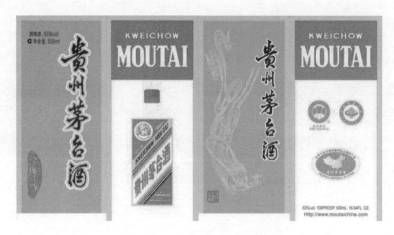

图 6-11　飞天茅台酒盒子及其图案

要设计元素之一，让整体设计显得更加稳重、高雅，如图 6-12 所示。从 1976 年上市后一直沿用至今，屡获大奖，成为茅台酒历史上长盛不衰的经典之作。1985 年，马熊先生再次为茅台开发设计珍品茅台酒包装，依然采用麦老字体，次年，珍品茅台酒上市，其高雅、华贵、古色古香的格调，深受好评，荣获第十届亚洲包装设计评比会最高奖——"亚洲之星"包装奖。同年，麦华三先生于广州逝世，享年 80 岁。

　　飞天茅台酒盒的第二个特征是酒盒第三展面上的"一七〇四年"图章，见图 6-13。"偈盛烧房"是茅台镇最早的烧房之一，其中的偈读"jié"，盛读 shèng。到了 1704 年，也即康熙四十二年，偈盛烧房将其生产的酒定名为茅台酒，茅台酒的品牌开始出现，因此 1704 年便成了茅台酒可以追溯的历史源头。

图 6-12　麦华三书写的贵州茅台酒

　　1986 年茅台酒厂开发了礼盒包装茅台酒，在主标的左下方印有"一七〇四"，于是有人将这款酒称为"一七〇四"茅台酒，后来命名

为"陈年"，最后正式取名为珍品茅台酒，于是"一七〇四"就成为了珍品
茅台的重要标识，也使其成为高品质的象征。

图6-13　酒盒子上的一七〇四

飞天茅台酒盒的第三个特征是茅台酒盒子上第二和第四展面上的 KWEI-
CHOW MOUTAI，见图6-14。这些字母是贵州茅台四个字的英文翻译。现在
我们都知道中文名称的英文翻译一般都直接采用汉语拼音，显然茅台酒盒子
上的这些英文并不是贵州茅台四个字的汉语拼音。这是因为茅台酒包装上使
用的是"威妥玛拼音"，威妥玛拼音保持了英文拼法的一些特点，但也照顾了
中文的发音，这是威妥玛发明中文拼音法的初衷，是为了给当时在中国的外
国人学习汉语用的。

图6-14　酒盒上的茅台的拼音

20世纪20年代，贵州茅台酒已经走向世界，按照当时使用的威妥玛拼音，贵州茅台酒即拼写为KWEICHOW MOUTAI CHIEW。最初有部分年代的茅台酒包装上为"KWEICHOW MOU-TAI CHIEW"或"MOU-TAI CHIEW"，后逐渐演变为KWEICHOW MOUTAI，直至现在，几十年过去了，贵州茅台酒在国际市场上的形象已为人们所熟知，所以继续沿用KWEICHOW MOUTAI这一拼写。

3. 瓶子

瓶子或坛子是盛酒的容器，真正和酒体直接接触，是一级包装物。飞天茅台酒的瓶子如图6-15所示。

图6-15 飞天茅台酒的瓶子

通过对茅台酒瓶尺寸的测量和重量的称量，发现飞天茅台酒瓶的高度约17cm，重量在600g左右。茅台酒瓶，光洁如瓷，因为这个缘故，人们一般把茅台酒瓶通称为"白瓷瓶"。人们以讹传讹，以为茅台酒瓶真的是"陶瓷瓶"。事实上，茅台酒瓶是乳白色玻璃瓶，常简称为"乳玻瓶"。

茅台酒瓶的主要原材料是天然矿石、石英石、烧碱、石灰石等，经1600℃高温融化塑形。茅台酒瓶具有硬度大、抗腐蚀性极佳的特点，与大多数化学品接触都不会发生材料性质的变化，可回收再使用，这种材料也可回炉再造。在烧制工艺上，瓶身均匀，玻璃内无杂质，瓶身表面无金属粉状材料。在淘宝、58同城、闲鱼上，一个二手茅台酒瓶可以卖到60~120元（含外包装）。

茅台酒的酒瓶瓶口有两颗珠子，其材料是玻璃，它们身型虽小但作用却大：第一个作用是防止在倒酒的时候倒得太快太多，添加两颗玻璃珠就能够很好地在倒酒时起到减缓酒液流出的速度；第二个作用就是防止开瓶后，酒香散发过快影响酒的品质，珠子有一定的重量，竖着放置的时候，由于重力的作用，珠子会正好堵在酒瓶的瓶口，起到辅助封闭作用；第三个作用是防止在运输过程中从瓶口漏酒、洒酒，白酒的漏酒是很多酒商们头疼不已的问题，瓶口的两颗珠子对防止漏酒起到了很好的作用；第四个作用是防止利用回收酒瓶造假，因为有玻璃珠的阻隔，从瓶口灌酒是灌不进去的。

飞天茅台酒酒瓶的特征在酒瓶的瓶底也有体现，酒瓶底部有茅台股份公司注册商标（五星麦穗标），茅台酒酒瓶的瓶底如图6-16所示。从图6-16可以看出，瓶底有两个同心圆，第一个同心圆里有两圈文字，第一圈字为瓶子供应商的代号和生产线的代号；第二圈字为贵州茅台有限公司出品的英文字样。第二个同心圆里有两圈图形，第一圈为麦穗，第二圈为五星齿轮。

图6-16 茅台酒瓶瓶底

茅台酒瓶底有瓶子厂的代码，目前茅台酒公司的茅台酒瓶型有四种，即HB、MB、CKK、口，这不是茅台酒瓶的"暗号"，供应商代号在第二圈字的MOUTAI的字母I和CO的字母C之间。通常一箱茅台酒的瓶底代码相同，而一箱茅台最多也只会有2种代码。除了代码，茅台的瓶底还有数字编号，数字在第二圈字的PRODUCE的字母E和OF的字母O之间。而民间流传的编号越大酒越好的说法，是没有任何根据的，这些编码是瓶子生产线的编码，主要用于对瓶子质量的溯源，并不代表酒的优劣，而同批生产的酒质量自然是相同的。若发现整箱酒中底部标识各不相同，就要小心了，因为假酒使用的回收瓶，手工装箱，很难做到底部标识的统一。

上面介绍了茅台酒瓶瓶底的特征，为了掌握并记住这些特征，作者特用一首诗把这些特征进行了概括，诗的内容如下：

瓶底识真假

大圆小圆同心圆，里看外看两字圈，

埃西中间瓶厂码，出品后面流水线，

大口齿尖穗三联，十四星轮左穗断，

真品茅台齿轮宽，假瓶假酒能断案。

第一句和第二句的意思是说，茅台酒瓶的瓶底有大小两个同心圆，外圆里面有两圈字，里圈字是从里面向外看的，外圈字是从外面朝里看的。

第三句和第四句是把外圈字的位置进行了描述。第三句的意思是说外圈字的瓶厂代码在里圈字的公司和茅台的台字的英文之间。第四句的意思是说瓶厂的生产线号在出品的英文 produce 之后。

第五句和第六句对瓶底小同心圆里的麦穗和五星齿轮的相互位置关系进行了描述。第五句的意思是说英文 produce 中的字母 d（用中文"大"指代），向下对应着两个穗没有合在一起的口，接着对应着齿轮的齿尖，最底下对应着两穗的联结处，联结处有三个联结的刻痕。第六句的意思是说五星齿轮有十四个齿，齿轮的左边穗有断的刻痕。

第七句的意思是说真品茅台的齿轮要宽一些，假茅台酒瓶的瓶底的齿轮宽度明显要窄一些。第八句的意思是说通过假瓶判断假酒结论是很明确的。

图 6-17 是真假茅台酒瓶的瓶底对比照片。

图 6-17　真假茅台酒瓶瓶底（１号瓶为真瓶，２号瓶为假瓶）

4. 箱封

整箱酒的打包带应为白色，如图 6-18 所示，如果出现其他颜色的打包带应该是不正常的。真茅台酒箱子的封口胶带较宽。

图 6-18 茅台外箱封带特征

5. 盒封

茅台酒的酒盒子属于易于开启的盒子，盒子的开口处没有封口材料，但是很多白酒的酒盒子都属于破坏开启的，或者有盒封。如图 6-19 所示的是新品五粮液也即普通五粮液酒盒子的封口。

6. 瓶封

白酒的瓶封包括瓶盖和瓶盖上的胶帽或封条之类的包装物。瓶封是假酒不可回避的内容，是真酒暗藏机关的部分，因此要重点

图 6-19 普通五粮液的盒封

对瓶封进行检查，一般都可以发现造假的蛛丝马迹。

很多名优白酒的瓶盖都是一次性的，即只要一开盖，盖子就被破了，无法再次回收利用，而有些酒的瓶盖虽然没有被破坏，但是会在瓶盖上套有带喷码的胶帽，这个胶帽在开瓶时会被破坏，也不能回收再利用。因此不管假

酒是利用回收瓶，还是不利用回收瓶，瓶封部分一定有造假部分，因此在鉴定时一定要仔细检查。

陈年茅台酒在瓶颈上均有铜锁扣，消费开瓶时需使用钥匙开锁，锁扣开锁即毁。对于普通飞天茅台酒来说，其瓶盖在开瓶时是不会被破坏的，但是瓶盖上有一个开瓶时会被撕毁的胶帽，胶帽是加在茅台酒瓶盖上的，因此也把其看作是白酒瓶封口的一部分。现在所有的飞天茅台酒的胶帽都可以左右旋转半厘米到一厘米，而很多假酒却转不动，根据多年的实践，此现象可以作为飞天茅台酒真伪鉴别的一个重要依据。茅台酒瓶帽上有三行喷码，如图6-20所示。

图6-20　茅台酒的三行喷码

三行喷码所代表的意思如下。

第一行喷码代表的是生产日期，即包装出厂的日期。

第二行喷码代表的是酒体批次，格式为"年+顺序号"，茅台酒的基酒在勾调好之后，就形成了茅台酒的批次酒，有一个批次号，每批次的酒还会继续存放至少一年的时间，才可灌装出厂。因此，茅台酒批次号的年份一般要比生产日期的年份早一年。

第三排喷码代表的是同一批次茅台酒的每瓶酒的流水号，即这瓶酒在当天生产过程中下线的瓶号，通常为五位数字。茅台酒的喷码是每瓶一号，不会重复，段号为五位，最小的五位数是10000，代表一万瓶酒或俗称的50000斤酒或25吨酒。为加强产品追溯体系建设，从2017年7月7日开始，飞天茅台酒的流水号在原流水号的前面增加了两位班组编码（原流水号为 5 位数字）。班组编码由"A+一位大写字母"表示，所以现在看到的流水号为"A+一位大写字母+五位数字"。这三排数据具有唯一性，若出现三排数据都相同的两瓶酒，则其中至少有一瓶是假酒。

　　茅台酒的盖帽不是普通的胶帽，本身是有技术含量的，可以起到防伪的作用，这在验防鉴真伪的部分进行过介绍，本部分重点介绍的是把胶帽作为白酒包装的一部分，重点检查的内容是其上面的文字。茅台胶帽上的文字是喷码上去的，有自身的特征，重点要抓住数字 2、1、6 和 9。数字"2"字的中间有两个小圆点是水平平行的，几乎重叠在一起。猛一看就像树枝上结了一个小疙瘩，圆点附近其他的点都是斜着上下排列的。喷码 1 字的特征是穿鞋戴帽；喷码 6 和 9 字的特征是平头平底。

　　总体来讲正品茅台酒胶帽上喷码的圆点多数在放大镜下都能看清楚，如果字迹模糊就要注意。2009 年之前的茅台酒瓶盖上的茅台标志应在火漆外面，是热封的，而假茅台酒的茅台标志一般在里面用蜡封住，外观看起来比较模糊。茅台胶帽上的喷码数字的特征总结如下面这首诗，诗的内容上面基本都介绍过了，诗句的意思比较浅显，这里就不逐句进行解释。

喷码字体特征

真酒盖帽能移位，一二九六有特征，

穿鞋戴帽一所为，二字中间点平行，

六九平头平底跪，这些特征要记清，

如果体改色也变，断定假酒很肯定。

　　对于飞天和五星茅台酒来说，盖帽上还有两条红飘带，如图 6-21 所示。茅台酒瓶口的"红色飘带"实际上就是中国古代酒旗的化身，酒旗，也称酒望、青旗、酒帘、锦旆等，是中国最为古老的广告形式。酒旗在我们国家有着非常悠久的历史，《韩非子》中就记载："宋人有沽酒者……悬帜甚高"，这里的"帜"指的就是酒旗。

图6-21　茅台酒的飘带特征

　　茅台酒瓶盖上两条飘带是由包装车间的女员工手工一条条系上去的，每个茅台酒的班组一天要包装三万多瓶，一天只有十几个人拴，每个人可以拴二三千瓶。每条飘带上还有对应女员工的代号，再结合生产日期、批次等信息，就可以通过代号追溯到红色飘带的来源，如果有问题，就可以责任到人。真酒瓶体上的飘带是垂直、笔挺，内飘带上有员工代号，外飘带上则没有。五星茅台和飞天茅台的飘带是不一样的，五星茅台两个飘带上的字是不一样的，内飘带上有八个字从左边看是"中国名酒世界名酒"，外飘带上七个字从右边看是"中国贵州茅台酒"。对于飞天茅台酒来说，内外两个飘带上的字从左边看都是"中国贵州茅台酒"。

　　为了更好地掌握茅台酒飘带上的这些特征，笔者特别用一首诗进行概括，诗的内容如下，诗句的意思比较浅显，这里就不逐句进行解释。

茅台之飘带

两带藏号齐茅飘，五星名贵飞两贵，

名贵相对左右窥，飞天都是从左追。

7. 标签

　　标签一般是和包装连在一起的，有的是直接印刷在包装物上，有的则是贴在包装物上，因此，标签可以看作是包装的一部分。本部分重点查看标签上印刷的图案或字的体形、色泽及标签的做工质量。

对标签特征的把握，不一定需要面面俱到，可以只抓住其中几点，下面以飞天茅台酒的标签为例，进行特征的介绍。

对名优酒来说，最突出的特征是注册商标，注册商标一般都会印在标签上，对"飞天茅台酒"来说，就是"飞天"标志。1953年起，茅台酒厂受贵州省工业厅直接领导，茅台酒启用"金轮"商标并开始外销，即现在的"五星"商标。但由于商标中存在"五星""齿轮"等元素，这一商标图案被国外政客视为"政治商标"，因而受到歧视。在这种背景下，贵州粮

图6-22 飞天茅台酒的飞天标志

油食品进出口有限公司为了拓展海外市场，于1958年委托香港一家设计公司进行外销酒的商标设计，根据国际市场的运行需要，和弘扬中华民族文化的原则，最终采用中国敦煌壁画飞天中的"仙女献酒"图案作为外销酒的商标，如图6-22所示。1959年在中国及东南亚等18个国家进行注册，使用至今。

"飞天"标识图案中两个人的形象，来源于享誉全球的中国敦煌壁画艺术"飞天"。即"散花传香"的"天歌神"乾闼婆，与"奏乐起舞"的"天乐神"紧那罗。据说他们是一对夫妻，形影不离，融洽和谐，两个神仙合捧一盏金爵酒杯，曼舞天际，传播酒香。"飞天"标识寓意传香颂乐，是加强中西方饮食等文化的交流纽带，是传递中西方友谊的崇高使者。"飞天"商标的精髓，可以说是中国酒文化和中国历史文化的完美结合。仙女头上有两颗珍珠，用五倍放大镜可以看到。飞天标志的总体特征可以用一首诗进行总结，诗的内容如下：

飞天商标

左乾右紧是夫妻，飞天歌女光脚男，

合捧金爵齐献酒，黄红三带头上缠，

男项念珠女腰袋，女上男下腕红腕，

中英交替繁大繁，记住特征真假判。

第一句是对两个人的名字进行了介绍。意思是左边叫乾闼婆，右边的叫紧那罗，他们是一对夫妻。

第二句对两个人的特征进行描述。意思是说左边的是飞天歌女，右边光脚的是男性，那左边的是"天歌神"乾闼婆，则是女性。

第三句则描述了两者在干什么事。意思是说这一对夫妻合捧着金爵酒杯向天际献酒。

第四句则对两者头部特征进行描述。意思是说两者头上缠有黄色和红色三条头带。

第五句意思是说男的脖子上带有念珠，而女的腰部缠有袋子。

第六句的意思是说女子手的上部分带着红腕带，而男子手的下部分带着红腕带。

第七句则对文字特征进行了描述。意思是说中文、英文交替排列，先是繁体中文，接着是大写的英文字母，最后还是繁体中文。

从目前的情况看，仿品飞天标志做得与真品一模一样的还没有，通过飞天标志发现假茅台酒是很管用的，容易看出破绽。假飞天茅台酒的飞天标志在图6-23中标注的4处很容易露出马脚：①飞天歌女腰部缠的袋子的一道褶子的一头有弯曲，假酒的一头则无弯曲。②飞天歌女左连接裤摆的飘带绳中间的弯折无弯曲，假酒的弯折处有弯曲。③左边飞天歌女上面裤摆右侧小口，2010年以前闭合；2011年开口；2012年以后闭口；有年前年后交错现象正常。④假酒右侧光脚男的脸部容易变形，变瘦，红色很浅。

对于五星茅台酒来说，注册商标是五星商标，如图6-24所示。假品的五

图 6-23 飞天标志的特征点

星标也很难做到与真品完全一模一样，只要仔细查看，就能发现问题。注册
商标是注册过的，每一笔每一画都是法定的。所以，只要有不符合的笔画、
字体、符号等，就是伪造的，这就是商标鉴别真假酒的核心所在。图 6-24 圈
出的地方为与真品不相符合的地方。

图 6-24 五星标志

作者对真假茅台酒鉴别时，发现茅台酒的瓶身上的正标和背标的字体和
色泽是有其特征的，当和假酒放在一起时，对比更加明显。图 6-25 是一瓶真
茅台和一瓶假茅台正标的对比图。

通过图 6-25 可以看出，真茅台的文字明显要粗，而且白，另外假茅台的
16.9FL. OZ. 中的 9 和前面的点有明显的空格，这是全角和半角的区别，半角
是正确的，全角则是错误，为假酒的标志。为了记住这些有用的特征，作者

图6-25 飞天茅台酒正标有下脚部分的特征（左边为假品，右边为真品）

把这些特征总结成一首诗，诗的内容如下，意思比较浅显，这里就不逐句加以解释。

前标体改色变

中英字体粗且白，四段填空黑点挨，

小写大写交替来，点九相连没空在。

飞天茅台酒瓶背标上的"国酒"的酒字和其中的两个"特"字有明显特征。飞天茅台瓶身的背标，如图6-26所示。

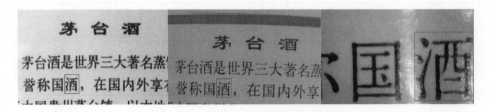

图6-26 茅台酒背标第二行国酒的酒字特征

背标主要记住一个字"酒"。2009年上半年以前，背标第二行"誉称国酒"的酒字中间一横笔画两头到头，无空隙。2009年下半年以后，中间一横笔画不到头，两头有空隙。

图6-26中左边的背标是2009年2月的，酒字中间一横到头；中间的背标是2010年5月的，酒字中间一横不到头；最右边是2011年9月的。利用这一特点可以鉴酒，例如，如果2009年下半年以后，这个酒字中间一横是到头的，那么就是问题酒。

背标上"独特"和"特点"的"特"字也是有特点的。其中独特的"特"字，其中一点和上面一横是有空隙的，而特点的"特"字和上面一横是相连着的，如图6-27所示。这个也是2009年以后茅台的特征。

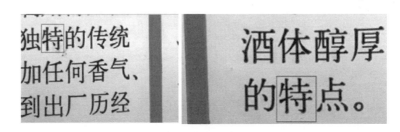

图6-27　茅台酒背标里的两个"特"字特征

为便于读者记住这些特征，把这些特征总结成一首诗，诗的内容如下，意思比较浅显，这里就不逐句加以解释。

背标特征

国酒一横不到头，右边起峰是特点，

特字特点在最后，独特独立特点连。

8. 合格证

按照我们国家白酒的相关国家标准，产品合格证属于产品包装的一部分，国家明确要求白酒在产品出厂前，应由生产厂的质量监督检验部门按标准规定逐批进行检验，检验合格，并附质量合格证，方可出厂。产品质量检验合格证明（合格证）可以放在包装箱内，或放在独立的包装盒内，也可以在标签上打印"合格"二字。我们国家白酒企业普遍的做法是在包装箱内放上产品合格证，合格证的样子如图6-28所示。

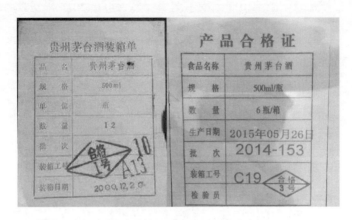

图6-28　产品合格证

在2010年8月4日以前，贵州茅台酒合格证的名字为"装箱单"，2010年8月4日之后，合格证的名字改成了"产品合格证"。2011年8月份以前，使用纯蓝色的字，之后到现在一直都是使用浅蓝色的字，另外装箱工号自2017年7月7日之后，由一个字母变成了两个字母。

掌握这些变化，对判定真假茅台酒具有重要的参考价值。例如购买到一箱2010年8月4日之前生产的飞天茅台酒，假如在包装箱里随附单是产品合格证，那么这一箱酒都可以判定为假酒。

（二）　三八三项鉴真伪

为便于大家理解和掌握包装鉴别酒真伪的内涵，特地把相关内容，用一首诗进行总结，诗的内容如下。诗句的意思比较浅显，在此就不一一做解释。

包装辨真伪

白酒包装有八部，三包三封签合证，

瓶盖标签三最少，三封盖帽必重弄，

期批流水是重点，字体色泽和做工，

体改色变套松掉，一假就假能确定。

第一句和第二句描述了商品白酒包装的八个部分，即三级包装物和其上的三种封口材料、标签和装在箱子里的合格证。

第三句描述了商品白酒作为商品独立销售单元的最少的三个部分包装即瓶子、盖子和标签。第四句的意思是说对于假酒来说，因为真酒的破坏性开启的缘故，三种封口材料和盖子上的胶帽必须要重新伪造。

白酒企业经常把生产日期喷在瓶盖上。对于飞天茅台酒来说，会在瓶盖上加套一个防伪胶帽，生产日期、批次等信息就会被喷在胶帽上。第五句的意思是说瓶盖（或胶帽）上的喷码，例如日期、批次号、流水号是鉴别的重点，仔细查看这些喷码的字体、色泽和瓶盖或胶帽的做工。

第七句和第八句则描写了包装鉴定真假酒的判定依据。如果形体发生了改变、色泽发生了变化、套色松散或者套色掉了，这些都是假酒的标志，是判定假酒的证据。

四、 标签鉴真伪

在通过包装物鉴定酒的真伪时，把标签归为酒的八个部分的包装之一。这里进一步介绍通过标签来鉴别酒的真伪。这里需要解释的是这里提到的标签和包装部分提到的标签是有区别的。包装部分的标签是指通过标签上非技术内容例如字体、色泽和做工质量来判定真假酒。这里提到的标签是指通过查看标签上的技术内容来判定真假酒，具体来讲标签鉴真伪是指通过对四类标签的四类标注内容进行检测，从而对酒的真假做出判断。

（一） 四类标签

标签是酒的"身份证"，酒的基本信息都会通过标签来展示。对完整的白酒来说主要有四类标签，即箱子上的标签，产品合格证标签，盒子上的标签和瓶子上的标签即"三包三签合格证"。

（二） 标签内容

标签标注的内容有四类，一类是强制标示的技术内容，二是储运标志，三是认证标志，四是企业自行标注的和酒质量有关的信息。

1. 强制标示内容

国家标准要求在标签上标注的内容，总结起来有九项强制内容，四项其他应该标注的内容和三项推荐标示的内容。为了方便理解和记忆，笔者把标签标注的法定内容用下面一首诗进行了总结，诗的内容如下：

标签标注内容

三包三签合格证，九强四其三推荐，

食名原量净规格，生产经销方地产，

生日保质准许贮，其他等级营照转，

推荐批号方致敏，警示酒度法定单。

第一句列举了四种标签即三种包装物上的标签和产品合格证。

第二句的意思是说国家标准要求在标签上标注的内容有九项强制内容，四项其他应该标注的内容和三项推荐标示的内容。

第三句到第五句列举了九项强制内容：一是商品名称和标准定的名称，二是配料表，三是配料的定量标示，四是净含量和规格，五是生产者、经销者、地址、产地和联系方式，六是生产日期和保质期，七是贮存条件，八是食品生产许可证号，九是产品标准代号。

第六句则列举了四项其他应该标注的内容，即质量等级、营养标签、辐照食品和转基因食品的标示。

第七句则列举了三项推荐标注的内容，即批号、食用方法和致敏物质的标示。

第八句则是其他国家标准中规定的内容和要求，即警示语、酒精度和法定单位的使用。

表 6-4 是对 2018 年生产的真品茅台标签标注内容的检测结果。其中 1~9 项是标签标准规定的九项强制内容。第 10 项是其他需要标示的内容。第 11 项是推荐标示的内容。第 12 和第 13 项是其他标准规定的需要标注的内容。

表 6-4　　　　　　　　　　飞天茅台酒标签标注内容的检测

序号	检测项目	单位	标准测定值	测定值	单项判定
1	食品名称	—	食品名称	贵州茅台酒（酱香型白酒）	符合
2	配料表	—	配料表	原料与辅料：高粱、小麦、水	符合
3	配料的定量标示	—	配料的定量标示	—	符合
4	净含量和规格	—	净含量和规格	500mL/瓶	符合
5	生产者和（或）经销者名称、地址、联系方式、产地	—	生产者和（或）经销者名称、地址、联系方式、产地	生产者：贵州茅台酒股份有限公司出品，厂址（产地）：贵州省仁怀市茅台镇，邮编：564501 电话：400-818-9999	符合
6	生产日期和保质期	—	生产日期和保质期	见瓶盖喷码	符合
7	贮存条件	—	贮存条件	阴凉 干燥、密封保存	符合
8	食品生产许可证编号	—	食品生产许可证编号	SC11552038220099	符合
9	产品标准代号	—	产品标准代号	GB/T 18356	符合
10	其他需要标示的内容	—	等级、营养标签、辐照食品、转基因食品	—	符合
11	推荐标示的内容	—	批号、食用方法和致敏物质	2017-094	符合
12	酒精度	—	酒精度	53%vol	符合
13	警示语	—	警示语	过量饮酒，有害健康	符合

箱子上的标签需标示的内容：一个销售单元的包装中含有不同品种、多个独立包装可单独销售的食品，每件独立包装的食品标识应当分别标注。外包装纸箱上除标明产品名称、制造者名称和地址、生产日期外，还应标明单位包装的净含量和总数量。

　　盒子上的标签需要强制标示的内容：若外包装易于开启识别或透过外包装物能清晰地识别内包装物（容器）上的所有强制标示内容或部分强制标示内容，可不在外包装物上重复标示相应的内容，否则应在外包装物上按要求标示所有强制标示内容。

　　瓶子上的标签强制标示内容：瓶子上的标签是主要的展示版面，一般来说有正标和背标。不应与食品或者其包装物（容器）分离。净含量应与食品名称在包装物或容器的同一展示版面标示。

　　按照国家规定，在我们国家，白酒生产企业必须获得食品生产许可证，才可以生产商品白酒，国家标准也要求企业在标签上标注生产许可证编号。目前的食品生产许可证编号由 SC（"生产"的汉语拼音字母缩写）和 14 位阿拉伯数字组成。数字从左至右依次为：3 位食品类别编码、2 位省级行政区域代码、2 位市（地）代码、2 位县（区）代码、4 位顺序码、1 位校验码。第一位数字区分是食品和食品添加剂，当为 1 时，该产品是食品类；当数字为 2 时，说明该产品是食品添加剂类。第二位和第三位用来表示产品小类别，酒企的代码为 15。紧接着六位为省市县代码，和同一地方的居民身份证号码前六位同号。六位省市代码之后的四位数字代表生产企业在所在省市县行政区域内申报该食品小类别的次序，即申请先后的流水号。最后一位为校验码。为了记住 14 位食品生产许可证编号代表的意义，笔者用一首诗来进行概括，诗句的内容浅显易懂，这里就不逐一介绍。

生产许可证编号

头三尾四跟一校，中间六位省市县，

一食二添跟两小，一五为酒能判断。

2. 储运图示标志

包括包装储运图示标志或物流码，其中包装储运图示标志应符合 GB/T
191 要求。整件飞天外箱的物流码和箱内的酒瓶子物流码应是相一致的，如果
对不上那就是假的。

图 6-29　飞天茅台背标上十位物流码

茅台酒瓶背标上的小标上的 10 位数码为物流码，如图 6-29 所示，其可
用于追溯这瓶酒出厂的物流信息，也可以知道这是属于哪家经销商的酒。值
得注意的是，同一包装箱中，外箱上的物流码与内装酒的物流码一般情况下
都是相同的，但也存在特殊情况，即可能存在内装酒瓶上 10 位数全为零
的码。

3. 认证标志

认证标志主要包括生产许可证标志、地理保护产品标志、绿色食品标志、
有机食品标志等。飞天茅台酒盒子的第四个展面上有中国有机产品认证机构
即南京国环有机产品认证中心的图标、中国有机产品的图标和中华人民共和
国地理标志保护产品三个图标。茅台酒厂在 1999 年，在行业内率先通过"绿
色食品"认证；2000 年 3 月，获得国家质量技术监督局"中华人民共和国地
理标志保护产品"。2001 年 12 月，通过了"中国有机产品"认证。其后，均
按要求定期接受考核，通过复审认证。

图 6-29 的第二行数码为有机码。为保证有机产品的可追溯性，国家认监

委要求认证机构在向获得有机产品认证的企业发放认证标志或允许有机产品生产企业在产品标签上印制有机产品认证标志时，必须按照统一编码要求赋予每个认证产品一个唯一的编码。该编码由 17 位数字组成，其中认证机构代码 3 位、认证标志发放年份代码 2 位、认证标志发放随机码 12 位，并且要求在 17 位数字前加"有机码"三个字。

每一个产品的有机码都需要报送到"中国食品农产品认证信息系统"（网址 http://food. cnca. cn)，任何个人都可以在该网站上查到该枚有机标志对应的有机产品名称、认证证书编号和获证企业等信息。

4. 企业自行标注内容

以飞天茅台酒为例。酒瓶主标和盒子第四展面上标注有 53% vol. 106PROOF. 500mL. 16.94FL. OZ. ，如图 6-30 所示。其中"%vol"是国际通用的酒精体积分数，即我们所说的"度"。"PROOF"是美式酒精度单位，1PROOF＝0.5%vol，因此 53%vol 相当于美式 106PROOF。"FL. OZ. "是 fluid ounce 的缩写，译为液体盎司，是容积单位，1 FL. OZ. ＝29.57mL，所以 500mL 约等于 16.94FL. OZ。茅台酒作为国际知名流通商品，以多种国际常用单位标示就不足为奇了。

图 6-30　飞天茅台酒外包装盒上的英文标注

在包装箱内，附上质量合格证是国家标准的要求，国家标准只要求合格证上必须有"合格"二字，除此之外就没有要求其他的内容，其他内容属于企业自行标注的内容。对飞天茅台酒来说，目前产品合格证上标注的内容包括食品名称、规格、数量、生产日期、批次、装箱工号和检验员。为了记住这些内容，以飞天茅台酒为例，这些标注的内容可以用一首诗来概括，诗的内容如下，诗的内容浅显易懂，这里就不逐句解释。

产品合格证

二七表格合格证，规格名量三行红，

期批工号三蓝行，检验合格加蓝菱。

（三） 判定依据

通过标签的技术内容来判定酒的真假，主要是通过查看标签技术内容是否存在明显错误以及技术内容本该要变化，但是标注内容没有变化，这些标注错误或标注没有随标准变化而变化是判定假酒的确切证据。因为对于正规厂家来说，尤其对名优酒厂家来说，都有专业人员研究国家对标签标注的要求，一般是不会犯明显错误的，也会关注国家对标签标注要求的变化，会随着国家要求的变化而变化标注内容。

下面举几个例子，对此进行说明。例如特供茅台酒的字样，特供茅台酒自 2006 年 8 月 31 日之后就不生产了，若发现有在此日期之后生产的，诸如"内供""军酒""军区专用""首长专用""中央机关事务管理局专用""政府招待用酒"等特殊标识的茅台公司出品的酒，100%都是假酒。茅台酒不分等级，无所谓正、次品之说，如有划分品级的也肯定是假的，茅台酒厂从未生产销售所谓的内供酒、职工内部用酒、节日专（特）供酒等产品，这些产品全部为假冒侵权产品。

现在生产许可证的编号前置字母由 QS 变成 SC。具体时间是从 2018 年 2 月开始，飞天 53%vol 500mL 贵州茅台酒（带杯）（1×6）彩盒的"生产许可

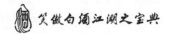
证号：QS5200 1501 0001" 变更为 "生产许可证号：SC11552038220099"。

（四） 标签口诀

为便于大家理解和掌握标签鉴别酒真伪的内涵，特地把相关内容，用一首诗进行总结，诗的内容如下。诗句的意思比较浅显，在此就不一一做解释。

四看标签

三包三签合格证，强制储运加认证，

九强四其三推荐，酒名度量同一平，

物流十位有十七，你是唯一标每瓶，

国有地产三标志，错误变化是确证。

五、 品评鉴真伪

（一） 内容

品评鉴真伪是指通过对酒体进行感官品评，重点从评论、评比、评级分、评语和相似度共五个方面对酒体进行评价。这五方面的评价成为评判酒真假的五个重要依据。

据统计60%的假酒是由质量极其一般的普通白酒假冒的，大多是由非真品厂家酿造的酒来做的，这些假酒的炮制者尽管在商标与瓶型上下过不少功夫，有的甚至在外观上能以假乱真，但一经品评即可判定真假，因此，通过对酒体进行品评也是鉴别真假酒的一个非常重要的手段。

有一部分假酒是用较便宜的正规合格酒来假冒的，甚至使用真品厂家的、价格低的不同种类的酒，这时候需要对被鉴定酒的风格有较清晰的认识。下面以真茅台为例，谈一下真酒的特征及品尝的步骤。

如果从人的嗅觉、味觉审美角度感受茅台酒的品位风格，可以用 "幽雅细腻，酱香突出，协调丰满，回味悠长，空杯留香"来加以表达。茅台酒的成分种类，是所有蒸馏酒中最多、最丰富、最协调、最有层次感的"复合香"。当人们开瓶启酒时，立刻会感受到一股幽雅的芳香气扑面而来；饮酒入喉，获得的香味感又是一种夹带着醇甜浓郁的酱香风味缓缓往下流。即使酒尽杯空，举杯闻吸，仍能鲜明地体会到一股类似香兰素等复合的丝丝幽香飘逸其间，并可长达数天。

作为消费者如何品鉴贵州茅台酒呢？可分五个步骤：一是观察茅台酒的颜色，茅台酒是无色（或微黄）、透明、无悬浮物、无沉淀物的液体。可以取一个质地均匀的玻璃杯，然后注入三分之二的酒，以白桌布为背景来观察酒的颜色和纯净度，从而判断酒的好坏。二是闻茅台酒的香气。闻香时拿起酒杯，放在鼻子底下闻酒的香气，茅台酒具有酱香突出、幽雅细腻的香气，香气舒适、香不而艳。三是进一步嗅茅台酒香气，如果说闻香是为了感受茅台的前香，嗅则是为了感受茅台酒的体香。四是尝茅台酒的味道。先喝一点酒，布满舌头表面，然后慢慢咽下去。重复喝 2~3 次就会品出茅台酒的味道，酒体醇和、谐调丰满，回味悠长。五是嗅茅台酒的余香。将酒杯中的酒倒干，嗅其空杯香。空杯留香是茅台酒与其他名酒的又一区别，茅台酒的空杯留香突出、幽雅舒适、隽永悠长。

（二）品评酒体鉴真伪口诀

为便于大家理解和掌握品评鉴别酒真伪的内涵，特把相关内容，用一首诗进行总结，诗的内容如下。

品评酒体辨真伪

商品白酒九部酒，肯定伪造不用问，

对照真品进行品，六脉神鉴要上阵，

评论评比评级分，加上评语相似分，

抓住特征和等级，相差太远是假品。

第一句的意思是说商品白酒可以分解成九个部分，因此也称为九部酒。第二句的意思是说对假酒来说，九部酒的第九部分的酒水，肯定是伪造的。

第三句和第四句描述怎样进行品评。第三句的意思是说，对照真酒对需要鉴别真假的酒进行品评。第四句的意思是说品评是需要用到品酒的望、闻、嗅、尝"四诊"对酒进行检测，建三观，成六脉神鉴。

第五句和第六句对品评内容进行了描述。即品评重点在评论、评比、评级打分、评语和相似性品评。

第七句和第八句对判断标准进行了描述。意思是说要抓住酒的特征、等级，如果和真酒相差太远，则可以判定为假酒。

六、 检测鉴真伪

（一） 内容

对酒主要的六类理化指标进行检测，根据检测结果对酒的真假做出判断。六类指标是指微量风味成分、酒精度、总酯、总酸、固形物和安全指标（定量六类有微风，度酯总酸加固全）。

据统计约有20%的假酒是由质量较好的优质酒进行假冒的，这类酒单凭感官品评已很难分真伪，但如果从主要香味组分的含量及其量比关系入手则不难得出结论。

白酒的微量风味成分可以通过气相色谱进行分析，国家食品监督检验中心对名优白酒进行真假鉴定时，测定的微量风味成分有十四种，分别是乙醛、甲醇、乙酸乙酯、正丙醇、仲丁醇、异戊醛、乙缩醛、异丁醇、正丁醇、丁酸乙酯、异戊醇、戊酸乙酯、乳酸乙酯、己酸乙酯。醛类的官能团像人的头，在此可以形象地把醛类用头来比喻。醇类的官能团像人的手臂，在此可以形象地把醇类用手臂来比喻。上面十四种微量风味成分中酯类化合物有五种，简称五酯。这十四种微量风味成分可以简称为"三头六臂和五酯"。

（二） 酒的风味组成密码

即指酒的微量成分的量和量比关系。笔者对真品飞天茅台的微量风味成分进行了重点研究，总结出飞天茅台的风味组成密码如下。

醛类组成密码：真品飞天茅台的异戊醛含量大于 5mg/100mL（乙醛、乙缩醛的含量大于 50 mg/100mL）。乙醛：乙缩醛：异戊醛约为 1：1.1：0.1。这些密码可用一首诗总结，诗的内容如下：

三头

乙醛乙缩异戊醛，乙醛两醇成缩醛，

三醛相比数是一，含量超五异戊醛。

第一句的意思是说白酒中三种主要的醛类包括乙醛、乙缩醛和异戊醛三种醛。第二句的意思是说乙醛和两个乙醇通过缩合反应就生成了乙缩醛。第三句的意思是说飞天茅台酒中的三种醛的含量比例正好是一。第四句的意思是说异戊醛的含量超过 5mg/100mL。

高级醇类组成密码：异戊醇含量小于 50mg/100mL（正丙醇含量小于 100mg/100mL）。甲醇含量小于 30mg/100mL。异戊醇：正丙醇：异丁醇约 3：6：1。这些密码可用一首诗总结，诗的内容如下：

六臂

三个丁醇三甲五，茅台甲醇也就十，

丙醇一百两异戊，异戊异丁三比一。

第一句的意思是说白酒中六种主要的醇类包括仲丁醇、正丁醇、异丁醇、正丙醇、甲醇和异戊醇。第二句的意思是说飞天茅台的甲醇是 10mg/100mL 左右。第三句的意思是说飞天茅台酒中正丙醇的含量 100mg/100mL 左右，是异戊醇含量的两倍。第四句的意思是异戊醇、正丙醇和异丁醇三醇含量的比例为 3：6：1。

酯类组成密码。乙酸乙酯（在本章中简称乙酯）含量大于 150mg/100mL，乙酯与乳酯（乳酸乙酯的简称）之和大于 220mg/100mL，己酯（己酸乙酯的简称）小于 30mg/100mL。乙酯：乳酯约 3：2。丁酯：己酯约 4：1。这些密码可用一首诗总结，诗的内容如下：

五酯

五酯戊酯加四酯，乙乳丁己是四酯，

乙酸乙酯叫乙酯，其他简称是同理，

总酯己酯按国标，乙酯一百又五十，

乙酯乳酯三比二，丁酯己酯四比一。

第一句的意思是说白酒中五种主要的酯类是戊酸乙酯和四大酯。第二句的意思是说，四大酯是乙酸乙酯、乳酸乙酯、丁酸乙酯和己酸乙酯。第三句的意思是乙酸乙酯简称取头尾两字成乙酯。第四句的意思其他五个酯的简称用同样的方法进行。第五句的意思是说总酯和己酯的含量满足酱香型白酒国家标准 GB/T 27670。第六句的意思是说乙酸乙酯的含量大约在 150mg/100mL 左右。第七句的意思是说乙酸乙酯、乳酸乙酯的比例三比二左右。第八句的意思是说丁酸乙酯、己酸乙酯的比例是四比一左右。

（三）检测分析鉴真伪口诀

为了更好地理解和记住鉴别真假白酒时需要检测的六类理化指标，十四种微量风味成分等内容，笔者将相关内容进行了总结，并融合在一首诗里面，诗的内容如下：

六类理化指标

定性定量都可鉴，定性简单加水碱，

等量加水浊度变，加碱加热颜色变，

定量六类有微风，度酯总酸加固全，

三头六臂和五酯，量和量比能判断。

诗的前四句对定性鉴别分析方法做了描述，后四句对定量鉴别分析方法做了描述。

第一句的意思是定性定量分析都可用于酒的真伪鉴别。第二句的意思是说定性鉴别方法很简单主要包括加水和加碱两种方法。

第三句的意思是说加水的方法一般是等量的酒加等量的水，之后观察浊度的变化情况。第四句的意思是说加碱的方法是加碱之后要进行加热处理，之后观察颜色的变化情况。

诗的第五句和第六句的意思是说要通过检测分析来鉴别白酒真伪时，定量分析的指标主要有六类，包括微量风味成分、酒精度、总酯、总酸、固形物以及安全指标。

第七句是对定量分析中检测的十四类微量风味成分进行了列举。意思是包括乙醛、乙缩醛和异戊醛三种醛，甲醇、正丙醇、仲丁醇、异丁醇和正丁醇六种醇和乙酸乙酯、乳酸乙酯、丁酸乙酯、己酸乙酯及戊酸乙酯五种酯。

第八句的意思是说定量分析之后，重点要查看定量指标的绝对量和绝对量之间的比例关系。

通过定量检测分析判定假酒的依据主要是根据白酒的微量风味成分的含量与含量的比例关系，一般来说很难将一个酒的所有的骨架微量风味成分调到和另一个酒完全一样，即使是人工配制也很难，这样就很容易根据微量风味成分的量和量的比例来判断真假酒。为了更好地理解定量检测分析判定真假酒的质量，把核心内容总结成一首诗，诗的内容如下：

检测分析判定原理

各酒各位有特点，神奇密码量比现，

假酒量比古难全，量比判断很客观。

诗的第一句是说各种白酒的各个微量风味成分的含量都有自己的特点。第二句是说各种酒的组成密码可以通过微量风味成分的含量和含量的比例来显现。第三句是说假酒的量和量比关系和真酒很难做到全部一样或接近。第四句是说通过量和量的比例来判断真假酒很客观。

表6-5是真飞天茅台和一种假飞天茅台的14种微量风味成分。根据上面总结的飞天茅台酒的组成密码，可以判定样品1是假的飞天贵州茅台酒。

表6-5　　　　　　　　真假飞天茅台的微量风味成分

名称	单位	样品1	样品2
乙醛	mg/100mL	49.2	66.2
甲醇	mg/100mL	10.1	10.8
乙酸乙酯	mg/100mL	100.2	178.3
正丙醇	mg/100mL	161.3	98.8
仲丁醇	mg/100mL	6	1.7
异戊醛	mg/100mL	小于1	6.6
乙缩醛	mg/100mL	33.8	74.8
异丁醇	mg/100mL	13	15.9
正丁醇	mg/100mL	4.3	5.9
丁酸乙酯	mg/100mL	4.3	4.2
异戊醇	mg/100mL	34.6	45.3
戊酸乙酯	mg/100mL	3.4	小于1
乳酸乙酯	mg/100mL	68.7	117.7
己酸乙酯	mg/100mL	2.1	1.1

食全酒美，
美美与共之原则

首先解释一下本章标题的含义，其中美美与共在本书里指的是美食与美酒搭配的意思，也可以称为食酒搭配或餐酒搭配。而食全酒美指的就是美食与美酒搭配的原则，关于食全酒美的具体意思，会在后面进行具体的解释。

第一节　什么是美美与共

要了解美美与共的问题，可以从关于美美与共的三个基本问题入手进行了解。这三个基本问题分别是：

（1）为什么要进行美美与共？

（2）美美与共有没有一定原则或规则？

（3）如果有原则，那么最基本的原则是什么？

下面对这三个基本问题进行简要的阐述。首先探讨一下，为什么要进行美美与共的问题。美食与美酒永远不分离，尝美食，品美酒，美食配美酒，就像经历一次味蕾的巅峰旅行，是很多食客们最推崇的生活方式。一顿美食，如果缺少了美酒的陪伴，这顿美食会大打折扣，从一定程度上讲，美食离不开美酒。同样，美酒也离不开美食的陪伴。因为，相对饮料来说，酒的刺激性要大很多，尤其是烈性酒，烈性酒中的中国白酒其感官冲击又显得更为强烈，一般不太适合净饮。喝中国白酒的时候，如果有几个下酒菜，就会明显增加中国白酒的可饮性，也会明显增加饮用的愉悦程度。

因此，美酒配上美食会明显增加饮者的舒适感。反过来，如果光有一桌美食，但没有美酒相伴，那么这一顿美食也会逊色很多，我们中国流传"无酒不成席"这么一句话，应该可以很好地诠释美酒对宴会或美食的加分作用。

因此，美食离不开美酒，美酒也不开美食，因各自的需要，美食和美酒走到了一起。恰到好处的美食与美酒的搭配，会相互加分，起到倍增效果。不同的食物与不同的酒搭配会有不同的效果，这也是为什么我们中国老百姓会在喝酒的时候会经常说，点几个下酒菜。美美与共，美食美酒搭配，中国人分享表达的饮酒文化，与之相配的是干杯行为，这时下酒菜显得尤为关键。

我们可能都会有这样一些生活经验，一顿饭所点菜的种类和数量，明显会受到喝不喝酒的影响。

关于第二个问题，即美美与共有没有一定的原则呢？显然美美与共并没有硬性原则。即美食与美酒的搭配更多的是喜好问题，是文化问题，并不是什么法律问题，而且某一种搭配也不一定适合所有的人，即使同一个人，在不同的时间，不同的状态，可能选择的美食与美酒的搭配方式也是不一样的，甚至完全不一样。

情况如果是这样的话，那么美美与共还有没有原则呢？我们的答案是肯定的，也就是说美美与共之间是有一些可以参考的原则的。

接下来我们探讨一下美美与共的第三个基本问题，即美美与共的基本大原则是什么呢？

通过美食与美酒的研究，我们总结出来的美美与共的基本大原则是"食全酒美"，即美食与美酒搭配之后，至少要保证食品给人机体带来的安全、营养和健康属性不要受到影响，最好是这些属性能发挥得更全面；现在已经进入感官消费时代，在不影响健康的前提下，提高满足感就是最高追求，满足感是感官体验，感官是心理精神层面的东西，这是食品的美味属性。美食与美酒搭配之后，要让食物和酒的美味属性也要更进一步。美食与美酒搭配的原则如图7-1所示。

图7-1　美食与美酒搭配的理论原则

其实美食与美酒搭配的前提是食也美，酒也美，这一点非常重要，为了突出这一点，我们才选用"美美与共"这个词。试想一下，如一顿饭不好吃，再好的酒也无济于事，反之，如果酒很差，再好的美食也无能为力。当然食美和酒美是相对的概念，不是绝对的。

第二节　美美与共的文化

说到最原始的"食酒搭配"，其实早在公元 2 世纪左右就开始了。罗马人的主食由粥变成了面包，这种由"湿"至"干"的变化导致了红酒需求的大增。相比于粥与葡萄酒的"液体搭配"，面包与葡萄酒的"固液搭配"给人们带来了更好的口感与饮食体验，这可能是最早的食酒搭配的起源。

相传中世纪一位来自西班牙的医生维拉诺瓦，作为最早的将葡萄酒方面的出版物印刷成册的人，在书中曾写道"要留心某些卖酒人的小伎俩，他们会巧言哄骗买酒人在尝酒前先吃下甘草、坚果或陈年咸干酪，然后再去品尝那些原本酸涩发苦的酒，就会觉得有些甘甜。"可见，食酒搭配虽然曾经被某些居心叵测之徒利用过，但是，就葡萄酒搭配食物后，餐、酒的滋味相互提增的说法在这个案例中，得到了很好的验证。

在品味一顿美味的法国大餐时，先上白葡萄酒，后上红葡萄酒；先上新酒，后上陈酒；先上淡酒，后上醇酒；先上干酒，后上甜酒；酒龄较短的葡萄酒先于酒龄长的葡萄酒。餐酒搭配作为一种文化的礼仪传承下来。

葡萄酒在法国等欧洲国家已经成为一种生活方式，国外的高级餐厅都有专门的侍酒师来进行餐酒搭配的服务。而剩下的绝大多数餐厅则会提供餐酒搭配的建议，有专门的酒单供顾客选择，餐酒搭配的文化已经深入人心，成为生活的一部分。

第三节　美美与共之基本原则

世间美食美酒何其多，如何搭配才是真正的合拍？通过对美食与美酒的研究，笔者总结出来的美美与共的基本大原则是"食全酒美"。那么什么是食全酒美呢？

所谓的食全酒美指的是美美与共的基本原则，即美美与共达到的理想效果应该是使得食更全和酒更美。

所谓的食全是指美食与美酒搭配之后应能更好地发挥食物和酒作为食物的基本属性，是健康属性。

所谓的酒美是指食物与美酒搭配之后，不要减少美食和美酒给饮者带来的感官体验，或者说要充分发挥美食和美酒带给饮者美好的感觉。显然在餐食期间感受到的酒美是建立在食美的基础之上的，因为餐食期间一般是吃几口菜，喝一口酒，再吃几口菜。也就是说美食与美酒搭配食用时，要达到食好吃，酒好喝，因此酒美是指食与酒搭配食用后，不但没有减少而且最好是加强食和酒的感官体验，这为酒美的核心内容。

笔者认为食物给人的第一属性就是健康属性，健康属性包括安全、营养和功能三个层次。食品的第二属性是美味属性，进入感官消费时代，这个属性是至高原则。有些人一谈到感官，就觉得低级，这其实是大错特错，因为从感官感觉的机理可知，感觉是心理层面的东西，即精神层面的东西，也是满足消费时代的核心，也说就是说美食通过感官的满足带来的精神满足和听了一场高级的音乐会带来的精神满足是一样的。

食品的第一属性即健康属性，在本章用食全来指代。食品的第二属性即美味属性，在本章用酒美来指代。

食品健康属性的三个层次：安全、营养、功能。

因为没有安全，健康也就无从谈起，因此安全是健康要求的最低层级。在安全的前提下，人们追求食品满足机体对基本营养素的需求。在安全和营养素都能满足的情况，食品的功能性成了满足健康更高层次的追求，这就是食物的食补和食疗功能。

酒美的内涵包括以下两个方面：

（1）好吃好喝，即可吃性好，可饮性也好。

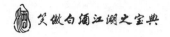

（2）吃好喝好，即吃后更舒适，喝后也更舒适。

简而言之，食全酒美就是指美食与美酒搭配之后使得食更全酒更美的意思。具体来讲，就是用食全和酒美指代上面提到的四项基本大原则即通过食酒的理想搭配，使食品的安全、营养、健康和美味都得充分的保证，出现 1+1>2 的效果。

一、 美美与共的安全原则

美美与共的安全原则或者说美食与美酒搭配一起食用时不要吃出任问题，既不要吃出安全问题、营养问题，也不能吃出健康问题，这三个问题实际上可以用安全来总括，或者笼统地说不要因为美酒与美食搭配一起食用而引起了任何对身体的负面影响。

二、 美美与共的营养加强原则

即美食与美酒搭配会增强食物（包括酒）中的营养成分、健康成分的吸收，这也是美食美酒搭配时可以依据的一条原则，或者是在喝酒时点菜的一种选择。

三、 美美与共的健康促进原则

即美食与美酒搭配会促进食物（包括酒）的营养、健康成分或酒精的代谢，尤其是加速酒精的分解代谢，从而减少对肝脏的压力，这也是美食美酒搭配时可以依据的一条原则。

例如葡萄酒中的多酚及各种微量成分，如白藜芦醇等，能够有效软化血管，防止硬化，降低高脂饮食带来的风险。同时白葡萄酒能中和白肉食品的弱碱性，软化纤维组织，促进消化。

四、 美美与共的酒美原则

即美食与美酒的搭配会使食物更好吃，酒更好喝，即美味增强原则，简称美味原则或酒美原则。这是美食美酒搭配时主要依据的一条原则，也是最复杂的一条原则。

食酒搭配并没有固定的法则和必须要遵循的条条框框，完全可以根据个人的喜好和口味。食酒搭配的主要目的是要增强食物的风味，所以它的基本准则是保持食与酒的和谐。

（1）按照顾客的喜好选酒。

（2）避免在食酒搭配后，使大家出现不适感。

（3）尽力使食酒搭配之后，让人们感到非常愉悦。

（4）简单的酒配简单的菜，复杂的酒配复杂的菜。

第四节　食物与酒的化学反应

人的感觉既是事物在人脑中的客观应映，又是一个心理过程，因此人的感觉既有其客观性的一面，又有其主观性的一面，也就是说对同样一个客观事物，在不同的条件下，人的感觉是不一样的。在第三章里介绍了人的感官感觉可能会出现的五种效应规律，即"适应对比变协拮，加上掩敝五效规"，这些效应规律都是在进行食酒搭配时可以依据的理论。

美美与共的酒美原则是一个大原则或者说是一个目的原则，平时多注意总结不同的酒和不同的美食之间搭配对口味口感等感官知觉的影响，积累经验。另外了解各种味觉之间相互作用的原理，对利用酒美原则指导食酒搭配是非常有帮助的。下面介绍两种明确但是又非常有用的食物和酒味道的化学反应。

一、 食物中的咸味可以降低酒中的酸感

盐是我们日常生活中吃得最频繁的东西，而且我们常常在烹饪过程中加很多盐，盐是人们日常生活中非常重要的调味品。大量的事实都表明盐可以帮助我们掩盖酒中的酸感，而酸度较高的酒可以平衡食物中的咸味。

二、 食物中的甜味可以升高酒中的酸感

甜的食物会让酒比单独净饮喝上去格外酸，所以甜的食物和酸度较高的酒相搭配通常并不愉悦，会令人有类似喝完橙汁一样牙齿发酸的感觉。

第五节　美美与共的酒美原则

酒美原则也就是美味加强原则，属于感官感觉方面的事情，就希望通过食酒搭配让食物和酒在口中的感觉更美味，其前提是食和酒都要美。饮食方面的感官感觉主要包括视觉、嗅觉和味觉。因此美味原则包括色、香、味三方面的广义概念，而不仅仅是味道方面的感觉。狭义的"美味"指的是食物（可能是混合的食物和酒）在口腔里，能让人的"味觉及嗅觉"感觉到"整体味道的平衡舒适"。

美食与美酒的搭配，可以通过大脑对人体行为进行反馈，影响人们对"美味"的感知程度。食有五味，酒里也有五味。所谓食酒搭配，是五味与五味的组合，加乘、递减、拉扯、衰变，甚至与食物中其他物质结合。五味调和，重点在"调和"，而不在五味均等。

要达到食酒之间美味加强的效果，实际就是要达到感官之间的协调效果，首先要了解的就是酒和菜的基本元素，考虑如何去平衡这些元素，而不是要让它们某一方过于突出，否则会影响酒和菜的原有风味。因此，酒美原则下面有两个具体的原则：一是除了辛辣感之外，其余的元素都遵守"相似相配"这一策略，这个策略则是非常实用，非常具有可操作性的原则；二是除了考虑基本元素的平衡外，进一步考虑的因素则是美酒和美食的搭配能够相互结合，相辅相成。三类十八种中国白酒的基本元素特点如表7-1所示。

所谓的相似相配是指进行食酒搭配时，遵守"轻的配轻的，重的配重的"，即清淡口味配轻酒体，重口味配重酒体，具体来说就是根据食物和酒的甜、酸、酒体和香气的浓郁度四个主要元素来选择相配的酒品，这可以避免

酒和食物互相抵触，或某一方过于强大。因此，一是甜的食物和甜的酒搭配；二是酸的食物与酸度高的酒进行搭配；三是口味重的食物与酒体重的酒搭配；四是香气浓郁的食物和香气浓郁的酒进行搭配。

表7-1　　　　　　　　　　中国白酒基本属性特点分类

白酒香型	香	味	酒体分类
酱香、单粮浓香、芝麻、兼香、特香、馥郁香、五粮浓香、浓兼酱香	香气浓郁度高	酸度高，浓香酒入口较甜	重酒体
凤香、董香、固态法白酒	香气浓郁度中等	酸度中等	中酒体
清香、米香、老白干、豉香、小曲清香、麸曲清香、液态法白酒	香气浓郁度轻柔	酸度较低	轻酒体

但是这一相似相搭配的原则不适用于辛辣的食物与辛辣的酒。因为二者虽然使用了辛辣这一个相同的形容词，但是描述的是两种不同的感觉。食物的辛辣味是一种物理的灼烧感觉。而酒的辛辣感则更多的表现为香辛料，在进行食酒搭配时，要避免用重酒体搭配辣味的菜，而是用酒体较轻或酒精度低的酒。食物中的辣味同酒中的高度酒精会互相加强对方的这些特质，而不是平衡和中和。酒精度会让辣味在口中更为烧灼，简直是往伤口上撒盐。哪怕是吃完辣味的食物后再喝重酒体或高酒精度的酒也是如此，感觉不会愉悦。高酒精度和重酒体的酒搭配辣菜会让人痛不欲生，所以要尽量避免用它们搭配辣味的食物。而低酒精度的酒和辣味的食物搭配会使口感平顺很多。

第二个原则是相辅相成原则，在此原则之下有几个具体的操作点：一是辣的食物与味淡的酒进行搭配；二是油脂高的食物与高酸或高酒精度的酒进行搭配，例如53%vol的酱香白酒与北京烤鸭可以进行比较好的搭配；三是腌制的咸的食物与口味较甜的浓香型白酒进行搭配是较好的选择。

第六节　食配白酒的建议

在中式餐饮中，一般的聚餐都会点很多菜，在点这些食物时，一般会遵循荤素搭配、冷热搭配、干稀搭配，在点菜时，也会考虑喝酒的需要，点一些所谓的下酒菜。也就是说，在中餐当中，通常会点很多种不同的食物，这些食物之间的性质有相似的，也有相差很多的，因此可与中餐搭配的酒水有很多种。

在中餐里除了所谓的下酒菜之外，还有一种称呼为下饭菜。一般来说，下酒菜和下饭菜是相对立的。下饭菜是为了多吃饭。而准备的菜都是为了多吃饭之一目的服务的。中餐里一般把主食叫作饭，在南方，饭大多是米饭，而在北方，饭大多是馒头。不管是南方的米饭还是北方的馒头，一般都很难单独食用，通常需要搭配一些菜才能下咽，才能多吃。在进行饭和菜搭配的时候，我们会发现有，不同的菜，对多吃饭的影响是相差很大的。通常来说，比较有味的菜，例如油的，特别是辣的菜其下饭效果是非常好的。而酒通常是比较刺激的，为了减少酒的刺激，通常在喝酒的时候会点几个与喝酒相匹配的菜，这些菜通常是一些口味较清淡的或者说刺激性小的菜。

在中餐里点菜时，并不需要全部的菜都是下酒菜，因为中餐里喝酒不是连续的，而是与吃菜交替进行的，因此有几个下酒菜就可以。

中国的分享表达的酒文化，与之相配的是干杯行为，这时候点酒菜显得尤为关键。在中餐里聚餐喝酒时点菜可以遵循以下几个具体的原则。

1. 美美与共的安全三不原则

一是柿子忌和白酒搭配，因为容易患上结石。酒精能刺激胃肠道蠕动，并与柿子中的鞣酸反应生成柿石，导致肠道梗阻。

二是带气饮料或饮料酒如啤酒忌和白酒搭配，因为容易导致胃痉挛、急性胃肠炎、十二指肠炎等症，同时对心血管的危害也相当严重。啤酒中含有的大量二氧化碳容易挥发，如果与白酒同饮，就会带动酒精渗透。有些朋友常常是先喝了啤酒再喝白酒，或是先喝白酒再喝啤酒，这样做实属不当。想减少酒精在体内的驻留，最好是多饮一些水，以助排尿。

三是海鲜忌和白酒搭配，因为海鲜中含有大量的嘌呤，可诱发急性痛风，酒精有活血的作用，会使患痛风的几率加大。

2. 美美与共的营养原则

中国白酒的酒精度较高，较高的酒精度具有较好的溶解脂肪和脂溶性维生素的作用，荤菜和中国白酒相搭配可以起到加强营养吸收的原则。

3. 美美与共的健康原则

酒中的乙醇是由肝脏分解，在分解过程中需要各种维生素。因此在喝酒时点一些维生素含量较高的食物是很必要的选择。另外也可以配一些促进乙醇代谢的食物，例如芹菜，百合等，这两种菜，笔者都曾做过动物实验，二者都有一定的解酒效果。

4. 美美与共的酒美原则

即除辛辣外，按照相似相配和相辅相成的原则进行点菜，即点一些刺激性小的下酒菜。和烈性的中国白酒相配的下酒菜一般是性质温和、在嘴中填充感较好的食物，例如有一定块头的瘦精肉，叶子较大的青菜也是较好的下酒菜。

5. 美美与共的口诀

为了让读者更好地理解和记住美食与美酒搭配的内容和原则，笔者用两首诗进行总结和概括，一首为美美与共，另一首为食全酒美，诗的内容具体如下。

美美与共

美美与共食酒配，食配酒来酒配食，

相互搭配有讲究，文化喜好科学知。

第一句是说美美与共在本书中指的就是美食与美酒搭配的意思。

第二句的意思是说聚餐的时候，点菜时要考虑喝的酒，点酒的时候也要考虑所吃的食物。

第三句是说美食美酒搭配是有讲究的，不能胡乱来。

第四句是说美食美酒之间的搭配虽然有讲究，但是这些讲究并不是强制的，更多的是受文化习惯和喜好的影响，通过现代科学的原理可以探知美食美酒搭配的道理。

食全酒美

食全酒美搭原则，食更全来酒更美，

安全营养健食全，相似相辅促美味，

盐酸拮抗甜酸强，辛辣刺激要反配，

四项原则美味先，美美与共定方位。

第一句和第二句描述了美食美酒搭配的原则。意思是说食全酒美是进行美食和美酒搭配的原则。

第三句对食全酒美的内容进行了进一步的描述，美食与美酒搭配后要使美食和美酒作为食品的三大属性即安全、营养和健康发挥得更加全面。

第四句对美食美酒搭配的两条可以实际使用的原则进行了描述，即食配酒常常采用的原则是相似相配的原则和相辅相成的原则，这样会使食和酒更加和谐，提高感官舒适度，即使美食和美酒作为食品的美味属性得到了加强。

第五句是说盐（即咸味）与酸味之间有相互抵消的拮抗效应，但是甜味与酸味之间有相互加强的协调效应。

第六句是说辛辣刺激的食物与酒搭配时，要反着选酒，即要选用口味淡、酒精度低的酒。

第七句的意思是总而言之，食酒搭配的根本原则是保证食更全酒更美的四项基本大原则，在这个四项基本大原则的前提下，要把美味原则放在重点考虑。

　　第八句是说了解了这四项基本大原则、具体原则和相关的味觉之间的反应，就知道朝哪个方向去进行食酒搭配，也就能灵活掌握如何进行美食与美酒的搭配。

第八章

知行合一，
感官消费之科学

感官消费之科学就是感官与消费者科学。随着时代的发展，现在进入了消费者导向的时代，食物对于消费者而言，已不再是只为了填饱肚子，能否符合满足感成为更重要的考虑。消费者的满足感是由消费者的感官喜好决定的，理想的满足感可以带来忠诚的消费者、较高的回购率以及长期的产品成功，因此，提高消费者的满足感成为现代食品企业的核心工作。感官消费时代早已不是产品的竞争，而是观念的竞争，是争夺消费者有限心智资源的竞争。虽然"消费者是上帝"这句口号喊了十几年，可说到如何深刻了解消费者，目前多数企业还是苦无良策，缺乏一套操作性强的策略和方法。根本原因就是企业不了解消费者科学，不掌握洞察消费者的相关方法论。

白酒是直达消费终端的消费品，消费者是白酒消费的主力军。要让白酒被消费者接受，就必须要研究消费者，消费者判定白酒好坏的主要手段就是自身的感觉器官，由此可见，感官评估是当今食品企业找寻目标产品的必要工具，也是提升企业整体竞争力的工具之一。消费者通过感官品评形成对产品的感官知觉，进而影响消费者的消费行为，这种研究基于感官的消费行为学成了我们国家白酒行业亟须开展的一门科学：感官与消费者科学。

我们国家的白酒企业一定要通过感官评估走进消费者的世界，了解消费者的感官体验对消费者的选择偏好与行为模式的影响。感官科学使企业能够更专业地了解到任何一个细节的调整对产品产生的影响，也能够帮助企业洞见产品品质，将消费者喜好与数据进行量化关联，为企业的商业决策提供科学、客观而且强有力的支持，最大程度降低研发过程的主观性、盲目性，提高销售过程的针对性。

白酒企业需建立一套完整的感官消费者科学体系，该体系要通过国际最前沿的消费者调查研究及统计学方法，通过消费者对产品的最终评估，作为指导研发及创新的系统工具。为了从整体上把握白酒的感官消费者科学的内容，需要了解关于感官消费者科学的三个基本问题，这三个基本问题是：

（1）研究感官消费者科学的基本目的是什么？

（2）感官消费者科学的基本实施方法有哪些？

（3）如何进行数据处理以便获得消费信息？

回答好了这三个基本问题，也就能够从宏观上对感官消费者科学进行系统的把握。笔者把对三这个基本问题的回答总结在一首诗里面，诗的题目就叫知行合一，诗的内容如下：

知行合一

感官消费感官鉴，感知产品看得见，

消费行为由感知，知行合一科学建，

消研处理获观点，两目评比四九研，

传统高大三手段，显著概率图形现。

诗的题目为"知行合一"，"知行合一"在此处的意思并不是该成语的本意，而是指将消费者对白酒产品的感官知觉和消费者由此形成的对产品的行为（评价、选择偏爱和购买行为等）结合在一起进行关联研究的意思，这正是感官消费者科学的核心，如图 8-1 所示。我国很多白酒企业，并不缺对产品的感官评价，而是缺消费者对产品的感官评价，缺将对产品的感官评价与消费者的行为联系在一起进行的分析。

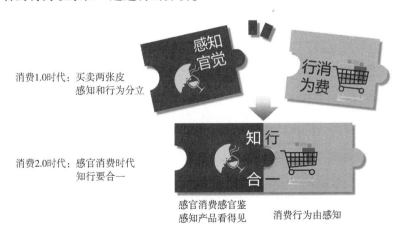

图 8-1　知行合一感官消费者科学理论

第一句是说现在进入了以消费者为导向的消费时代，消费者的满足感是消费者是否认同一个产品的根本所在，消费者的满足感来自消费的感官鉴定，所以以消费者为导向的时代，实际上就是感官消费时代。

第二句是说消费者通过感官对产品进行鉴定后就会获得对产品的感官知觉即感觉，这个感官知觉就如同人的眼睛看见东西一样客观存在，即产品做得好消费者是看得见的。

第三句是说消费者对产品的选择偏好等消费行为模式是由消费者的感官知觉来决定的。

第四句是说，将消费者对产品的感官知觉和消费者的消费行为结合在一起研究就建立起了一门科学即感官消费者科学。感官消费者科学的意思是基于感官的消费者行为学。即研究产品的感官是如何影响消费者的消费行为，从而指导企业开发出更易于被消费者接受的新产品，使产品适销对路。白酒企业要根据消费者的感官评价结果做出相关决定，如消费者是否喜欢已有或新开发的白酒产品，或者白酒产品存在什么问题等，从而调整产品，这是白酒企业开展感官消费者科学的主要目的或者说是白酒企业要把对产品的评价从自我评价转移到让消费者来评价，简单的理解是要了解消费者是怎样评价自己企业的白酒产品，自己的白酒产品与其他企业的白酒产品相比怎么样，有没有差异，是更好还是更差，自己的产品有什么特点等，相当于对白酒产品进行"民主测评"。

第五句是说，要获得消费者对白酒的评价观点，就要进行消费者的调查研究，通过对消费者的调研可以获得相关数据，通过对这些数据进行处理可以获得消费者对产品的评价信息。市场研究是以获得市场数据为核心的闭循环，即获得市场数据→解读数据→得到市场信息→转化为决策→跟踪效果，获得市场数据。

第六句是说进行消费者调研的目的总结起来无非就是两种：评论和比较。第一种是获得消费者对某一白酒产品的评论，即消费者对产品特点、优缺点的评论等。第二种就是看看某一白酒产品与竞品或对照产品有没有差别。这两种目的可以通过四类九种感官测试方法来进行消费者的测评研究，从而向白酒企业传达消费者对某一白酒产品的评价情况。

第七句是说对消费者调研数据进行处理的方法主要有三种：一种是传统的数理统计方法；第二种是高级分析方法；第三种是进行大数据处理。

第八句是说，数据处理之后一般输出两种结果，一种是统计概率，另一种是图形结果。

根据以上对白酒消费感官科学三个基本问题的回答，可以对消费者科学所关注的核心内容有一个概括性的了解。

第一节　感官消费者科学

白酒企业都希望通过产品品牌、定位、包装、外观、风味、健康及使用的便捷性，在消费者中唤起特定的期望，通过和谐的多感官产品体验可以满足这些期望，但是这些期望是否真的被消费者认可，是否真的能讨消费者喜欢，不是企业自己说了算，而是消费者说了算，也就是说需要建立一套消费者的评估体系，收集消费者的意见，进而进行数据分析，得到消费者的真实意见，从而进行相关的调整工作，以便更好地满足消费者的期望。说实话，目前我们国家的白酒企业缺乏一套全面系统的由消费者对产品进行评估的体系，近年来在国际上兴起的感官消费者科学正好可以为此提供支持。

感官科学的知识和消费者的研究方法正好可以更好地帮助企业开发出符合市场需求的产品，而且有助于塑造企业良好的品牌形象，这些知识与研究方法被大型的国际化企业视为真知并且重复实践，因此我们国家的白酒企业建立感官消费者科学部门势在必行。

感官消费者科学在产品品尝之前、品尝期间和品尝之后对消费者接受度和情绪进行分析，由此获得真实可靠的信息，知道自己的产品与市场上的参照产品相比有怎样的评价以及带来怎样的感觉，从而提供有针对性的产品优化建议。

感官消费者科学涉及的主要科学内容有：产品与测试方案的组合；产品与包装测试；饮用性测试；家用测试；网上在线调查；感觉情感剖析；关注团体；大众心声等。

一、 感官科学

人对某种食品风味的可接受性是一种生理适应性的表现，只要是长期适应了的风味，不管是苦、甜、辣，人们都能接受，如很多人喜欢苦瓜的苦味和啤酒的苦味。食品的风味与人的口味习惯相一致，就可使人感到舒服和愉悦，相反，不习惯的风味会使人产生厌恶和拒绝情绪。食品的风味决定了人们对食品的可接受性。一项调查让消费者对食品的价格、品牌、便利性、营养、包装、风味等几方面确定首选项时，80%以上的消费者注重食品的风味。因此，研究物质的呈味特点，掌握人对食品风味的需求，是食品风味研究的重点，这属于感官科学的内容。

感官科学负责对所有感官感知进行客观地感知和测量。要想在白酒市场持续获得成功，一个不可或缺的因素就是感官科学，即通过经培训的专业品评小组对产品进行说明性的感官调查研究，并检验白酒产品所有的感官维度：包装、外观、气味、口味、口感和回味，用完全客观和纯描述性的特征对结果进行总结，明确描绘出测试产品的特征并进行区分。

人对产品的感官品评主要涉及5种相互作用的感官，每个感官感知系统都有几百个受体，这些不同的感觉部位通过相互调节信息的脑神经向大脑发送编码信息，大脑以不同的方式进行处理，这取决于情绪、环境、注意力分散以及与过去情绪相关的过去经历。不同的神经作用源向大脑输入和输出的信息，决定了对产品的喜好程度，只有了解各个物质之间存在的联系，才能有效地调动感官的机能，从而设计出符合消费者需求的产品。对白酒的感官评估，是通过触觉系统、视觉系统、听觉系统、嗅觉系统以及味觉系统的共同作用，综合地对酒进行全方位的评价。

产品是市场营销的最根本所在。系统化的感官评价工作可以提高食品研发效率及提升产品开发成功率，也能建立为研发工作提供营销诉求及品质控制的能力。随着市场和消费者消费习惯的变化，以及食品行业竞争的加剧，如何利用感官评价这一手段去改进产品，提升产品质量和服务将成为食品企业关键的一环。传统的感官分析是指用于测量、分析和解释通过视觉、嗅觉、味觉和听觉而感知到的食品特征或性质的一种科学方法。感官评定在质量控制、产品开发和产品改进方面发挥了重要的作用。从评定人员来看感官评定有专家型、消费者型、无经验型、有经验型、训练型五类。专业的感官评定人员由于受过系统的训练，在评定方面更加准确、有效。但不容忽视的是，产品面向的是消费者，白酒给予消费者的感官体验直接决定了消费者的消费意愿。让消费者对产品进行评定，了解消费者的偏好是不容忽视的一个环节。

白酒的感官科学测试方法包括对产品进行描述性的评论；一致性测试；差异测试；排序测试。白酒企业的感官科学部门需要建立产品专门评价小组；在标准化条件下，开展专门的环境温度可调的感官室内测试；凭借专门开发的感官软件进行计算机支持的数据采集和处理；综合全面的数据统计分析。感官科学可以为白酒企业解决的问题包括质量监控；保存测试；感官市场筛选（不同风味）；配方优化；节约成本费用项目；创新研发。

二、消费者科学

消费者科学负责获知消费者行为并加以理解。具体来说消费者科学就是通过科学的方法和先进的技术，洞察消费者的消费心理、行为习惯和感官喜好，深入理解产品特性的物理、化学成因，确保消费者所享用的产品能够更加美味、更加便捷、更加舒心。消费者科学的研究与开发活动涉及产品科学、感官分析、消费者行为学、心理学和生理学等方向和领域。

人的行为受大脑支配，而大脑的决定又由感觉支配。大脑是人体的一个器官，它比世界上最高级的电脑还要复杂和充满奥秘。人脑重约 1440 克，其中 2/3（约 900 克）以上是水。大脑由左半脑和右半脑两部分构成，简称左脑和右脑，左脑和右脑通过胼胝体相互连接，胼胝体是一束神经组织，负责协调左脑和右脑的工作，使左脑和右脑发生联系，使记忆和学习的传输活动得以实现。通过左脑和右脑的共同作用，消费者会对产品进行自我模式的归类与整理，并通过有感觉的左右脑，形成对产品的行为和选择。

针对消费者的行为和选择研究，制定出不同的消费者测试方法，从而迎合消费者的不同需求。白酒企业应该要系统地研究消费者对产品的喜好程度、购买程度、购买行为及能力等，通过对消费者的心理及生理的调研，设计出适合产品研发和创新的调研方法。

消费者洞察所要解决的问题是通过正确从消费者的角度"评价自己""了解别人"，准确把握市场信息，为企业提供以消费者为导向的决策依据。

"评价自己""了解别人"属于市场研究的范畴，白酒市场研究的内容包括：以消费者需求为导向，为新产品开发提供支持和评估体系；深入发掘消费者的需求，甄别新产品概念，上市后评估，预测新产品销量；掌握白酒市场的变化和白酒消费者消费行为的变化，例如品牌使用和态度研究，市场细分（消费者、区域、渠道、价格、产品需求等）研究，新产品监测和市场发展趋势研究，企业形象研究等；从消费者的角度，为品牌的发展提供明智的依据，例如品牌定位，产品（酒液、概念、瓶形、标签、形象设计等）测试，广告测试，推广活动测试，客户满意度等相关研究项目。

"评价自己""了解别人"包括三大方面的内容，一是从市场的角度对产品质量进行监控，这里说的产品是商品，一个完整的白酒商品包括包装物、标签（文字和图案）和酒液三部分；二是产品竞争力监控，这是指从消费者的角度对产品竞争力进行测试，包括对品牌表现进行评估；三是市场情报的内容，包括对竞品的质量进行监测以及竞品的市场动作。

第二节　白酒感官测试的方法

产品测试可以帮助企业了解商业问题和消费者之间的相关性，产品是市场营销的最根本所在。

　　通过产品的市场测试可以提高企业的成功概率，统计数据表明大约有70%的新产品在市场上不能成功，为避免成本浪费，缜密的产品测试能够使得企业有效配置有限的资源。通过产品的市场测试可以帮助企业了解本公司的产品和竞品，知道自己产品的优势和劣势在哪里，了解市场的需要或者了解可以提高的方面，消费者对某个品类喜好程度的驱动力是什么？比如是功能性的属性还是情感性的属性推动消费者的喜欢程度？企业是推出新产品还是保持现有产品？竞争对手的产品周期是怎样的？

　　感官测试也称为感官品评，或简称品评、感官检验等。白酒的感官测试，是指根据人的感官对白酒的各种质量特性形成的"感官知觉"，例如视觉、听觉、嗅觉、味觉等，用语言、文字、符号或数据进行记录，再运用数理统计学的原理和方法进行分析，从而对白酒的色、香、味等各项感官指标做出评价的方法。

　　白酒质量的竞争最终归结到感官质量的竞争。尽管现在的分析手段很强大，但是对白酒的感官品评仍然不能被替代。感官品评结果是由人做出的，虽然人具主观性，但是只要选择的人员适当、方法科学，结果还是会相当客观与准确的。

　　对白酒的感官测试有两个重要的意义：第一个意义是通过感官测试鉴别白酒质量；第二个意义是通过感官测试对白酒的可接受性做出判断。通过感官测试不仅能够直接对白酒的感官性状做出判断，而且还可以察觉产品有无异常情况，并由此提出有必要的理化和微生物等的分析项目，便于对白酒质量的把握控制。

　　根据感官测试作用的不同可以将感官测试分为两种类型：第一种类型称为分析型感官测试；第二类型称为偏爱型感官测试。分析型感官测试是用人的感觉器官作为一种测量工具来评价样品的质量特性或者鉴别多个样品之间存在的差异等。偏爱型感官测试则是把样品作为工具，来洞悉人的感官反应及倾向。

　　简而言之，分析型感官测试是通过人的感官知觉来评价产品，希望对产品有个客观准确的评价。因此为了降低个人感觉差异带来的影响，提高检测的再现性即稳定性，获得高精密度的测评结果，就必须要保证评价基准的标准化、测试条件的规范化和品评人员的素质。

评价基准的标准化在分析型感官测试中非常重要。在利用感官测定产品的质量特性时，对每一个测定项目，都必须要有明确具体的评价尺度及评价基准物即参照物，也就是说要保证评价基准的统一，最好要标准化，以防止评价人员采用各自的评价基准和尺度，使得结果难以统一和相互比较。对同一类产品进行感官检验时，评价基准及评价尺度必须具有连贯性和稳定性。制作标准样品是实现评价基准标准化最有效的方法之一。

测试条件的规范化对保证分析型感官测试结果的准确性具有重要作用。感官品评检验当中，分析结果很容易受到测试环境及测试条件的影响，因此，测试条件要规范化，例如有合适的感官品评室，以防止品评结果受测试环境和条件的影响出现较大的波动。

品评人员要具有一定素质。从事感官测试的品评人员，必须有良好的生理及心理条件，并且经过适当的训练，具有良好的感官灵敏度。

分析型感官测试是品评人员对产品质量特性的客观评价，只要能保证以上三点，感官分析结果是不会受人的主观意志干扰的。

偏爱型感官测试则必须要使用人的感官才能进行测试，完全以人作为测定器，从而调查研究产品的质量特性对人的感觉或嗜好状态的影响情况，这是没法用仪器测定来代替的，偏爱型感官测试的主要难点是如何能客观地分析评价不同人员的感觉反应及嗜好的分布倾向。

本部分提到感官测试方法指的不是酒的感官品评方法，酒的感官品评方法就是第四章介绍的"四诊"，而是指为了提高数据的有效性，并且有利于使用统计学的方法对获得数据进行有效的数据处理，而设计的感官测试的试验方案。

在选择或设计适宜的感官测试方法之前，首先要明确进行感官测试的目的。一般而言，感官测试有两类目的：第一类是评论产品；第二类是比较产品。所谓的评论产品是指描述出产品的优缺点、特点或特色，有定性描述和定量描述两种类型。所谓的比较产品的目的是区分两种或多种产品，这一类目的包括确定两种产品间的相似度，即一致性程度；确定是否有差别；确定差别的方向（哪个强哪个弱）；确定差别的大小（差别有多大）；确定差别的影响（差别是否会影响产品的市场、销售等）。

感官测试方法的选择要与品评目的相对应，不同的目的要使用不同的感官测试方法，否则将达不到测试的目的。根据两类感官测试目的，衍生出四类感官测试方法，第一类是产品描述性感官测试方法；第二类是产品相似度感官测试方法，也即产品一致性测试方法；第三类是产品差别感官测试方法；第四类是产品排序感官测试方法。下面将对这四类感官测试方法进行详细的介绍。

一、 描述性品评测试方法

对产品进行感官测试的重要目的之一就是分析出目标产品的特点，包括优缺点，从而为产品的改进或开发提供指导方向。描述性品评测试方法可用于识别存在于某样品中的特殊感官特性，该测试方法既可以定性也可以定量。描述性品评测试方法可分为以下两类。

（一） 简单描述测试方法

这种方法较简单，对品评者没有太多的限制与要求，只要求品评者根据品评之后的感觉进行优缺点的描述，白酒的描述词语在我们国家现在已有统一的国家标准，即 GB/T 33405—2016《白酒感官品评术语》。一般的描述是指要求说出产品的较为明显的优点、明显的缺点，然后进行整体感觉的描述。例如窖香突出、甜味明显、协调性一般、总体感觉一般。有时需要给出酒的整体得分，我们国家习惯于百分制。

（二） 定量描述和感官剖面测试方法

1. 具体的做法

这种品评可适用于一个或多个样品。当在一次品评会上呈现多个样品时，样品分发顺序可能会对检验结果产生某种影响，可通过使用不同的样品顺序重复进行品评，估计出这种影响的大小，第一个出现的样品最好是对照样品。

每位品评员，应独立地品评样品并做记录，可以提供一张指标检查表，可先由品评小组负责人主持一次讨论，然后再评价。

确定一些属性（通常选 10~40 个），然后对每一属性确定一个标度，如果有条件的话，用参照标准来协助完成。在鉴定过程中，品尝一个样品后，鉴定者给第一个属性的强度打分，结果形成了这一样品的感官轮廓，而且两个或多个样品的这种概述，可以用统计学技术进行比较。对于详细描述，至少需要 15 个人，最好 30 个或更多些。

这类品评可以给出酒的整体得分，但一般不采用百分制，有 5 分制、7 分制、9 分制也有 10 分制等几种。针对浓香型白酒的测试可以采用的品评表格如表 8-1 所示。

表 8-1　　　　　　　　　　浓香型白酒风味特征品评表

样品	1 号样	2 号样	3 号样	4 号样	5 号样
提示：为下列各风味特征做出强度评价，数值范围为 0（无味）到 9（无法掩盖的味道）。					
1. 复合酯香					
2. 醇香					
3. 花香					
4. 窖香					
5. 单粮香					
6. 多粮香					
7. 芝麻香　　　　酱香调味					
8. 酸气					
9. 醛味					
10. 窖泥味					
11. 糠味					
12. 馊酸味					
13. 焦烟味					
14. 糟味					

续表

样品	1号样	2号样	3号样	4号样	5号样
15. 酸味					
16. 苦味					
17. 其他杂味					
18. 醇甜味					
19. 回味	余味				
20. 新酒味					
21. 陈酒味					
22. 辛辣感					
23. 爽净感					
24. 绵柔感					
25. 丰满感					
26. 协调感					
27. 整体风格					
品评规则	0—没有味道； 1—刚能察觉，难以辨识； 2—非常轻； 3—较轻； 4~5—中等； 6~7—较强； 8~9—主导。				
备注					

为减少感官疲劳一定要控制一次品评中样品的数量，对于全面描述性分析，最多提供6个样品，对于简单描述性分析，最多提供10个样品。将每一位鉴定者安排在一个品尝小间中单独工作，每个小间中的品尝顺序是随机的。

2. 结果呈现

一种方式是先由品评员分别品评，然后由于品评小组负责人收集这些结果并组织讨论不同意见，如有必要还可对样品重新检查。根据讨论结果，品评小组对产品的剖面形成一致的意见。

另一种方式是不讨论或至多只有一个简短的讨论，得到的结果是多个品评员的平均值。处理这些结果没有简单的统计方法，但多变量分析技术可用来揭示产品之间和品评员之间是否有显著差异。

二、 白酒产品一致性品评测试方法

模仿是产品开发最简单有效的方法，产品模仿得是否相像需要进行评价，通过产品一致性测试可以测试出两个产品的相似程度。白酒产品一致性感官测试方法是建立在对产品描述性测试的基础之上，品评的结果以百分比的形式呈现。

参加品评的人员的最低人数最好由 8 位以上合格的品评人员进行，最低不得少于 6 位。只有合格的和受过培训的品评人员才可参加一致性品评测试。

1. 白酒样本的准备

为每位品评人员单独倒少量样本，并按相同顺序交给各品评人员。样本必须在干净、无味的玻璃杯中进行品评。由于感官疲劳，一次品评会中品评的样本数量最好限于 6 个（一次品评会中的样本数量不得超过 8 个）。

2. 详细的品评操作

对于各白酒样品，品评人员要重点评估与标准剖面特征的偏差以及评估可能存在的瑕疵（即异杂味），白酒的标准剖面特征数，因产品而异，通常在 8 个左右。

与标准剖面特征的偏差根据偏离程度的大小分为 0，±1，±2，±3 共 7 档，当偏差为 0 时，这项特征的偏差得分为 0；当偏差为 ±1 时，这项特征的偏差得分为 1；当这项特征得分为 ±2 时，这项特征的偏差得分为 2 分；而当偏差为 ±3 时，这项特征的偏差得分为 3 分。所有特征偏差得分的总和记为 A。

对存在的瑕疵，根据此项瑕疵的程度进行打分，当瑕疵强烈时，记为 7 分；当瑕疵中等时，记为 5 分；当瑕疵轻微时，记为 2 分；而当瑕疵没有时，记为 0 分。所有瑕疵得分总和记为 B。

利用品评得到的 A 和 B，就可生成每位品评人员对该样品的"一致性%"得分，计算公式如下：

$$一致性(\%) = \frac{24 - （偏差分数 + 瑕疵分数）}{24} \times 100$$

白酒样品最终的"一致性（%）"为每位品评人员的一致性得分的平均值。

下面举例对此进行说明。例如假设某品评人员对某种白酒的标准特征偏差打分如表8-2所示，异杂味打分，见表8-3。

表8-2　　　　　　　　　　某白酒的标准剖面偏差打分表

特征	强度较低			标准	强度较高		
	3	2	1	0	1	2	3
	非常明显	较明显	轻微		轻微	较明显	非常明显
A1 窖香							
A2 陈味							
A3 复合香							
A4 醇厚性							
A5 甜味			X				
A6 回味						X	
A7 粮香							
A8 协调性						X	
			1			4	
A 偏差总得分				5			

A 合计 = 5

表8-3　　　　　　　　　　白酒异杂味打分表

特征	较轻	明显	较强
	2	5	7
B1 后苦			
B2 生粮味			
B3 浮香	X		
B4 其他（请具体说明）			
	2		
B 异杂味总得分		2	

B 合计 = 2

$$一致性（\%）= \frac{24 - (5 + 2)}{24} \times 100 = 71$$

三、 白酒产品差别品评测试方法

对白酒企业来说，除了模仿，更重要的是开发出与众不同的产品，两种产品是否有差异需要进行评价。另外对于同一个企业的同一款白酒产品来说，每批次的产品应该要保持风格的稳定性，不能波动太大，这时也需要进行产品差异性的评价，差别品评方法可以用来确定两种及以上产品之间是否存在感官差别。

差别品评测试方法有很多，这里介绍常用的 5 种：第一种是成对比较品评；第二种是二-三点品评；第三种是三点品评，也就是常说的三杯法或三角测试；第四种是五中取二品评，也就是常说的五杯法；第五种是 "A" – "非A" 品评。

（一） 成对比较品评

1. 目的

确定两个样品之间是否存在某种差别，差别的方向如何，或者是确定对两种产品的偏爱是否有差异。

2. 适用样品

无论差异存在与否，本方法均适用于白酒、酒醅、水或白酒厂的任何样品的品评。这种品评测试方法的优点是简单，而且不易产生感官疲劳。这种品评测试方法的缺点是当比较的样品增多时，要求比较的数目则会变得很多，以致无法一一进行比较。

3. 品评员数量

一般来说，人员数量越多，结果就越可靠，可以排除或容忍一些错误的结果，但是人员越多，组织成本也就越大。因此，确定品评人员的数量有一定科学原则，即根据预计样品间的差别程度、品评人员的水平与显著水平而定。具体的要求是：在通常的显著水平有如 5%，1% 或 0.1% 上，对于专业品评人员来说，一般情况，最少需要 7 名或以上品评员；如果选用 20 名，30 名或在消费者品尝中，选择 100 名甚至数百名鉴定者的话，辨别力将大为改善。

4. 操作方法

第一步是分发样品。最好以随机的顺序将一对或多对样品分发给品鉴人员，AB 和 BA 两种组合应准备同样多的数目，注意的一点是告诉品评人员不能根据提供样品的方式得出有关样品性质的结论。尽管可以提供一系列成对的样品，但为避免感官疲劳，每次鉴定品尝最好不要超过 10 个样品。

第二步是向品评人员询问关于差别或偏爱方向等问题。这需要设计一套问卷让品评人进行作答。下面是成对样品差别问卷样式的范例。

配对差别品评法答卷样式

姓名：_____　　日期：_____年___月_____

品评样品：_____　　轮次：_____

对比品尝，哪一个样品更加_____请在编号下打勾。

样品编号：

_____　　_____

附注：

（二）　二-三点品评

1. 应用

二-三点品评可以用于确定被检样品与对照样品之间是否存在感官差别。这种方法尤其适用于品评人员对对照样品很熟悉的情形。如果被测样品有后味，这种品评测试方法就不如成对比较品评测试方法适宜。

2. 品评人员数量要求

至少要求 9 人以上，20 名以上的品评员为最好。

3. 具体的操作

第一步首先向品评人员提供对照样品，让品评人员进行品评识别。

第二步向品评人员提供两个密码编号的样品，其中有一个是对照样品。

第三步要求品评人员识别出对照样品。下面是问卷样式的范例。

二—三点品评法答卷样式

姓名：_____ 日期：_____年____月_____

品评样品：_____ 轮次：_____

问题：左边是对照样，其他两个样品中一个与对照样相同，另一个不同，请找出不同的样品，在其号码上打勾。

一组3个样品：

样品编号	对照		
请在不同的杯号下打勾			

附注：

（三） 三杯法

1. 作用

一般用此品评法鉴定两个样品间是否存在感官差异，也可以用于选择和培训品评员或者检查品评员的能力。

2. 三杯法适用场合

适用于任意两个酒样、半成品、水及其他酒厂样品的鉴定。无论涉及全部感官属性还是某一特定的属性如气味、甜度等均可使用。

确定两个样品之间是否存在细微的差异时，如果参加品评的品评人员数量有限，如6，7或8人，可以使用该方法。

该品评测试方法的缺点是，用三杯法来评价大量样品时，会显得不经济；用这种测试方法来评价风味强烈的样品会比用成对比较法更容易产生感官疲劳；另外一个缺点是保证两杯样品完全一样有时候是非常困难的。

3. 品评人员的要求

至少需要 5 个或以上专业品评人员，若在 0.1% 显著水平上需 7 个及以上。

所需要的品评人员数目：专业品评人员应在 5 个及以上；一般人员应在 25 个以上。

4. 具体操作

第一步准备样品。在准备样品时，需要保证三个不同排列次序的样品组中，两种样品出现的次数应相等，即要保证随机且均等的原则。

第二步向品评人员提供一组 3 个已经密码编码的样品，其中有两个样品是相同的。

第三步要求品评人员挑出其中一个不同的样品。

三杯法品评测试的答卷范例如下。一张纸上也许能容纳几组三点品评，但不要增添附加题，例如询问差别的大小及类型或鉴定者的偏爱。因为这样会导致误差。对每个独立的问题应选择适当的样品单独品尝。

三杯法品评答卷样式

姓名：＿＿＿＿＿＿＿＿＿＿　　日期：＿＿＿年＿＿月＿＿

品评样品：＿＿＿＿＿＿＿＿　　轮次：＿＿＿＿＿＿＿＿＿

问题：您收到了三个样品，在不同于其他两样品的号码上打勾。

杯号			
谁在不同的杯号下打勾			

附注：

（四）　五杯法

1. 应用

与三杯法原理基本一样，但是该测试方法在统计学上功效更高，因此当仅可找到少量的（例如 10 个）品评人员时可选用五杯法。

2. 品评员数目

如果是专业品评员应在 5 个或以上。

这种测试方法的优点是在确定样品之间是否有差别，比采用其他品评测试方法更经济有效，这种方法在统计学上的功效很高，非常容易进行数理统计分析。这种测试方法的缺点与三杯法相同，而且更容易受到感官疲劳和记忆效果的影响。

3. 具体的操作

第一步向品评人员提供一组 5 个已密码编码的样品，其中 2 个是一种类型，另外 3 个是另一种类型。

第二步要求品评人员将这些样品按照要求分成两组。测试问卷如下。

五中取二法品评答卷样式

姓名：_____ 日期：____年____月____

品评样品：_____ 轮次：

问题：您收到了五个样品，其中有两个样品是一样的，请在其他号码上打色。

样品编号					
请在不同的杯号下打勾					

附注：

（五）"A" –"非 A" 品评

1. 应用

这种测试方法适用于评价由于原料、生产工艺、包装物及贮存等各环节的不同对产品的感官特性所造成的差异。

主要用于评价那些具有各种不同外观或留有持久后味的样品。这种方法特别适用于无法取得完全类似样品的差别品评。

这种测试方法也适用于进行敏感性检验，用于确定评价员能否辨别一种与已知刺激有关的新刺激或用于确定评价员对一种特殊刺激的敏感性。

2. 品评员的要求

一般要求 20 个以上的品评员。

3. 具体的操作

第一步首先将对照样品 "A" 反复提供给品评人员，直到品评人员可以识别它为止；

第二步用随机的顺序发给品评人员一系列样品，其中有的是样品"A"有的是"非A"；

第三步要求品评人员识别每个样品是"A"还是"非A"。

使用该测试方法需要注意一些问题：品评开始后，品评人员不应再接近清楚标明是"A"的样品；分发给每个品评人员的"A"样品或"非A"样品的数量应该要一致；提供样品应该要有一定的时间间隔，而且一次评价的样品数量不宜过多以免产生感官疲劳。"非A"的样品也可以包括"（非A）1"和"（非A）2"等。下面是问卷样式的范例。

"A"—"非A"品评法答卷样式

事先只给评价员出示样品"A"

姓名：_____ 日期：_____年____月____

品评样品：_____ 轮次：_____

1. 认识一下样品"A"并将其还给管理人员。取出编码的样品。
2. 由"A"和"非A"组成的编码的系列样品的顺序是随机的。所有"非A"样品均为同类样品。两种样品的具体数目事先不告知。
3. 按顺序将样品一一品尝并将判断记录在下面。

样品编码	样品为	
	"A"	"非A"
·············	☐	☐
·············	☐	☐
·············	☐	☐
·············	☐	☐
·············	☐	☐

评论：_____
_____

四、 排序品评

通过差异品评可以评判两者产品是否有差异，但是不能判定差异的方向，而排序品评可以用于估计差别的顺序或大小，或者样品应归属的类别或等级。

1. 目的

应用此法将一组（通常为3~6个）样品按某一指定的特性（标度）排列成有序的序列。排列的尺度可以是单一感官属性的强度，也可以是一组相关的属性或是总体评价。

2. 应用

本法适用于白酒、酒醅、水或其他白酒厂产品的快速分类，尤其适用于下列情形，如按照喜爱程度和其他标度，如"苦味""陈味程度""异味强弱"来对一组样品进行排序是非常方便的。

排序品评是确定一个样品或几个样品同其他样品差别的概率，但它不能测定这种差别的数值。

3. 人员数量

一般来说，至少5名以上。如果使用8~15名的话，鉴别能力将大为提高。

4. 操作

提供给鉴定者一组随机排列的样品（K），要求鉴定者将样品重新按一定顺序排列。K是样品的总数。建议鉴定者根据每个样品的初步试验，将样品暂时排成一定的顺序，然后再根据进一步的品尝，核对、调整它们的位置。指导鉴定者采取以下方法避免感官疲劳。容易确定的样品只尝一小口。难以鉴别的样品放在后面再品。两次品尝间休息15~30s。有不同编号的一组样品可以一次提供给鉴定者，也可以分几次提供。尽量使每个样品在各个可能的位置上出现同样多的次数。如果样品太多，要使每个样品在第一个和最后一个位置上出现同样多的次数。

在偏爱性品评中，指导鉴定者把最喜欢的样品放在第一个位置上，把第二喜欢的样品放在第二个位置上。以此类推。

在强度品评中，指导鉴定者把最低强度的样品放在第一个位置上，把次最低强度的样品放在第二个位置上。以此类推。

即使相邻的两个样品没有明显的差别，也要指导鉴定者进行"最佳猜测"，以避免出现混淆，最好禁止混淆。如果允许混淆现象出现，将给统计处理带来麻烦，且品尝的灵敏度也要受其影响。但如果鉴定者拒绝猜测，应要求他在报表的"备注"处写明他认为是一样的样品。

如果需要对同一组样品多于一个标度排序时，则应对每一标度分别进行一次品尝，每次重新编号，以免前一次评估影响到下一次。

答卷样式如下：

排序品评答卷样式

姓名：_____　　日期：_____年___月_____

品评样品：_____　　轮次：_____

问题：您收到有编号的四个样品。品尝后根据苦味的强弱将其依序排列，最苦的列为第四栏，次苦的列为第三栏，以下类推。如有两个样品近乎一样，最好对其进行"最佳猜测"。

提供的样品号	回　答　顺　序　号				备注
	1	2	3	4	
——　——					

附注：

五、　测试方案的口诀

为了提高白酒感官测试的成效，进行测试方案的设计是非常有必要的，上面总共介绍了4类9种简单但非常有效的测试方法，当然可以采用的测试方法还有很多种，为了让读者理解测试方案设计的目的和重要性，并且能利用上面介绍的测试方法进行白酒的感官测试，笔者把这些方法用一首诗进行了概括，诗的题目叫"四九试酒"，意思是说用四类九种测试方法对白酒进行感官测试，诗的内容如下：

四九试酒

科学设计好处理，四九试酒数据有，

描述一致别排序，二一五一总有九。

第一句是说对酒的测试方案进行科学的设计，是为了能够更好地利用统计学的相关手段进行数据处理，以便提供更有用的信息。

第二句是说采用四类九种方法进行白酒的感官测试可以得到量化数据。

第三句列举了四类感官测试方法即描述性测试、一致性测试、差别测试及排序测试。

第四句列举了九种可用于白酒感官测试的具体方法即两种描述性测试方法、一种一致性测试方法、五种差别测试方法和一种排序测试方法，加起来总共有九种测试方法。

第三节　感官消费者科学数据处理方法

产品测试其实就是抽样调查，属于科学研究的范畴，以统计概率学为基础，从样本数据对总体进行推断。统计学、生理学和心理学是感官消费者科学的三大支柱科学。1935 年英国著名的统计学家 R. A. Fisher 首次将统计学方法应用在感官检验当中。1936 年 S. Keber 首次采用两点试验法感官检验肉的嫩度，这是真正地把统计学方法应用于感官检验。1941 年，美国一工厂将两点试验法用于对出厂产品的检验，这是感官检验首次应用于质量管理的实例。

设计感官品评测试方法的根本目的就是有利于对收集的数据进行数据处理，数据处理是一门现在还在不断发展的学科，在感官消费者科学中可采用的方法有传统的数理统计方法，高级数据处理方法及近年来发展起来的大数据处理方法。下面对这三种方法进简要的介绍。

一、传统的数理统计分析方法

进行产品测试需要考虑时间（任务紧不紧急）、成本（经费）、质量（可靠性）三大要素，因为时间、成本和质量决定样本量的大小。样本量大小考虑的三原则是获得更高的置信度，需要更多的样本量；获得更低的误差率，需要更多的样本量；获得更高的稳定性，需要更多的样本量。所以，随着样本量的增大，数据的结果也会更加精确，经验规律是当样本量 100 时，误差率 10% 左右，样本量 300 时，误差率 5% 左右，样本量 1000 时，误差率 1% 左右。

通过市场测试获得与消费者相关的数据，采用数理统计学方法进行分析，常用的统计方法包括 T 检验（两个样品），二项分布检验（三角测试），方差分析（3 以上样品的排序）。常见的统计标准有两种：一种是显著性差异标准，另一种是置信水平。所谓显著性差异是指两者之间的差异具有统计学意义，显著性水平通常为 0.05。置信水平是指在预测过程中产生的误差，置信水平通常为 95% 和 99%。小样本通常是指样本基数为 30 以下的样本量，数据仅供参考，大样本是指 100 以上。

下面以对白酒差别品评测试和排序品评测试获得的数据进行处理分析为例，说明如何采用传统的数理统计分析方法对感官消费者科学的数据进行处理分析。

（一） 差别品评测试方法

前面介绍的五种差异品评测试方法，是国际上通行的方法，这些方法的优点是可以对品评结果进行统计检验，然后根据显著性检验的原理，对两个样品是否存在差异做出统计学上的判断。需要注意的是，为了提高结果的稳定性和可靠性，对品评人员数量和质量上都有一定的要求。

对于成对比较法、二-三点法、三杯法、五杯法，都存在一个理论上无差别的固定概率，见表 8-4，因此可以通过二项分布进行检验。而 A-非 A 则没有固定概率，分析方法较复杂。

对成对比较法、二-三点法、三杯法、五杯法，在具体结果分析的时候可以通过查表，对样品是否有差异做出判断。在 5% 显著水平上有差异时，具有显著差异的作答最少数量要求见表 8-5。

表8-4   各差别品评测试方法理论上无差别的概率

方法	样品无差别时的理论概率	备注
成对比较法	1/2	存在单向和双向问题，若是单向分析时，显著结果要求的数量与二-三点品评法相同。
二-三点品评法	1/2	
三杯法	1/3	
五中取二法	1/10	

表8-5   具有显著差异的最少作答数（ 显著水平为5% ）

品评人员数量	成对比较法（双向）	二-三点品评法（单向）	三杯法	五中取二法
5	–	5	4	3
6	6	6	5	3
7	7	7	5	3
8	8	7	6	3
9	8	8	6	4
10	9	9	7	4
11	10	9	7	4
12	10	10	8	4
13	11	10	8	4
14	12	11	9	4
15	12	12	9	5
16	13	12	9	5
17	13	13	10	5
18	14	13	10	5
19	15	14	11	5
20	15	15	11	5

当采用的品评人员数量较多时，就不能利用上面的表格查到最少需要的回答对的数量，为了解决这个问题，笔者利用概率的原理，给出了计算针对以上四种差别测试方法所要求的最少回答对的数量的公式，后面会逐一介绍。

1. 成对比较测试法

需要的最少的正确答案数为下列公式计算的数向上取整数值。

$$X = (n + 1)/2 + K \times SQR(n)$$

K 的取值，见表8-6。

表8-6　　　　　　　　　不同显著水平下的 K 的取值

显著性概率	单向	双向
0.05	0.82	0.98
0.01	1.16	1.26
0.001	1.55	1.65

例如当总的品评人员为16人，显著性水平为5%，对单向和双向两种情况下，利用上述公式计算得到 X 值分别为11.78和12.42，也即当最少作答对的人数为12和13时，两产品有显著差异，这和表8-5中显示的数是一致的。

2. 二-三点测试法

需要的最少的正确答案数的公式同成对比较测试中的单向品评法。

3. 三点测试法

需要的最少的正确答案数为下列公式计算的数向上取整数值。

$$X = (n + 1.5)/3 + K \times SQR(n)$$

K 的取值，见表8-7。

表8-7　　　　　　　　　不同显著水平下的 K 的取值

显著性概率	单边
0.05	0.77
0.01	1.10
0.001	1.46

4. 五中取二法

需要的最少的正确答案数为下列公式计算的数向上取整数值。

$$X = (n + 2.5)/10 + K \times SQRT(n)$$

K的取值，见表8-8。

表8-8　　　　　　　　　不同显著水平下的K的取值

显著性概率	单边
0.05	0.617

5. "A" - "非A" 测试法

汇集 "A" - "非A" 的品评结果，并填入表8-9。

表8-9　　　　　　　　　　A-非A结果汇总表

判别数＼样品数		"A"和"非A"样品数		累计
		"A"	"非A"	
判别为"A"的回答数	"A"	n_{11}	n_{12}	$n_{1.}$
判别为"非A"的回答数	"非A"	n_{21}	n_{22}	$n_{2.}$
累计		$n_{.1}$	$n_{.2}$	$n_{..}$

注：n_{11}——样品本身为"A"而评价员也认为是"A"的回答总数；

　　n_{22}——样品本身为"非A"而评价员也认为是"非A"的回答总数；

　　n_{21}——样品本身为"A"而评价员认为是"非A"的回答总数；

　　n_{12}——样品本身为"非A"而评价员认为是"A"的回答总数；

　　$n_{1.}$——第一行回答数的总和；

　　$n_{2.}$——第二行回答数的总和；

　　$n_{.1}$——第一列回答数的总和；

　　$n_{.2}$——第二列回答数的总和；

　　$n_{..}$——所有回答数。

用χ^2来表示检验结果。

检验原假设：评价员的判别（认为样品是"A"或"非A"）与样品本身的特性（样品本身是"A"或"非A"）无关。

检验的备择假设：评价员的判别与样品本身特性有关。即当样品是"A"而评价员认为是"A"的可能性大于样品本身是"非A"而评价员认为是"A"的可能性。当样品总数$n_{..}$小于40或n_{ij}小于等于5时，χ^2统计量为式（1）：

$$\chi_c^2 = \sum_{ij} \frac{(|E_0 - E_t| - 0.5)^2}{E_t} \quad \cdots\cdots\cdots\cdots\cdots\cdots\cdots (1)$$

式中　E_0——各类判别数 n_{ij} （$i=1$，2；$j=1$，2）

$$E_t = n_{i.} \times n_{.j} / n_{..}$$

当样品总数 $n_{..}$ 大于 40 和 n_{ij} 大于 5 时 χ^2 统计量为式（2）：

$$\chi_c^2 = \sum_{ij} \frac{(| E_0 - E_t |)^2}{E_t} \quad \cdots\cdots\cdots\cdots\cdots\cdots\cdots (2)$$

在 $i=1$，2；$j=1$，2 时，公式（1）、式（2）有如下等价公式，见式（3）、式（4）：

$$\chi_c^2 = \frac{[| n_{11} \times n_{22} - n_{12} \times n_{21} | - (n_{..}/2)]^2 \times n_{..}}{n_{.1} \times n_2 \times n_1. \times n_2.} \quad \cdots\cdots\cdots\cdots (3)$$

$$\chi^2 = \frac{(| n_{11} \times n_{22} - n_{12} \times n_{21} |)^2 \times n_{..}}{n_{.1} \times n_{.2} \times n_1. \times n_2.} \quad \cdots\cdots\cdots\cdots (4)$$

将 χ_c^2（或 χ^2）统计量与表 8-10 中对应自由度为 1〔即（2-1）×（2-1）〕的临界值相比较，见式（5）、式（6）：

当 χ_c^2（或 χ^2）$\geqslant 3.84$（在 $\alpha=0.05$ 的情况）　$\cdots\cdots\cdots\cdots\cdots$ （5）

当 χ_c^2（或 χ^2）$\geqslant 6.63$（在 $\alpha=0.01$ 的情况）　$\cdots\cdots\cdots\cdots\cdots$ （6）

则在所选择的显著性水平上拒绝原假设而接受备择假设，即评价员的判别与样品本身特性有关，即认为样品 "A" 与 "非 A" 有显著性差别。

当 χ_c^2（或 χ^2）< 3.84（在 $\alpha=0.05$ 的情况）$\cdots\cdots\cdots\cdots\cdots$ （7）

当 χ_c^2（或 χ^2）< 6.63（在 $\alpha=0.01$ 的情况）$\cdots\cdots\cdots\cdots\cdots$ （8）

则在所选择的显著性水平上接受原假设，即认为评价员的判别与样品本身特性无关，即认为样品 "A" 与 "非 A" 无显著性差别。

表 8-10　　　　　　　　　　χ^2 分布临界值表

自由度	显著性水平		自由度	显著性水平	
	$\alpha=0.05$	$\alpha=0.01$		$\alpha=0.05$	$\alpha=0.01$
1	3.84	6.63	6	12.6	16.8
2	5.99	9.21	7	14.1	18.5
3	7.81	11.3	8	15.5	20.1
4	9.49	13.3	9	16.9	21.7
5	11.1	15.1	10	18.3	23.2

（二） 排序品评测试

鉴定者同时接到随机排放的几个品尝样品，按照某一特定的标准将它们排成一定的顺序，排序后，可进行统计检验以确定这些样品是否有显著的差别。常用的统计方法是秩和（或秩次）分析，没有显著差别的样品应属于同一秩次，利用 Friedmen 方法对它们进行统计学评价，有时候也可以使用方差分析进行统计学评价。

结果的表示如范例中表 8-11、表 8-12 所示，列表表示 n 个鉴定者的回答，并计算顺序总和。如对 K 个样品，则有 R_1，R_2，$\cdots R_k$。对于不能区别的样品，采用相应的平均顺序号，如例中所示。用以下两步评估结果：第一步为验证一组样品间的差别是否明显，可计算其 Friedmen 统计因子 F 后与表 8-13 进行比较。如果结果是肯定的，第二步可用下述多重比较法来确定是哪个样品与另外哪几个样品间存在明显差别。

第一步 Friedmen 验证。χ^2 具有 $K-1$ 个自由度，如果 Friedmen 因子 F 大于 α 的上限值（表 8-13），则可得出结论：样品间存在显著差别。用以下公式计算 F：

$$F = \frac{(R_1 - \bar{R})^2 + \cdots + (R_K - \bar{R})^2}{K\bar{R}/6 - A}$$

式中　$\bar{R}$——顺序号总和的平均值，即 $\bar{R} = \dfrac{R_1 + \cdots + R_K}{K} = \dfrac{n(K+1)}{2}$

　　　n——鉴定者人数

　　　A——对混淆的校正因子。如不存在混淆，则 $A = 0$。如果存在混淆，

　　　则 $A = \dfrac{1}{12(K-1)} \times (T_1 + \cdots + T_g)$

式中　g——回答中带有混淆的鉴定者数

　　　T——每一个带有混淆的鉴定者对应于一个 T 值，可用下式表达 $T = t_1^3 + t_2^3 \cdots - (K-u)$，此式中对于一个指定的鉴定者，$t_1$ 是第一组混淆

的样品数，t_2 是第二组混淆的样品数……，一般 1 个鉴定者只有一组（最多 2 个）混淆。u 是去除混淆样品之后的样品数。注意 $(t_1+t_2+\cdots+u) = K$

第二步多重比较法（Friedmen）。用下式计算一组顺序号总和中最小的显著差别。

$$LSD\alpha = \frac{t\alpha}{2.00} \times \sqrt{K\overline{R}/3}$$

式中的 $t\alpha/2$ 是学生氏 t 值。当显著性水平等于 5% 时，等于 196；显著性水平等于 1% 时，等于 2.58。任意两组顺序号总和，如果它们之间的差别大于这个 LSD 值，则具有显著性差异。

范例 1（无混淆）

8 名鉴定者检查 5 个样品，结果见表 8-12。供计算 Friedmen 因子，F 的参数是：鉴定者人数 n 是 8，顺序号总和 R_1，R_2，R_3，R_4，$R_5 = 17$，31，32，23 及 17，由此 $\overline{R} = 8 \times (5+1)/2 = 24$，

$$F = \frac{(17-24)^2 + (31-24)^2 + (32-24)^2 + (23-24)^2 + (17-24)^2}{5 \times 24/6} = 10.6$$

该值大于 χ^2 带有 5-1=4 个自由度时的值 9.49，因此得出结论：在 5% 的显著水平下，5 个样品是有差异的。在此例中与 LSD 相关的值是：

$$LSD5\% = 1.96 \times \sqrt{5 \times 24/3} = 12.4 \text{ 及 } LSD1\% = 2.58 \times \sqrt{5 \times 24/3} = 16.3$$

在 5% 的水平上，A 和 B，A 和 C，E 和 B，E 和 C 之间的差别是明显的。因为 31-17=14，32-17=15，31-17 = 14，32-17= 15。结果表示为 AaEaD-abBbCb，不带同样下标的样品，在 5% 的显著性水平上是有差别的。

范例 2（有混淆）

四位鉴定者检查 4 个样品的苦味。每个鉴定者收到这 4 个一组的样品三次。第一位鉴定者的结果见表 8-11，全部四位鉴定者的结果见表 8-13。混淆发生在第一组鉴定（2 个样品），第三组鉴定（3 个样品）和第 10 组鉴定（2×2 个样品）之中。供计算 F 值的变量是：鉴定组数，$n=12$；样品数，$K=$

表8-11 　　　　　品评人员一号对白酒苦味作答的情况

提供的样品	顺序号				备注
	1	2	3	4	
第一组：149 251 347 428	347	428	251	149	428≅251
第二组：014 017 146 155	017	146	155	014	
第三组：098 123 23 473	233	123	473	098	123≅473≅098

注：第一组中有4个样品，第二、三组是这几个样品的重复品尝，编号不一样。每组的编号是小组负责人在品尝前填写的。对填这个表的鉴定者所使用的编号是：样品 A-347，146，233；样品 B-251，017，473；样品 C-428，014，098；样品 D-149，155，123。

4；顺序号总和 R_1，R_2，R_3，R_4 和 $\bar{R}$ 分别为 21.5，23，36，39.5 和 30；$T_1 = 2^3 - 2 = 6$；$T_2 = 3^3 - (4-1) = 24$；$T_3 = 2^3 + 2^3 - 4 = 12$，因此

$$F = \frac{(21.5-30)^2 + (23-30)^2 + (36-30)^2 + (39.5-30)^2}{(4 \times 30)/6 - (6+24+12)/12(4-1)} = 13.14$$

该值大于 χ^2 带有 4-1=3 个自由度时的极限值 11.34，因此得出结论：在 1% 的显著性水平下，4 个样品间是有差别的。在此例中与 LSD 相关的值是：

$$LSD5\% = 1.96 \times \sqrt{4 \times 30/3} = 12.4 \text{ 及 } LSD1\% = 2.58 \times \sqrt{4 \times 30/3} = 16.3$$

由此可见，在 1% 的显著性水平上，以下样品两者之间是有差别的。样品 D 和 A，它们顺序号总和的差值是 39.5-21.5=18.0。样品 D 和 B，它们顺序号总和的差值是 39.5-23=16.5。在 5% 的显著性水平上，以下样品两者之间是有差别的。样品 C 和 A，它们顺序号总和的差值是 36-21.5=14.5。样品 C 和 B，它们顺序号总和的差值是 36-23=13。

结果表示为：在 5% 水平上：AaBaCbDb；在 1% 水平上：AaBaCabDb

注：它们不带同样的下标，在所标明显著水平上，*（5%），**（<1%），样品间是有差别的。

问题：你收到三位数字编号的四个样品。品尝后根据苦味的强弱将其依序排列，最苦的列为第四栏，次苦的列为第三栏，以下类推。如有两个样品近乎一样，最好对其进行"最佳猜测"。如果你不能进行猜测，请在表 8-11 "备注"栏类写下你不能区分的样品的编号。

表8-12　　　　　　　　　　　　范例1的结果（没有混淆）

鉴定者（n）	样品（K）				
	A	B	C	D	E
1	2	4	5	3	1
2	4	5	3	2	1
3	1	4	5	2	3
4	1	2	5	3	4
5	1	5	2	3	4
6	2	3	4	5	1
7	4	5	3	1	2
8	2	3	5	4	1
顺序号总和	17	31	32	24	16

注：8个鉴定者，品尝5个样品。

表8-13　　　　　　　　　　　　范例2的结果（有混淆）

鉴定者（n）	鉴定者编号（n）	样品（K）			
		A	B	C	D
	1	1	2.5	2.5	4
1	2	2	1	4	3
	3	1	3	3	3
	4	2	1	3	4
2	5	2	3	1	4
	6	2	1	4	3
	7	3	1	2	4
3	8	1	2	4	3
	9	2	3	4	1
	10	1.5	1.5	3.5	3.5
4	11	2	3	1	4
	12	2	1	4	3
顺序号总和		21.5	23	36	39.5

注：4个鉴定者，品尝4个样品，重复3次。

表8-14 χ^2分布的 α 概率上限值

样品数	χ^2的自由度值	α 显著水平/%		样品数	χ^2的自由度值	α 显著水平/%	
K	$df=n-1$	0.05	0.01	K	$df=n-1$	0.05	0.01
3	2	5.99	9.21	18	17	27.59	33.41
4	3	7.81	11.34	19	18	28.87	34.80
5	4	9.49	13.28	20	19	30.14	36.19
6	5	11.07	15.09	21	20	31.41	37.57
7	6	12.59	16.81	22	21	32.67	38.93
8	7	14.07	18.47	23	22	33.92	40.29
9	8	15.51	20.09	24	23	35.17	41.64
10	9	16.92	21.67	25	24	36.41	42.98
11	10	18.31	23.21	26	25	37.65	44.31
12	11	19.67	24.72	27	26	38.88	45.64
13	12	21.03	26.22	28	27	40.11	46.96
14	13	22.36	27.69	29	28	41.34	48.28
15	14	23.68	29.14	30	29	42.56	49.59
16	15	25.00	30.58	31	30	43.77	50.89
17	16	26.30	32.00				

（三） 传统数据处理的口诀

上面介绍了如何利用传统的数理统计学的方法对差别测试和排序测试的数据进行数据分析处理，这些方法可以用于白酒的感官消费者科学，便于读者掌握，将上述内容用一首诗进行概括，诗的题目叫"抓住分布来假装"，意思是说传统的数理统计学的核心思路是找到一个可以利用的分布，例如正态分布、卡方分布、t-分布等，然后再进行假设检验，诗的内容如下：

抓住分布来假装

对二三五分是非，是非复杂卡方算，

对二三五二分布，排序秩和弗检验。

第一句的列举了可以利用的五种差别测试方法即成对比较法、二-三测试法、是A-非A测试法、三杯法和五杯法。

第二句是说差别测试法中是A-非A测试法的数理处理相对复杂些，可以利用计算卡方的方法来进行检验。

第三句是说差别测试法中的成对比较法、二-三测试法、三杯法和五杯法都可以利用二项分布来进行假设检验。

第四句是说排序测试数据处理属于非参数检验，可以计算排序的秩和然后利用Friedmen检验。

二、 高级分析法

使用哪种市场及消费者分析方法取决于公司的战略定位及测试方向。于是高级分析法就应运而生，高级分析法如图8-2所示。

图8-2　高级分析法

消费市场及品类拓展前景分析，能帮助企业了解对当前市场最具竞争力的产品组合方式，如酒液类别同市场定位的准确性，哪些酒液类别，例如除了浓香以外是否还有其他扩展潜在的机会，以扩大包括当前的产品和那些不在目前市场存在的机会品类，如低度，绵柔等。

该方法的目的在于评估项目组合的竞争力和市场表现，评估品牌的关键特征，探索并识别空白和发展机会。

输出的类型包括酒液调研，品牌影响度调研，输出的结果包括哪些品牌和酒液可以通过修改转变成适合市场及消费者需求的产品。

企业应该如何拓展市场，以确保企业的品类在不断创新的同时，充分利用新兴的口味细分市场。识别味蕾簇，相关基准和感官驱动。探索并识别空白和发展机会。通过该项测试，企业可以找到正确的产品类别簇，从而找到驱动因子。

产品性能分析报告，包括如何评估产品概念及品牌体验工作，将产品与品牌/包装性能隔离。

（1）与主要竞争对手对比，验证产品性能。

（2）验证产品更新或竞争力项目。

主要是通过盲品和品牌符合度评估。消费者对酒液进行盲品，告知喜欢程度和购买欲望等，当酒液盲品通过验证后，并不代表消费者喜欢该品牌。如果品牌与酒液有较高的符合度，需要对产品概念进行进一步验证，就是品牌测试。

消费者行为测试包括通过模拟消费和朋友在一起消费的真实环境，将主要竞争对手/参考酒液进行对比来评估产品性能。

三、 大数据分析

大数据是数据处理技术的革命，它允许比以前更大规模的数据收集和分析，最初的需求来自全球规模的互联网公司。目前互联网公司通常用如下字眼来形容大数据，例如"网络上的一切"（谷歌），"数十亿人的个人层面行动"（脸书），"全球范围内的个人交易"（亚马逊）。

白酒企业应该通过向全球各大酒类信息调查网站及具有影响力的网络公

司发送一些关键性质的调查内容。

调取信息内容如，消费者"经常"白酒，而且往往有强烈的意见的范围及规模，这些取样信息会有大量丰富的且连续性的数据流，见图8-3。

大数据

酒液/包装市场扩张机会和液体差异化

大数据感官布局&数据集成

大数据感知词云（品牌感知契合度）

大数据啤酒简介

识别扩张机会，探索新兴或现有类别/子类别并评估流动性差异

产品动态

大数据社交倾听（成分）

大数据产品趋势

识别趋势/监控市场变化

图8-3　大数据分析法

因为企业很少直接与个人消费者打交道获取大量的数据信息，包括喜好度、酒液类型选择、包装倾向等。通过网站的大量信息合并和筛选，最终抽取符合需求特性的有效数据。

短期而言，通过网站已经存在的信息进行筛选和合并整理。长期计划，要把二维码扫描信息与消费者直接互动，通过网络问卷得到第一手资料。同时，通过 APP 网络也可以实现调查目的。

第四节　感官评价和消费者科学部门

建立以消费者为导向的白酒产品改进和开发模式，对白酒企业赢得消费市场具有重要的意义。以消费者为导向，简而言之就是指白酒企业要掌握消费者怎样评价自己的白酒产品，消费者喜欢什么样的白酒产品，从而开发出被消费者接受的白酒产品。要做到这些，白酒企业就要建立一个以感官为基础的消费者科学部门，以感官和消费者科学的原理与方法长期开展工作。

目前，我们国家绝大部分白酒企业，缺少一个完整的感官消费者科学部门，对消费者的了解不够深入，更多是以专业的品评人员代替消费者进行感官品评，当然，专业的品评人员的意见，在一定程度上和消费者意见有一定的正相关性，具有一定的指导作用，但是要记住一点的是专业品评人员绝对不能完全代替消费者，因此，从长远来看，在白酒企业一定要有专业从事酒液感官评价和消费者科学结合的研究部门，即感官消费者科学部门，该部门的使命就是利用先进的分析技术和大数据收集技术，设计符合消费者需求的产品范围，从而指导酒液按照正确的开发方向进行研发。该部门的主要作用如图8-4所示。

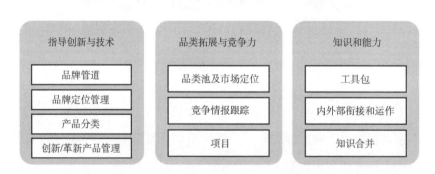

图8-4　酒业感官评价和消费者科学研究部门

该部门的专业实力：具备酒液品评的专业技术人员＋科学的消费者测试方法的开发和运用。白酒企业的感官和消费者科学部门，以感官科学和消费者科学来评价白酒产品，积累专门的知识和经验，按照最现代化的标准开展工作，建立自有资源。

白酒企业建立专业的感官评价小组，对酒液进行评估。训练具有较高感官敏锐度的人，以一致判断客观的感官特征。他们可以根据味觉、嗅觉、视觉或感觉来描述产品，使用一致和精确的词语，而这些词语是我们无法和消费者接触到的。这些属性有助于我们解释和研究哪些风味及特性是消费者选择的主要驱动因素。

这些专业品评小组为所有创新项目运行及产品的风味稳定性提供专业指导建议，它们可以用于评估包装及酒液系统效应。在技术和产品开发过程中，它们被用来描述酒液原型和对标基准。

通过对不同类型的酒液与酒杯的搭配测试，找到能给消费者带来最佳体验的酒杯研究。

第九章

身怀六甲，
酒品创新之主线

首先解释一下本章标题的含义，本章的标题同其他八章的标题格式是一样的，用的都是同位语式的表达，前面四个字和后面七个字互为同位语，即"身怀六甲"是酒品创新之主线的的内容，其中酒品两字在本章里指的是酒类产品的意思。

第一节　酒品创新的意义

目前，白酒市场竞争加剧，企业生存发展的压力越来越大。为避开竞争锋芒，开辟新的市场空间，许多白酒企业都非常注重新品的开发与上市，从而使其成为企业新的竞争优势和利润增长点。

然而，统计数据表明大约有 70% 的新产品在市场上不能成功，为避免成本浪费，缜密的产品创新理论能够使得企业有效配置有限的资源。因此对酒品的创新方向进行探讨，提炼出酒品创新规律性的结论，对指导企业开发酒类新品种具有重要的意义，将在本章第二节中对白酒企业在新品开发方面的有关问题作一探讨。

第二节　酒品创新方向的探讨

新产品的开发必然要依靠科学技术，但是更重要的是捕捉并服务消费者的需要，即必须明确白酒市场上消费者的要求，依靠科技开发并生产符合费者嗜好的白酒新产品。

一、　新品开发失利的主要原因

（一）　调研不充分

新品能否上市成功，最重要的是具备有效的市场需求，如果没有足以支撑新品开发、生产和营销成本的销售量，只能导致失败。然而许多白酒企业在新品开发前，并没有对市场进行深入调查研究、科学分析，只是凭借个人的经验或者感觉开发新产品，导致产品开发之后，一上市就反应冷淡，没有市场需求或市场需求太小，造成新品积压，销售不畅，上市之日就是下市之时。

（二）　超出自身技术装备能力

有的企业不顾技术水平所限，盲目开发新产品，因其设备、技术的落后，无法达到开发生产新产品的工艺要求，新产品质量不过关，不能得到消费者的认可，结果是草草收兵。上市后产品质量出现问题，不但新产品很快下马，因此而引起的顾客投诉事件增多，也会给企业造成许多不必要的损失和麻烦。消费者难以接受这样的所谓新产品。

（三）　新品难配其名

一些白酒企业所谓新品开发，只是原有产品的改头换面，或别家产品的简单仿照，在新产品开发上不舍得投入，而总是想走"捷径"，将新瓶装老酒，酒液仍是原来的普通酒液，只是更换一下包装换个新面孔，结果消费者并没有找到新感觉，不但不欢迎这种新产品，而且还会认为企业在愚弄自己，对品牌的忠诚度降低，使得企业的信誉和品牌形象都受到不良的影响。

（四）　产研脱节

企业在实验室研制样品或小批量生产时不惜工本，精雕细琢，以体现产品的质量档次，但是转入大批量生产后，缺乏严格的质量保证体系，使正式产品的质量与鉴定样品的质量相差甚远。

（五）　机缘错失

有的白酒企业领导对新产品开发工作不重视，不愿在研制和开发新产品方面早动手、多投入，当老产品滞销被迫考虑新产品开发时，企业已资财不济，力不从心，即使看准了市场目标和产品方向，也会青黄不接，缺乏开发

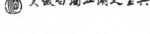

生产和市场推销费用，追悔莫及。因此企业在新产品开发方面要做到"上市一代，储备一代，研发一代"。

（六） 推广力度不够

新产品被市场接受，需要一个认知过程。这个过程的长短，取决于企业的营销攻势。有的白酒企业忽视营销策略的研究，不注重新产品宣传投资，仅靠渐进性的用户传播拓销，迟迟不能按设计能力满负荷生产。新产品开发未能产生应有的社会经济效益。或因时过境迁，市场饱和而开工不足。

（七） 盲目跟风

有的白酒企业仅以市场现状为基础进行设想和论证，市场上流行什么，就生产什么，对市场固有的竞争性和变化性认识不足，盲目跟风，致使开发的产品永远跟在别人的后面，不能成为市场的领军者。

二、 提高新产品开发成功率的策略

（一） 建立信息网络， 实行动态决策

当今社会已迈入信息时代，白酒厂家要尽快形成反应灵敏、传递迅速、反馈准确的信息系统，为产品开发提供可靠的决策依据，从而实现新品开发全过程的战略跟踪和策略优化。如现在某些白酒厂家开发的新产品，都是通过有关途径得知别的白酒企业已开发成功并投入市场后才相应开展仿制生产的，那么，前者就有必要调查此种新品市场状况及消费者的反应如何，自身在开发时需要在工艺等方面做哪些进一步的完善，根据反馈的信息做好科学的决策。

（二） 增强科技意识， 提高开发水准

白酒企业若有一支拿得出，叫得响的开发队伍，就会在今后激烈的白酒

市场竞争中得心应手，所向无敌。而这有赖于经营者矢志不渝的智力投资，决非一蹴而就。我国大型白酒集团都拥有自己的产品研发中心，在新品开发上有着强大的技术力量。但对于国内暂时缺乏自行开发能力的中小白酒企业来说，切忌夜郎自大、闭门造车，而应当尊重科学，走借力开发之路，要有针对性地依托大专院校和科研单位，把技术引进和自行研制结合起来。

（三）　夯实技术基础，确保规模质量

提高规模生产的质量保证能力，是新产品开发的重点所在。企业要克服小型试制和规模生产的"两路拳脚"问题，防止开拓市场时精挑细选，规模生产时判若两人。要通过新品开发改善白酒厂家的综合素质，强化质量管理，确保产品质量的稳定提高。

（四）　加速更新换代，合理规划新品

企业应从自身实际出发，认真研究市场，制定产品开发的规划和措施，形成规划设计、论证试制、投产销售一条龙的新品开发管理体系，力争做到生产一代，储备一代，试制一代，预研一代，以确保企业开发目标的滚动，实现企业持续快速发展。有企业认为新产品越多越好，在新产品开发上力求多而全，每年开发出十来种新产品，产品品种多达数十种，形成一个规模壮观的产品体系。但由于没有足够的精力对所有的新产品进行有效管理，要么不分轻重，要么顾此失彼，使众多新产品不能有效占领目标市场，甚至使主品牌失去原有个性，造成品牌污染，影响原有产品的销售。

（五）　活用广告宣传，拓展新品市场

白酒新品上市时，企业应当科学地确定目标市场，及时采取最佳营销组合手段，洞悉客户消费心理，选择适当广告载体和形式，设计独特的广告语言和优美的广告意境；建立健全良好的售后服务体系，以造成强有力的营销攻势，迅速扩大新产品的市场覆盖率和市场占有率，从而使企业充满创新

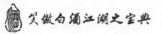

活力。

加强新产品的研制与开发上市力度，以使白酒企业占领市场，提高竞争力的有效途径，每个企业都应当高度重视，但新产品开发同时又存在着一定的风险，企业必须持冷静、客观的态度，避免走入误区，否则只能给企业带来更多的麻烦和更重的包袱。

三、 产品设计的概念及方法

目前，国内白酒企业产品结构普遍表现出如下特征。

第一是品种增多。部分白酒企业在产品开发上认为越多越好，某些白酒企业的品种甚至多达上百种。品种的过度开发，导致了诸多弊端。例如，同一目标市场的产品重叠、产品形象混乱、不同产品之间的价格和市场发生冲突等。

第二是产品间差异小。由于产品向中高档层次延伸，致使白酒品种间的差异变小，致使消费者在市场上区分度变差，从而增加了产品管理的难度，使得不同档次之间的产品容易发生冲突。

产品结构是企业经营的一个产品发展方向，它是企业实现盈利的重要保证。只有有良好的产品结构，企业才能获得较好的盈利。那么，在产品导向方面，我们要设法使产品结构向毛利率高的方向转变，提高毛利高的产品比重；向优势产品方向导向，培育竞争力强的产品；向培养主导产品的方向导向。

可以通过对经销商的返利、促销政策及营销员激励等政策措施，使产品结构向高毛利率的产品倾斜，调整产品结构，从而达到提高整个企业产品经营毛利率的目标。

（一） 产品设计概述

产品设计是一个将人的某种目的或需要转换为一个具体的物理形式或工具的过程，是把一种计划、规划设想、问题解决的方法，通过具体的载体，以美好的形式表达出来的一种创造性的活动过程。

产品设计反映着一个时代的经济、技术和文化。

（二）产品设计的重要性

由于产品设计阶段要全面确定整个产品的结构、规格，从而确定整个生产系统的布局，因而，产品设计的意义重大，具有"牵一发而动全局"的重要意义。如果一个产品的设计缺乏生产观点，那么生产时就将耗费大量费用来调整和更换设备、物料和劳动力。相反，好的产品设计，不仅表现在功能上的优越性，而且便于制造，生产成本低，从而使产品的综合竞争力得以增强。

许多在市场竞争中占优势的企业都十分注意产品设计的细节，以便设计出造价低而又具有独特功能的产品。许多发达国家的公司都把设计看作热门的战略工具，认为好的设计是赢得顾客的关键。

（三）产品设计的要求

一项成功的设计，应满足多方面的要求。这些要求，有社会发展方面的，有产品功能、质量、效益方面的，也有来自使用方面的或制造工艺方面的。一些人认为，产品要实用，因此，设计产品首先是功能，其次才是外形；而另一些人认为，设计应是丰富多彩的、异想天开的和使人感到有趣的。设计人员要综合地考虑这些方面的要求。下面详细讲述这些方面的具体要求。

1. 社会发展的要求

设计和试制新产品，必须以满足社会需要为前提。这里的社会需要，不仅是眼前的社会需要，而且要看到较长时期的发展需要。为了满足社会发展的需要，开发先进的产品，加速技术进步是关键。为此，必须加强对国内外技术发展的调查研究，尽可能吸收世界先进技术。有计划、有选择、有重点地引进世界先进技术和产品，有利于赢得时间，尽快填补技术空白，培养人才和取得经济效益。

2. 经济效益的要求

设计和试制新产品的主要目的之一，是为了满足市场不断变化的需求，以获得更好的经济效益。好的设计可以解决顾客所关心的各种问题，如产品功能如何、手感如何、能否重复利用、产品质量如何等；同时，好的设计可以节约能源和原材料、提高劳动生产率、降低成本等。

所以，在设计产品结构时，一方面要考虑产品的功能、质量；另一方面要顾及原料和制造成本的经济性；同时，还要考虑产品是否具有投入批量生产的可行性。

3. 使用的要求

白酒新产品要为社会所承认，并能取得经济效益，就必须从市场和消费者需要出发，充分满足饮用要求，这是对产品设计的起码要求。饮用的要求主要包括以下几方面的内容。

（1）饮用的安全性　设计产品时，必须对饮用过程的种种不安全因素，采取有力措施，加以防止和防护。

（2）饮用的可靠性　可靠性是指产品在规定的时间内和预定的饮用条件下正常工作的概率。可靠性与安全性相关联。可靠性差的产品，会给消费者带来不便，甚至造成饮用危险，使企业信誉受到损失。

（3）易于饮用　产品易于饮用十分重要。

（4）美观的外形和良好的包装　产品设计还要考虑和产品有关的美学问题，产品外形和饮用环境、消费者特点等的关系。在可能的条件下，应设计出消费者喜爱的产品，提高产品的欣赏价值。

4. 制造工艺的要求

生产工艺对产品设计的最基本要求，就是产品结构应符合工艺原则。也就是在规定的产量规模下，能采用经济的加工方法，制造出合乎质量要求的产品。这就要求所设计的产品结构能够最大限度地降低产品制造的劳动量，减轻产品的重量，减少材料消耗，缩短生产周期和制造成本。

四、 酒品创新发展之主线

通过对新产品开发失利的主要原因进行分析，可以看出要想提高酒类新产品开发的成功概率，必须先要进行充分的市场调研，把握消费者消费需求，并凝练出酒类产品创新发展的方向。通过对酒类自身的属性及消费市场发展趋势的研究，作者发现消费者购买一种酒品，是觉得这个酒品有让其觉得好的地方，总结起来，这个好不外乎六个方面：一是性价比好；二是外包装好；三是酒的外观好；四是酒的风味好；五是酒的健康好，健康概念明显；六是好使用，即使用起来很方便。

消费者花钱购买产品，毕竟是让消费者掏腰包，因此价格是不可回避的问题，但是消费者购买产品时，也不光是一味地追求低价，有时候消费者追求低价，有时候并不追求低价，因此用性价比来衡量更确切。性价比好是指价格相对便宜，这里的便宜不是指低价，而是指相对低价，例如相同的价格，消费者觉得更值，简言之即花相同的钱，产品给人的总体感觉，更上档次，更显品位。

首先映入眼帘的是酒的外包装，酒的外包装就像人的衣服一样，外包装好可以为酒加分。外包装好是指酒的外包装对消费者可以形成视觉冲击，包括产品的名字、品牌、标签设计、包装容器的形状等。

酒体的外观是人可以看见的，因此酒体的外观必须要过关，不能有问题。外观好是指酒的色泽或外观好，而且没有质量问题。

酒最核心的功能是满足人的饮用需求，因此酒体的风味一定要好，不能让消费者在饮用时有不舒服的感官体验，如闻香上异杂味突出，酒体发苦发涩等。而且对大部分酒企来说，不是一天卖酒，而是希望长久地销售，因此，对酒企来说，做回头客的生意是非常重要的，消费者虽然在第一次购买酒品的时候无法品尝，但是如果购买回去饮用后发现酒的风味很差，将会影响该消费者的下次购买行为，从而影响酒企的长远发展。

健康是人们活着最关心的问题，健康非常复杂，影响因素非常多，很难将一个因素和健康建立起必然的联系，大部分人也很难做到为了健康就"规规矩矩"地生活，但是这并不代表这些人就不关注健康。酒的健康好是指酒的健康概念突出，并已形成一定的社会共知。

使用的便捷性也是产品非常重要的卖点。使用的便捷即产品使用的方便性，包括很多方面，例如酒携带方便，开启方便，倒酒方便等都属于好使用的范畴。

酒品在性价比、包装、外观、风味、健康和使用便捷性六个方面突出的表现，是消费者购买的理由。为便于记忆，作者用"身怀六甲"来表示酒类产品在"性价装观风健便"六个方面的突出卖点，如图9-1所示。

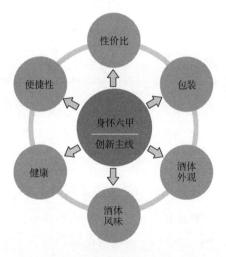

图9-1 酒品创新之"身怀六甲"理论

"身怀六甲"是指酒品在六个方面或六个方面的某一方面具有突出的优势。朝着突出这六个方面的特点的方向是酒类产品发展创新永远不变的主线，酒类产品的创新发展是沿着这六个主线去演变的，可以是其中一个主线，也可以是其中两个或三个甚至六个主线同时具备的方向。

为便于读者深刻领会酒品创新的重要性并掌握酒品创新发展的方向，作者用一首绝句将相关内容涵盖，诗的内容如下：

身怀六甲

感官消费感官鉴，身怀六甲看得见，

性价装观风健便，酒品创新之主线。

诗的第一句的意思是说消费者有时候虽然不是那么懂酒，但是消费者也绝不会因此就胡乱地买酒，消费者依然会通过感官感觉对酒做出合情合理的评价。

诗的第二句的意思是说酒在六个方面有突出的特点就是这个酒最重要的卖点，只要做的好，消费者就一定能够感觉得到、看得见的，这个酒也一定会得到消费者的认可。

诗的第三句列举了酒品需要下功夫的六个重要卖点，即性价比、包装、外观、风味、健康和使用的便捷性。

诗的第四句的意思是说第三句列举的六个卖点就是酒品创新发展的六条主线。

第三节　世界其他烈酒

中国白酒作为世界上产量最大的蒸馏酒，真正走出国门，走出华人圈，让外国人士接受并喜欢，具有非常重要的意义。这就是中国白酒国际化的课题，中国白酒国际化需要做的事情很多，根本的是要以国外消费者为感官消费者科学的研究对象，以外国人的视角让中国白酒或以白酒为基酒的露酒做到"身怀六甲"，其中一甲便是风味，了解国外其他烈性酒及其与中国白酒在风味上的差异，对做好中国白酒的国际化具有重要的意义。

一、　洋酒之类型

洋字在中国的本义是海洋的意思，如洋字作定语，那就表示洋后面所修饰的东西不是中国制作的，而是进口的外国货，顾名思义是从海洋而来，主要是指欧美等西方国家。

中国是一个以大陆为主的国家，在半封建半殖民地时期，外国人基本上从大洋乘船而来。在早期的中国，由于处在半殖民地半封建社会形势下，经济萧条，难以自给自足，很多日常用品都要从国外买来，所买的东西都要加个洋字，在此条件下就应运而生了带洋字的货物，例如"火柴"叫"洋火"、"自行车"叫"洋马儿"、"西洋镜"等等。现在这些日常用品，中国都可以自己制造了，这些东西的名称也去掉了洋字，所以现在很少会听到带洋字的东西，但是在酒行业，还有洋酒这一称呼，而且在日常生活当中，洋酒的叫法，似乎还比较流行。

那么洋酒是指什么酒呢？洋酒在我们国家是有其特定的含义的，洋酒指的就是洋蒸馏酒，即指发源于国外的蒸馏酒，不包括葡萄酒等其他发酵酒或其他酒种。

在我们国家比较有名气的洋酒有很多种，洋酒一般可以按照制造原料进行分类，包括白兰地（Brandy）、威士忌（Whisky）、朗姆酒（Rum）、其他洋酒，如伏特加酒（Vodka）、金酒（Gin）、泡盛酒、烧酎和龙舌兰酒（Tequlia）。

便于读者掌握在我们国家比较有名气的洋酒，作者把上面列举的八种洋酒用一首七言绝句来总结概括，诗的内容如下：

八类洋酒

白威朗姆加伏特，金酒添加杜松果，

泡盛烧酎龙舌兰，八仙过海来中国。

诗的第一句中的白指白兰地，威表示威士忌，朗姆指朗姆酒，伏特指伏特加。诗的第二句描述的是金酒，金酒的制作要添加杜松子。第三句描述了泡盛、烧酎和龙舌兰三种洋酒。在这首诗里总共谈到了八种洋酒，这八种洋酒都是漂洋过海来到中国的，故用"八仙过海"来中国来描述。

下面对这八种洋酒分别进行介绍。

（一）　白兰地

一般来讲白兰地是以葡萄为原料，但是也可是以其他水果为原料的，其定义是以新鲜水果或果汁为原料，经发酵、蒸馏、陈酿、调配而成的蒸馏酒。

若以其他水果为原料，则要在白兰地名称前冠以水果的名称，如苹果白兰地、樱桃白兰地、梨子白兰地等。

格拉巴酒（Grappa）是一种意大利白兰地，由酿完葡萄酒的葡萄皮渣蒸馏而来，故而又名"果渣白兰地"，是由意大利人首次利用葡萄酒酿制中产生的酒渣，经蒸馏工序制成的蒸馏酒，可以说是"变废为宝"的一种酒。

皮斯科酒（Pisco），是秘鲁流行的一种由葡萄蒸馏酿制而成的烈性酒，在世界上知名度很高，堪称秘鲁的"国酒"。除秘鲁外，智利也大量生产这种酒。多年来，秘鲁、智利两国就皮斯科酒的"国籍"问题一直争论不休。2007年，世界知识产权组织作出裁决，确认皮斯科酒的国籍权归秘鲁所有。

皮斯科酒最大特点是100%用葡萄汁酿造，不添加任何其他东西。成品皮斯科的酒精度在38%～48%vol。皮斯科可以单喝，秘鲁人还喜欢在皮斯科酒里加入配料和其他酒，调制成各种风味的鸡尾酒。在秘鲁，用皮斯科酒做的酸味鸡尾酒，在世界各地享有盛誉。皮斯科酒加上白糖、柠檬汁、冰块、鸡蛋清、可可粉等，便成了"皮斯科酸酒"（英语为Pisco Sour），是秘鲁外交宴会上的重要饮品。

为了方便读者全面掌握白兰地的种类，作者对白兰地写了一首诗，诗的内容如下：

白兰地

葡萄水果白兰地，水果前面加水果，

葡萄皮渣格拉巴，秘鲁国酒皮斯科。

第一句表示，用葡萄和水果都可以酿造白兰地。第二句表示如果是以水果为原料的话，酒的类型则需要在白兰地前面要加水果两字。第三句表达的是用葡萄皮渣为原料的蒸制的酒称为格拉巴。第四句表达的秘鲁的国酒称为皮斯科。

（二） 威士忌

以麦芽和谷类为原料。其定义为以麦芽、谷物为原料，经糖化、发酵、蒸馏、陈酿、调配而成的蒸馏酒。是一种以大麦、黑麦、燕麦、小麦、玉米等谷物为原料，经发酵、蒸馏后放入橡木桶中陈酿、勾兑而成的一种酒精饮料，属于蒸馏酒类。

单纯的粮谷威士忌一般不能市售，只有和麦芽威士忌组成混合威士忌方可销售。美国的波旁威士忌（Bourbon Whisky），则主要以玉米为原料（玉米占51%~75%）。

威士忌

麦芽粮谷威士忌，单纯粮谷禁上市，

混合麦芽才能卖，美国波旁主玉米。

（三） 朗姆酒

朗姆酒以甘蔗糖蜜为原料，定义为以甘蔗汁或糖蜜为原料，经发酵、蒸馏，陈酿、调配而成的蒸馏酒。细分为深色和浅色两种朗姆酒。

卡沙萨酒（Cachaca）是巴西的国酒，是以新鲜甘蔗汁为基本原料，经过压榨、蒸馏、橡木桶陈放等工艺技术酿制成的烈酒，产于巴西，历史悠久，至今有500多年的酿造历史，它与足球、桑巴并称为"巴西三宝"。卡沙萨最初在巴西被称为"穷人的饮料"，因为这种酒在过去是激励那些在种植期间从事繁重劳动的奴隶们。现在，它成了每一个巴西人聚会中的必需品。由于它与朗姆酒同样以甘蔗为原料，因此也常常被称为巴西朗姆酒。事实上，二者存在一定的差别，普通朗姆酒一般采用蔗糖蜜（蔗糖生产过程中的副产物）为原料，而卡沙萨多直接使用甘蔗汁。

卡沙萨酒口感浓烈醇厚、香味绵长纯正、色泽饱满、挂杯丰厚，年产量13亿升，种类很多，有浅色的和深色的陈年酒，有大型酒厂生产的，也有家庭酿制的，巴西全国共有4000多个品牌的卡沙萨酒。

为了方便读者全面掌握朗姆酒的种类，作者对朗姆酒写了一首诗，诗的内容如下，诗句的意思浅显易懂，这里就不逐句解释。

朗姆酒

甘蔗糖蜜朗姆酒，浅色深色两种分，

巴西国酒卡沙萨，甘蔗鲜汁木桶陈。

（四）　伏特加

以高纯酒精为基础酿制而成，可分为纯酒精伏特加（也称中性酒精）和调香伏特加两大类。其定义是以谷物、薯类、糖蜜及其他可食用农作物等为原料，经发酵、蒸馏制成食用酒精，再经过特殊工艺精制加工制成的蒸馏酒。

其基本的工艺过程是以马铃薯或玉米、大麦、黑麦为原料，用精馏法蒸馏出酒精度高达96%vol的酒液，再用木炭吸附酒液中的杂质，最后用蒸馏水稀释至酒精度40%~50%vol而成。此酒不用陈酿即可出售和饮用，也有少量的调香伏特加，其一般是在稀释后还要经过串香程序，使其具有芳香味道。

（五）　金酒

类似于伏特加，也是以高纯酒精为基础酿制而成，又称杜松子酒。由药用植物杜松子和食用酒精经串蒸或冷混两种工艺酿制而成。其定义为以粮谷等为原料，经糖化、发酵、蒸馏后，用杜松子浸泡或复蒸串香后制成的蒸

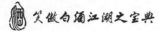

馏酒。

金酒有两种制造工艺，一种是将杜松子放在布袋内，布袋挂在蒸馏器的颈内部，蒸馏酒精，进行串香；另一种方法则是将杜松子浸泡于酒精中，七天后经壶式蒸馏器进行蒸馏，经过这种先冷混、后蒸馏的工艺也能获得杜松子酒特有的香气。

金酒一般不需要陈酿，但也有厂家将原酒放到橡木桶中陈酿，从而使酒液略带金黄色。金酒的酒精度一般在35%~55%vol，一般认为，酒度越高，金酒质量就越好。比较著名的金酒有荷式金酒、英式金酒和美国金酒三种。

为了方便读者全面掌握伏特加和金酒的种类，作者对伏特加和金酒写了一首诗，诗的内容如下，诗句的意思浅显易懂，这里就不逐句解释。

金酒

酒精精制伏特加，分为调香与中性，

荷英美金高线精，松果冷混和串蒸。

（六） 泡盛酒

泡盛酒是琉球群岛特产的一种烈性饮料，工艺类似我国的小曲酒，即半固态发酵，缸中陈放。泡盛由大米制成，但并非像日本清酒那样酿造而成，而是类似于烧酒，由蒸馏而得。

典型的泡盛酒为60标准酒精度（30%vol），出口到外地（包括出售到日本本土）则减为50度（25%vol）。部分泡盛酒（如著名的花酒）为120度（60%vol），并且容易着火。

（七） 烧酎

烧酎是蒸馏酒的一种，一直以来，烧酎被当成日本的国酒，其实它源于古代中国蒸馏酒的技术，传到日本后被发扬光大。其实日本东部九州一带的烧酎才是被称作真正男人的"大好物"（最爱的意思），由于九州一带的地理气候环境不适宜酿造像绍兴花雕和葡萄酒等酿造酒，所以需要蒸馏，烧酎几乎是九州一带的唯一选择，可能由于酒精度偏高的原因，烧酎当初都是一般贩夫走卒买醉常喝的酒，所以哪怕它有着无穷的个性魅力，极重等级观念的日本人都对它敬而远之。随着这几年时代的进步，爱好新奇代表时尚的日本年轻一族口味上的重大转变，令口味更加复杂有个性魅力的烧酎再次抬头，逐渐取代味道上温温吞吞的清酒，其实这种改变并不光是酒口味上的改变，从日本大街小巷开得如同雨后春笋，面积又不到 30m² 的"烧酎屋"（烧酎+小餐厅）来看，这明显是一种对生活方式有着更高要求的变革，并逐渐变成了一种潮流。

烧酎按原料大致分别为"芋"（红薯）、"麦""米"三种，除了以上三种外还有多种具有像紫苏、芝麻、黑糖香气的烧酎。烧酎最初采用的是间歇蒸馏工艺，称为"旧式烧酎"（甲类），现代也有采用连续蒸馏工艺，这种工艺制得的烧酎称为"新式烧酎"（乙类）。目前，在日本，甲乙类两种烧酎的产量比约为 2∶8。

烧酎在喝法上更是大有它自己独特的文章和道理。比如在一个人单饮上，和一般烈酒加冰的喝法不尽相同的是，喝烧酎所用冰块要长时间冰冻的冰块，以保证冰的纯度以免影响烧酎本质的味道，而且必须是用冰插锉下来的一大块整冰，用来冰冻烧酎之余还能够避免小冰块过快地融化，影响一些像米烧酎那样走走淡雅路线的烧酎的味道。另外一种特别有趣的饮用方法则是用热水，以 1∶2 的比例混合如麦烧酎和芋烧酎那样带有比较浓郁口感的烧酎，主要是以高温把多余的酒精挥发之余，还能将浓口烧酎的复杂香气，像香熏那样更轻柔有效地引发出来。还有一种非常传统而高端的烧酎饮用方法，在日本当地，特别在贵客来临前会挑选一瓶上好的烧酎倒入一个专门准备的瓦缸，再倒入酒量一半的纯净清水后，至少要封存 24 小时以上，这样使水的分子与烧酎的分子充分结合，而酒饮用时会变得更加柔和，最不可思议的是酒味道本身也竟然变得非常优雅，喝起来是一种飘飘然的舒畅感。

烧酎具有爽快的风味,酒度分 20%vol、25%vol 和 30%vol 三种,以 25%vol 为基准。

(八) 龙舌兰酒

是以墨西哥特有植物龙舌兰为原料发酵蒸馏而成。龙舌兰酒是墨西哥的国酒,被称为"墨西哥的灵魂",从 1968 年墨西哥开奥运会时,开始为世界所知。该酒是以龙舌兰(Agave)为原料经过蒸馏制作而成的一款蒸馏酒。龙舌兰属多年生常绿大型草本植物,它长出来的叶子看着和芦荟特别像,不过它的叶子更大一些,而且坚韧挺拔,一年四季都是绿色的,龙舌兰成熟的时候,必须要把龙舌兰上面的叶子全部给摘掉后才能收获果实的,所以墨西哥人在采龙舌兰的时候,也是会找一些力气比较大的人来做,用铁锹把龙舌兰的叶子都砍掉,砍掉叶子的龙舌兰就像一个大型的菠萝似的,所以当地人也称它为菠萝。墨西哥的龙舌兰,一般要几十年后才会开花,等开花后,母株就开始枯死,异花授粉之后才能结出果实来的,而龙舌兰的果实成熟的时间也是特别慢,一般要 8 年才能成熟,不过成熟的龙舌兰一个就有上百斤重,龙舌兰中的含糖量高达 30%以上,十分适合酿酒,成功收割完龙舌兰后,墨西哥人会将它运送到室内,经过一系列发酵蒸馏等过程,最终酿造出举世闻名的龙舌兰酒。

传统的龙舌兰喝法很特别,被墨西哥人称作"三个朋友"(Three Friends),颇需要技巧。首先把盐撒在手背虎口上,用拇指和食指握一小杯纯龙舌兰酒,再用无名指和中指夹一片柠檬片。迅速舔一口虎口上的盐,接着把酒一饮而尽,再咬上一口柠檬片,整个过程一气呵成,无论风味或是饮用技法都堪称一绝。此时,盐清咸、柠酸涩、酒热辣,混合后却成为一种协调舒服的味道,其中滋味,不喝不知。

龙舌兰酒常用来当做基酒调制各种鸡尾酒,常见的鸡尾酒有特基拉日出、斗牛士、霜冻玛格丽特等。玛格丽特鸡尾酒创作自 1926 年,洛杉矶调酒师简·杜雷萨和女友玛格丽特在一次打猎中,女友不幸中流弹身亡。为了纪念爱人，他调制了这款以爱人名字命名的酒，一举获得了 1949 年全美调酒师大赛冠军，龙舌兰酒是墨西哥的国酒，代表他的墨西哥女友，青檬汁代表他酸楚的心，而盐代表了他的眼泪。玛格丽特清澈中带有淡淡的模糊，这是回忆的颜色，憧憬而不可见，看似眼前却怎么也抓不住，或许只有失去了最爱的人才能体会到这种感觉。

泡盛、烧酎和龙舌兰这三种蒸馏酒为少数国家独特生产，不带普遍性，三者的特点可以用以下四句诗句进行概括，诗句的意思浅显易懂，这里就不逐句解释。

泡盛烧酎龙舌兰

琉球泡盛似小曲，半固发酵缸陈放，

日本烧酎同酒精，龙舌兰酒墨佳酿。

（九） 世界蒸馏酒的产量

目前世界上蒸馏酒的产量在 3000 万千升左右，其中以中国白酒产量最高，为 1300 万千升左右，占世界蒸馏酒产量的 40% 多，中国白酒的产量处于世界领先地位，排世界第一。除中国白酒之外，国外蒸馏酒按产量进行排名，其顺序和产量分别如下。

产量第一的是伏特加，年产 500 万千升，占世界蒸馏酒产量的 1/6。

产量第二的是威士忌，其年产量约 290 万千升，其中苏格兰威士忌的产是约为 90 万千升。

产量排第三的是白兰地，其年产量约 160 万千升，其中 Cognac（干邑）和 Armagnac（雅马邑）的产量只有 12 万千升左右。

产量排第四的是朗姆酒，其年产量约 140 万千升，占世界蒸馏酒产量的 1/20。

产量排第五的是金酒，其的产量约为 46 万千升。

其他蒸馏酒的产量约 600 万千升。

在我们国家有世界六大蒸馏酒之说，所谓的世界六大蒸馏酒是指中国白酒和国外产量和知名度均比较大的五个蒸馏，即中国白酒、白兰地、威士忌、朗姆酒、伏特加和金酒。

二、 洋酒之起源

（一） 白兰地

法国在 13 世纪才开始蒸馏白兰地，取名为"生命之水"（Eau de vie）。据说法国的一位酒商，用马车把桶装的葡萄酒运至外国销售，酒桶经烈日暴晒，里面的酒就变成了酸酒。这位明智的商人请一位有名的微生物学家想个补救的办法。专家经蒸馏试验，从酸酒中蒸出了可口的白兰地。

总结起来白兰地的起源可以用两句话概括："十三世纪酸酒蒸，白兰地酒从此生"。

（二） 威士忌

威士忌为英文"whisky"或"whiskey"的音译，英国人称之为"生命之水"。威士忌这个词，最早始于 1715 年。威士忌的取名，源于爱尔兰的 UISGE BEATHA，它的拉丁语是 *aqua vitae*（the water of life），法语是 EAU DE VIE，也是"生命之水"的意思。

威士忌的起源，说法不一。据说始于爱尔兰，随着爱尔兰居民的迁移，而传到苏格兰，其酿造技术在那里得以发展。也有说早在 12 世纪已有苏格兰僧侣制造。

总结起来威士忌的起源可以用四句话概括："一七一五威士忌，生命之水始蒸成，爱尔兰人东迁移，传到苏格方有名"。

（三）　朗姆酒

朗姆酒是英文"Rum"的音译。17世纪初，在西印度群岛的巴鲁巴多斯岛，有一位具有蒸馏技术的英国移民发明了朗姆酒，那里是甘蔗王国。当时那里的居民喝了此酒十分兴奋。而"兴奋"一词那时英语为Rumbultion（现已成为古语），取其词首三字母即为今天的酒名Rum。这词在我们国家的音译有老姆、兰姆、罗木、劳姆和朗姆等。

总结起来，朗姆酒的起源可以用四句话概括："十七世纪英移民，西印群岛甘酒蒸，饮之兴奋受欢迎，朗姆之酒遂得名"。

（四）　伏特加

伏特加大约在14世纪起成为俄罗斯传统饮用的蒸馏酒，但在波兰有饮用伏特加的更早记录。伏特加（Vodka）的语源来自俄语vada，意为水，也可说是可爱之水的意思。这样，伏特加、白兰地、威士忌等都是以"aqua vitae（the water of life）"为共同语源。

总结起来，伏特加的起源可以用四句话概括："十四世纪俄罗斯，伏特加酒刚成形，波兰更早有可能，生命之水意相同"。

（五）　金酒

金酒是英文"Gin"的译音，又名杜松子酒，是一种清淡的蒸馏酒。它是在1660年由荷兰赖丁大学医学院的Sylvius de Bouve博士发明的。

他起先发现杜松子有利尿的功效、就试制杜松子精，把杜松子浸在酒精中，再蒸馏得含有杜松子成分的药用酒。经临床应用证明，该酒除利尿外，尚有健胃、解热作用。于是他将此酒在一家药店试销，结果深受嗜酒者的好评。

当时那位博士用法文中杜松子（Genevrier）一词古语"Genievre"作为酒名，后简称为Genever，至今在荷兰仍将金酒称为Genever。不久，杜松子酒在英国制造上市，为适应英语的发音，将酒名缩写为 Gin。而且发展成与荷兰的杜松子酒风味不同而口味清爽的产品。

总结起来，金酒的起源可以用下面八句话概括，每句的意思浅显易懂，这里就不逐句解释。

金酒的起源

荷兰赖丁医学院，S. B. 博士爱发明，

公元一六六零年，为了利尿制松精，

酒果冷混和串蒸，健胃解热也挺灵，

法国博士取法名，传至英国得金名。

（六） 泡盛

泡盛的制作方法源于 15 世纪，即琉球国第一尚氏王朝末年至第二尚氏王朝初年，由泰国大城王朝传入琉球，这可能是泰国大米依然被作为泡盛酒原料的原因。琉球人进一步优化了其制作方法，使之更适应于亚热带气候，并使用了当地特色的黑米曲菌。

在 15 世纪至 19 世纪期间，琉球国将泡盛作为对外贸易的商品和对中国、日本的贡品。1460 年，琉球国王尚泰久遣使赴朝鲜，赠与朝鲜世祖"天竺酒"，其制法与泡盛相同。1534 年，琉球王府用"南蛮酒"招待了明朝册封使陈侃。1612 年，岛津氏将琉球的贡品"琉球酒"转献于德川幕府。1671 年，"泡盛"这一名字第一次在日本史料中出现，并沿用至今。

总结起来，泡盛酒的起源可以用下面八句话概括，每句的意思浅显易懂，这里就不逐句解释。

泡盛酒的起源

泰国大米泡盛酒，十五世纪传琉球，

一四六零天竺酒，一五三四南蛮酒，

一六一二岛津氏，德川幕府得琉酒，

一六七一有泡盛，流传至今成一酒。

（七）　烧酎

烧酎为日本独特的蒸馏酒。于 14~15 世纪由我国传入日本，为日本国民广泛喜爱，故又有"大众酒"之称。

一直以来在大家的印象中，烧酎被当成日本的国酒，其实日本东部的九州一带烧酎才是被称作真正男人的"大好物"（最爱的意思）。它源于古代中国蒸馏酒的技术，传到日本后被发扬光大。

（八）　龙舌兰

公元 3 世纪时，居住于中美洲地区的印第安文明早已发现发酵酿酒的技术，他们取用生活里面任何可以得到的糖分来源来造酒，含糖量不低又多汁的龙舌兰，自然而然地成为造龙舌兰酒的原料，制成龙舌兰汁，再经发酵便制造出 Pulque 酒，它是一种未经蒸馏的发酵酒。

大西洋彼岸、西班牙的征服者们将蒸馏术带来新大陆之前，龙舌兰酒一直保持着其纯发酵酒的身份。后来他们尝试使用蒸馏的方式提升 Pulque 酒的酒精度，从而以龙舌兰制造的蒸馏酒便产生了。由于这种新产品成功取代了发酵酒，成为了这些殖民者大量消费的对象，于是获得了 Mezcal（梅斯卡尔）的名称。

Mezcal 的雏形经过了长久的尝试与改良后，才逐渐演变成为我们今日见到的 Mezcal，而 Tequila（特基拉）是 Mezcal 的一种，但并不是所有的 Mezcal 都能称作 Tequila，Tequila 的名称是取自盛产此酒的城镇 Tequila。

三、　洋酒之品牌

白兰地以法国生产的最为知名。法国有两个非常有名的白兰地产区：一个为干邑地区（Cognac）；另一个为雅马邑地区（Armagnac）。

按法国原产地保护法规定，只有在法国干邑地区经过发酵、蒸馏和在橡木桶中贮存的葡萄蒸馏酒才能称为干邑酒；在别的地区按干邑同样工艺生产的葡萄蒸馏酒不能叫干邑。雅马邑所用葡萄品种同干邑酒完全一致，只是贮存方式不一样，雅马邑在黑橡木桶中贮存，定位为田园型白兰地；干邑酒则大多在"利莫森"橡木桶中贮存，定位为都会型白兰地。

白兰地酒的品牌很多，在我们国家比较有名的品牌有轩尼诗（Hennessy），人头马（Remy Martin），马爹利（Martell），拿破仑（Courvoisier），百事吉（Bisquit Privilege），路易老爷（Louis Royer），奥吉尔（Augier），欧德（Otard）及金花酒（Camus）等。

总结起来，白兰地的分类和相关品牌可以用下面八句话概括，每句的意思浅显易懂，这里就不逐句解释。

白兰地之一二九

干邑地区雅马邑，两地酒品有区分，

雅马田园黑橡木，干邑都会利莫森，

路易老爷奥吉尔，诗人马爹拿破仑，

欧德金花百事吉，九名干邑要记准。

威士忌以苏格兰生产的较为知名，苏格兰威士忌独用泥炭熏烤麦芽工艺，与其他国家生产的威士忌明显不同。

在中国大陆销售的比较有名的威士忌品牌有尊尼获加（Johnnic Walker）公司生产的红方（Red Label）及黑方（Black Label）；芝华士（Chivas）公司生产的芝华士十二年陈酿及皇家礼炮；百龄坛（Ballantines）公司生产的百龄坛等。

总结起来，威士忌的特点和比较有名的品牌可以用下面八句话概括，每句的意思浅显易懂，这里就不逐句解释。

威士忌品牌

苏威四海远名扬，泥炭熏麦酒流芳，

十二年陈芝华士，皇家礼炮名很响，

还有一名百龄坛，尊尼获加红黑方，

三个公司五牌名，品牌品种放心上。

白兰地根据其在橡木桶中贮存的年限而分成许多等级，不同的公司表示方法略有差异。如轩尼诗干邑酒有理查轩尼诗（RICHARD），轩尼诗 XO，轩尼诗 FOV，轩尼诗 VSOP 等。

路易十三（LOUIS XIII）；人头马 XO；人头马特级 CLUB；人头马 VSOP；三星（VS）人头马等。

总的来说干邑的等级，一般划分为①VS 或三星，这种酒的年份最低为 2 年；②VO，最低年份为 3 年；③VSOP，这种酒的年份要求不低于 4 年；④XO这种酒级别要求不低于 6 年；⑤CLUB，FOV，这种酒的年份 6~10 年；⑥HORS，这些酒的年份是 10~60 年。

总结起来，白兰地的五个等级划分方法可以用下面八句话概括，每句的意思浅显易懂，这里就不逐句解释。

白兰地五等级

白兰地酒陈桶里，陈放年份定等级，

两年二级为儿思，三年一级为欧示，

四年优级 VSOP，六年特级叉圈记，

还有人名白兰地，这种级别不会低。

四、 中国白酒与洋酒风味差异

同为蒸馏酒，中国白酒从酿造工艺到风味构成与国外主要的五大蒸馏酒间均存在显著差异。作者针对中国白酒的风味进行了剖析，并与国外五大蒸馏酒风味情况也进行了对比分析。从风味构成的角度比较了中国白酒与其他五大蒸馏酒差异，充分认识其他蒸馏酒的风味风格特点，以期为中国白酒的国际化打下基础。

表9-1是中国白酒与其他洋酒酯含量的对比数据。酯类是中国白酒中比较重要的一类风味成分，从表9-1可以看出，在五大蒸馏酒中，仅含有少量的甲酸乙酯、乙酸乙酯、乳酸乙酯、辛酸乙酯，而中国浓香型白酒富含的己酸乙酯和丁酸乙酯均不含有。

表9-1　　　　　中国白酒与世界上其他知名洋酒酯含量的差异　　　　单位：mg/L

成分	白兰地	威士忌	朗姆酒	伏特加	金酒	中国白酒
甲酸乙酯	16.74	12.56	1.92	1.12	1.39	418.71
乙酸乙酯	248.06	51.83	53.98	7.28	5.09	728.86
丁酸乙酸						186.58
异戊酸乙酯						3.95
乙酸异戊酯						2.27
戊酸乙酯						112.45
己酸乙酯						2501.68
庚酸乙酯	0.86					59.13
乳酸乙酯	48.41	10.78	16.28	10.55	8.41	1057.03
辛酸乙酯	18.54	4.5				11.53
十四酸乙酯						2.93
棕榈酸乙酯						21.49
硬脂酸乙酯						0.11
油酸乙酯						8.73
亚油酸乙酯						17.61
总酯	332.6	79.67	72.18	18.94	14.89	5133.06

因为金酒和伏特加都是高纯酒精再制品，所以两者酯的组成相似，且最低，仅为中国白酒的1/300。白兰地是葡萄发酵之后，经蒸馏得到的，其酯类的组成比经麦芽和糖蜜发酵蒸馏所得的威士忌和朗姆酒要高，在洋酒中酯类组成最复杂，但其总的酯含量不高，也仅为中国白酒的1/20左右。

表9-2是中国白酒与其他洋酒醛酮含量的对比数据。醛酮是中国白酒中比较重要的一类风味成分，从表9-2可以看出，在五大蒸馏酒中，都含有少量的乙醛，其中最高者为朗姆酒，其为中国白酒的1/5，以高纯酒精再制的伏特加和金酒的乙醛含量非常低。

总的来说，就醛酮而言，中国白酒的含量最高，其次为白兰地，排名第三的为朗姆酒，排名第四的为威士忌，以高纯酒精制造的伏特加和金酒的醛酮类含量相似且最低。

表9-2　　　　中国白酒与世界上其他知名洋酒的醛酮含量的差异　　单位：mg/L

醛酮类	白兰地	威士忌	朗姆酒	伏特加	金酒	中国白酒
乙醛	66.393	36.048	77.526	3.147	3.387	378.022
丙醛	0.249					0.604
异丁醛	7.967	0.44	1.214			10.608
乙缩醛	45.773	24.5	31.281	1.345		393.765
丙酮			0.971			
异戊醛	40.955	10.894	6.988	0.164		72.77
2-戊酮						141.07
糠醛	22.074	4.955				63.312
总醛酮	183.411	76.837	117.98	4.656	3.387	1060.151

表9-3是中国白酒与其他洋酒醇类含量的对比数据。从表9-3可以看出，醇含量最高的蒸馏酒是白兰地，是中国白酒的2~3倍，其次为威士忌，和中国白酒的含量相仿，朗姆酒的醇含量比中国白酒低，是中国白酒的一半多一点，排名第四，伏特加和金酒的高级醇含量最低，为10mg/L左右，几乎不含。

表9-3　　　　　　中国白酒与世界上其他知名洋酒的醇含量的差异　　　单位：mg/L

醇类	白兰地	威士忌	朗姆酒	伏特加	金酒	中国白酒
甲醇	66.432	17.948	21.07	1.987		126.965
仲丁醇	1.167	2.03				39.363
正丙醇	134.028	228.386	86.743	0.912		160.451
异丁醇	474.758	251.192	63.426			132.625
2-戊醇						55.397
正丁醇	8.674			9.78		45.755
活性戊醇	300.764	96.95	36.058			54.925
异戊醇	1222.805	247.601	176.225			308.663
正戊醇			6.507			4.150
正己醇	10.973	0.917	1.415			38.761
2-苯乙醇	15.973	16.713	1.494			3.436
总醇（不含甲醇）	2169.142	843.789	371.868	10.692		843.526

表9-4是中国白酒与其他洋酒糖醇类含量的对比数据。从表9-4可以看出，中国白酒糖醇含量最低，只含有微量的丙三醇，不含有葡萄糖，其他五种洋酒中均含有一定的葡萄糖。糖醇类含量最高的蒸馏酒是白兰地，其次为威士忌，朗姆酒、伏特加和金酒三者的糖醇类含量比相似，均比中国白酒高。

表9-4　　　　　中国白酒与世界上其他知名洋酒的糖醇类含量的差异　　　单位：mg/L

糖醇类	白兰地	威士忌	朗姆酒	伏特加	金酒	中国白酒
丙三醇	14.93	15.5	3.69	0.5	0	0.41
木糖醇	0	0	0.5	0	0	
阿拉伯糖醇	2.74	1.11	4.51	3.51	1.14	
甘露醇	0	0	4.38	2.13		
麦芽糖醇	845.88	31.05	0	11.01	0	
葡萄糖	2523.94	103.08	2.52	34.29	18.92	0
总糖醇	3387.49	150.74	15.6	51.44	20.06	0.41

表 9-5 是中国白酒与其他洋酒有机酸含量的对比数据。从表 9-5 可以看出，中国白酒中的有机酸含量最高，约 1.9g/L，其次为白兰地，为中国白酒的 1/4 左右，威士忌的有机酸含量约为 0.18g/L，为中国白酒的 1/10，朗姆酒的有机酸含量排名第四，仅为中国白酒的 1/60，高纯酒精制得的伏特加和金酒几乎不含量有机酸，只含非常微量的乙酸。

表 9-5　　中国白酒与世界上其他知名洋酒的有机酸含量的差异　单位：mg/L

有机酸	白兰地	威士忌	朗姆酒	伏特加	金酒	中国白酒
乳酸	72.46	13.69	0	0	0	435.11
乙酸	297.73	137.13	27.14	2.09	2.12	686.94
丙酸	0.78	0.49	0	0	0	13.73
甲酸	38.36	9.04	0.68	0	0	30.63
异丁酸	3.73	0.95	0	0	0	15.04
正丁酸	1.52	0.52	0	0	0	169.05
异戊酸	0.19	0.36	0	0	0	11.4
戊酸						24.49
己酸	3.08	1.49	0	0	0	475.61
琥珀酸	7.99	4.42	1.91	0	0	
草酸	19.43	9.99	0	0	0	
庚酸	1.33	1.37	1.24	1.3	1.31	18.146
辛酸	7	1.61	0	0	0	11.783
总酸	453.6	181.06	30.97	3.39	3.43	1891.929

通过以上的对比分析，可以看出中国白酒与国外五大蒸馏在风味组成上存在如下差异。

（1）从总体来看，其他五大蒸馏酒的风味含量总量远低于中国白酒。

（2）在中国白酒中较为重要的四大酸、四大酯在其他五大蒸馏酒中含量非常低，部分样品中均未检出。

（3）在中国大曲白酒中，酯含量占优势；而在国外蒸馏酒中，醇含量占优势。

(4) 国外蒸馏酒中多元醇和糖的含量远高于中国白酒，尤其是丙三醇和葡萄糖。

第四节　鸡尾酒

中国白酒的饮用方式较为单一，一般为直饮式，相对而言，洋酒的饮用方式比较多样，除了直饮之外，洋酒还可以加冰、兑饮料混饮，洋酒也是鸡尾酒经常选择的基酒。在国际流行的鸡尾酒中还没有采用中国白酒作为鸡尾酒的基酒的。中国白酒要国际化，饮用方式也要国际化，这也是中国白酒国际化及酒品创新的内容之一。只有了解鸡尾酒的相关内容，才有可能调制出以中国白酒为基酒受到国外消费者认可的，而且独具特色的鸡尾酒，对促进国外调酒师、国外消费者接触中国白酒，了解中国白酒，也许是有效的途径之一。另外，这对扩大中国白酒的消费新领域，扩大市场容量也具有一定的价值。要想比较全面地了解鸡尾酒，作者认为，就要了解围绕鸡尾酒的三个基本问题，这三个基本问题分别如下：

(1) 什么是鸡尾酒？

(2) 好的鸡尾酒应该具备哪些特点？

(3) 如何调制一杯鸡尾酒？

回答好了这三个基本问题，也就是能够从宏观上，对鸡尾酒进行系统地把握。作者把对这三个基本问题的回答总结在一首诗里面，诗的题目为"诗情画意鸡尾酒"，诗的内容如下：

诗情画意鸡尾酒

加冰现混鸡尾品，色香味形名有意，

品名配方制杯饰，基酒辅酒辅装饰，

八大工具不能离，拌杯摇壶用盎司，

榨汁过滤二夹吧，摇和兑拌三制式。

诗的第一句对第一个问题作了回答，第二句对第二问题作了回答，其余六句则是对第三个问题作了回答。

第一句的意思是说鸡尾酒一般是需要加冰块，现场混合不同的酒水和（或）饮料，调制而成的现饮的有类似鸡尾色彩的饮品。

第二句的意思是说一款好的鸡尾酒需要有好的色、香、味、形和所表达的意义。

第三句的意思是说要设计一杯鸡尾酒需要从鸡尾酒的名字、鸡尾酒的配方、调和方法、所使用的载杯和装饰物五个方面做准备。

第四句的意思是说鸡尾酒的调制需要用到四种主要的配料，即基酒、辅酒、辅料和装饰料。

第五句的意思是说现配现饮鸡尾酒制作需要用到至少八种基本工具。接下来的第六句和第七句则对八种基本工具进行了列举，即分别为摇酒壶、搅拌杯、盎司杯、过滤器、榨汁器、两把夹子（分别为冰夹和装饰夹）和吧勺。

第八句的意思是说鸡尾酒的现场制作方式主要有三种，分别为摇和法、搅拌法和兑和法。

关于这三个问题的具体内容，下面将逐一作详细介绍。

一、 鸡尾酒是什么

（一） 鸡尾酒的概念

鸡尾酒是英文 cocktail 的中文翻译，是指由两种或两种以上的酒水加入其他可用食材，如水果、果汁、汽水等，进行调配而成的混合饮用食品，注重色、香、味、形、意的完美呈现，如图 9-2 所示。

（二） 鸡尾酒的配料

调制一杯鸡尾酒一般需用到四种原材料，即基酒、辅酒、辅料和装饰。

图 9-2　一款典型的鸡尾酒的样子

1. 基酒

通常指蒸馏酒、高度酒，提升鸡尾酒浓度。如白酒、白兰地、威士忌、金酒、伏特加、朗姆酒、特基拉等。

2. 辅酒

辅助搭配的酒水，提升鸡尾酒风味、甜度等。通常以利口酒、开胃酒、甜食酒为主。

3. 辅料

辅助搭配的原料，增加鸡尾酒丰富多彩的特点，通常以果汁、香料、糖果、糖浆、汽水等为主。

4. 装饰

完善鸡尾酒的整体呈现，从载杯到修饰点缀都要完美融洽。点缀上通常使用鲜花、水果、果皮、香料等为主，分功能性装饰和纯点缀性装饰。

（三）　鸡尾酒的种类

鸡尾酒的分类式有很多，一般可以酒精含量、饮用时间和产品个性进行分类。

1. 按酒精含量分类

按酒精含量的高低可以将鸡尾酒分成两类：一类为长饮（Long drinks），

另一类为短饮（Short drinks）。

所谓长饮是指酒精含量比较低的鸡尾酒，其酒精浓度15%vol左右，其性质温和，而且相对稳定，可以在较长时间的内饮用，故称为长饮，一般认为长饮鸡尾酒在调好后30min左右饮用为好。例如金汤力、莫吉托和长岛冰茶等。

与长饮相对的就是短饮，所谓短饮是指酒精含量比较高的鸡尾酒，其酒精浓度30%vol左右，分量较少，酒液体积通常在150mL以下，饮用时，通常一口喝干，性质不太稳定，时间长了风味就会发生变化，一般建议在10~20min内饮用完毕。例如干马天尼、曼哈顿和古典等都属于短饮鸡尾酒。

2. 按饮用时间分类

可以分为餐前酒、餐后酒和休闲酒三类。

餐前酒一般酸度高，具有开胃功效。例如得其利、威士忌酸等。

餐后酒一般甜度突出，能助餐后消化。例如白兰地亚历山大、朱丽普等。

休闲酒一般酒体适中，闲暇娱乐饮用。例如莫吉托、金汤力和自由古巴等。

3. 按鸡尾酒个性分类

可以分为传统古老鸡尾酒、经典流行鸡尾酒、时尚个性鸡尾酒和改良创新鸡尾酒四种。

古典和干马天尼就属于传统古老鸡尾酒。金汤力和玛格丽特是经典流行鸡尾酒。B-52、沙滩酒和火焰鸡尾酒是时尚个性鸡尾酒。改良创新鸡尾酒是根据已有配方改良或自己灵感创作而成。

（四） 知名鸡尾酒的典型代表

迄今为止，鸡尾酒已经有超过200年的发展历史，因为鸡尾酒并没有太严格的标准限制，这给鸡尾酒的创新发展提供了广阔自由的发挥空间。因此，鸡尾酒的配方各异，种类繁多，到目前为止，可以说已有几万种鸡尾酒。在欧美国家，经常会举办鸡尾酒的挑战赛，再加上一些名人的推动作用，在鸡尾酒的家族中，已经有很多个被大家广泛接受的鸡尾酒，这些鸡尾酒慢慢地也就成了世界知名的鸡尾酒。

世界知名的鸡尾酒有很多种，限于篇幅，本书介绍只给读者二十二种有名的鸡尾酒，便于读者记住这二十二种经典鸡尾酒的名称，作者用一首律诗来总结，诗的题目就叫"二十二种经典鸡尾酒"，诗的内容如下，诗句后面的数字代表这句诗句里面所描述的鸡尾酒的数量。

二十二种经典鸡尾酒

长岛冰茶大都会（2），亚历山大曼哈顿（2），

日出激情朱丽普（3），古典边车吉普森（3），

威士忌酸莫碰干（4），吉姆雷特轰得深（4），

玛格丽特新血金（4），二十二个鸡经品（0）。

诗的第一句中介绍了两种鸡尾酒，其中一个是长岛冰茶（Long Island Ice Tea），另一个是大都会（Cosmopolitan）。

诗的第二句也介绍了两种鸡尾酒，其中一个是亚历山大（Alexander），另一个是曼哈顿（Manhattan）。

诗的第三句介绍了三种鸡尾酒，其中一个是特基拉日出（Tequila Sunrise），第二个是海岸激情（Sex on the Beach），第三个是朱丽普（Mint Julep）。

诗的第四句介绍了三种鸡尾酒，其中一个是古典（Old Fashioned），第二个是边车（Side Car），第三个是吉普森（Gibson）。

诗的第五句介绍了四种鸡尾酒，其中一个是威士忌酸（Whisky Sour），第二个是莫吉托（Mojito），第三个是特基拉碰（Tequila Boom），第四个是干马天尼（Dry Martini）。

诗的第六句也介绍了四种鸡尾酒，其中一个是吉姆雷特（Gimlet），第二个是52号轰炸机（B-52），第三个是得其利（Daiquiri），第四个是深水炸弹。

诗的第七句也介绍了四种鸡尾酒，其中一个是玛格丽特（Margarita），第二个是新加坡司令（Singapore Sling），第三个是血腥玛丽（Bloody Mary），第四个是金菲士（Gin Fizz）。

这首诗的前七句总共介绍了二十二种鸡尾酒的经典品种，关于每种鸡尾酒的进一步介绍，因为在鸡尾酒的调制部分会进一步介绍，这里就不重复介绍了。

二、　优秀鸡尾酒应具备的要素

鸡尾酒是一类极具个性的酒品，注重色、香、味、形、名字和意六方面的表现。外观上一定要讲究色泽美观、装饰点缀相得益彰；酒体上要求香气协调、口感平衡；操作上一定要注重卫生细节，标准操作。

三、　鸡尾酒的调制方法

（一）　常见调酒工具的用途

鸡尾酒的调制是一个比较复杂的过程，需要用到很多器具，一般需要用到八种器具，如图9-3所示。

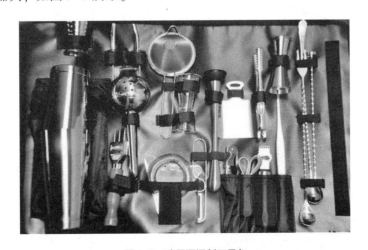

图9-3　鸡尾酒调制工具包

1. 摇壶

因为鸡尾酒是混合饮品，在调制的时候，经常需要将不同的酒水和（或）饮料进行混匀操作，这时候就少不了需要用到摇酒壶，摇酒壶也可简称摇壶。摇酒壶是调制鸡尾酒的一个非常重要的工具，当然，也有不需要使用摇酒壶来调制的鸡尾酒。需要摇和的鸡尾酒通常是一些用到鸡蛋、奶油、利口酒、甜果汁等作为配料之一的情况下。通常情况下，密度较低的配料只需要摇和15s左右即可，而鸡蛋、奶油等则需要摇和25s左右。摇酒壶有两种，一种是雪克壶，另一种是波士顿摇酒壶。

雪克壶（Cobbler Shaker）也称为日式、英式、老式或三段式摇酒壶，是不锈钢制品，主要由壶身、过滤网、壶盖三部分组成，如图9-4所示。量容有250mL、350mL、550mL和750mL几种。使用方法有单手摇和与双手摇和，单手摇和的容量一般为250mL~350mL，而双手摇和的容量在500mL以上。

图9-4　雪克壶

波士顿摇酒壶（Boston Shaker），也称为美式或花式调酒壶。主要由两部分组成金属壶身和上盖玻璃杯，其金属壶身也叫"听"（Tin），如图9-5所示。波士顿摇酒壶的容量大，适合调制量大的鸡尾酒。因为容量大，所以波士顿摇酒壶的使用方法主要是双手摇。倒酒时最好使用专用滤网（Strainer）。

图9-5　波士顿摇酒壶

2. 盎司杯

盎司杯主要用来量取液体配料，盎司杯的造型如图9-6所示。盎司杯的两端规格不一样，都可用来作为量器定量量取酒、饮料或水等。常见的规格有0.5O.Z.-1O.Z.（一头量杯的满口容量为半盎司，另一头量杯的满口容量为1盎司）和1O.Z.-2O.Z.（一头量杯的满口容量为1盎司，另一头量杯的满口容量为2盎司）等。

图9-6　盎司杯

3. 搅拌杯

搅拌法调制鸡尾酒时，需要用到的容器，如图9-7所示。

4. 吧勺

用来搅拌混合的液体，也可以用来作为引流器用，有时候也可以用来插取橄榄、樱桃等水果装饰物。吧勺是调制鸡尾酒时必不可少的工具之一，其外形如图9-8所示。

图9-7 搅拌杯

5. 榨汁器

用来将新鲜的水果如橙子、柠檬和青柠檬等水果榨出汁液，如图9-9所示。

图9-8 吧勺

图9-9 榨汁器

6. 过滤器

用来过滤在摇酒壶中混合好的酒液，波士顿摇壶自身没有过滤部件，一般需要使用过滤器，过滤器外形如图9-10所示。

7. 装饰夹

用来夹取装饰物用的，如图9-11所示。

图 9-10 过滤器

图 9-11 装饰夹

8. 冰夹

鸡尾酒一般都需要冷饮，因此，在调制时，就常需要用到大量的冰块，冰夹就是用来夹取冰块用的，如图 9-12 所示。

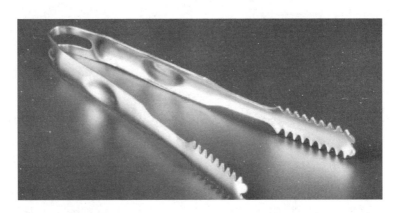

图 9-12 冰夹

（二） 鸡尾酒常规调制方法

主要有摇和、搅拌和兑和法三种方式。

1. 摇和法（Shake）

摇和鸡尾酒的目的是在于使鸡尾酒中的材料充分混合，并快速降低酒的温度，适当稀释酒的浓度，让鸡尾酒的口感达到最理想的状态，摇和法的操作如图9-13所示。摇和法通常分为英式摇壶法和美式摇壶法（即波士顿摇壶法）。

2. 搅拌法（Stir）

也称搅拌滤冰法，不同于摇和法的是：搅拌法是在于轻柔地将鸡尾酒的原材料进行搅拌均匀，这些鸡尾酒并不需要强烈的撞击混合，也不需要过多的出水量。

操作方法是将吧勺背面紧贴杯壁，轻柔地使用中指与无名指夹住吧勺并以顺时针方向转动，搅拌法操作如图9-14所示。

图9-13　摇和法调制鸡尾酒

图9-14　搅拌法调制鸡尾酒

3. 兑和法（Blend）

简单来讲就是将所有材料依次加入载杯中，利用特定工具来进行搅拌均匀或者不搅拌。使用的大部分鸡尾酒都是冷饮，当然也有少部分的热饮鸡尾酒，同时还有分层鸡尾酒等，都需要用兑和法进行操作。图9-15就是一杯用兑和法调制而成的鸡尾酒。

（三） 鸡尾酒的配方框架

一种鸡尾酒的配方框架通常包括以下五个部分。

1. 品名

例如边车（Side Car）。

2. 配方

60mL 白兰地、20mL 君度、15mL 柠檬汁。鸡尾酒调制中常用的计量单位是 mL 和 oz。1oz ＝29.56mL≈30mL。

图9-15 兑和法调制的鸡尾酒

3. 载杯

鸡尾酒杯。

4. 调制方法

摇和法。

5. 装饰

柠檬条。

（四） 鸡尾酒的调制流程

1. 准备工作

指准备好所用材料包括酒水、工具、冰杯和装饰等。提前准备好所需要用的酒水材料、调酒工具、载杯、装饰物、最后再准备冰块，并且所有材料都需摆放整齐，放在吧台上，酒标正面朝外，防止在准备工作中出现意外导致装饰物的浪费及冰块的融化而产生对鸡尾酒的影响。遵循鲜料先加、廉价先加、先进先出的原则。

2. 流程操作

即调酒流程，是混合材料完成酒水的一道工序，同时也是调酒师展示自己个人风采的一个过程，如图9-16所示。因此，在此过程中调酒师要自然优雅、干净利索，将酒水调配好的同时展现自己的魅力，要求按比例添加材料，自然流畅。

图 9-16　鸡尾酒的现场调制情形

3. 出酒、收尾

酒水调制结束后，调酒师需要立即将酒水送至客人手上；其次再将调酒用的酒水摆放回原位，并将瓶身擦拭干净；最后清理桌面工具，擦干净，规范放置以备用。

4. 卫生清洁

调制鸡尾酒时，卫生非常重要，在调酒前、调酒过程中、调酒结束都必须重视。

（五）　鸡尾酒载杯选择

鸡尾酒应由式样新颖大方，颜色协调得体，容积大小适当的载杯盛载，如图9-17所示。选择载时可根据"酒精浓度""适应人群""酒液容量"和"酒水风格"等方式挑选适合的载杯。

（六）　鸡尾酒装饰制作

装饰品虽非必须，但是却常常需要有，它们对于鸡尾酒来说，具有锦上添花的作用，使之更具有魅力，而且，某些装饰品本身也是调味料。因此，

图9-17　鸡尾酒的载杯

添加装饰是鸡尾酒调制很重要的一个环节，一般的装饰以水果类、果皮类和香料类等居多，如图9-18所示。

除了水果类装饰外，还有雪花边装饰，雪花边分盐边和糖边，其制作过程有三步，如图9-19所示。先是将杯口在青檬片上转一圈进行，让杯口湿润，然后再将杯口倒置在放有盐或糖的小碟上转一圈进行沾边，这样就可以产生类似雪花边的装饰效果。

图9-18　鸡尾酒的装饰物

将柠檬横向切开，再把杯口在切口处转动，使杯口沾上果汁

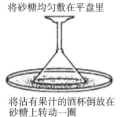

将砂糖均匀敷在平盘里

将沾有果汁的酒杯倒放在砂糖上转动一圈

砂糖均匀地粘在杯口处

图9-19　鸡尾酒糖霜和盐霜制作流程

（七） 鸡尾酒的典型代表的调制方法

1. 长岛冰茶（Long Island Ice Tea）

20世纪90年代起风靡全球，长岛冰茶不是茶，在美国长岛市的橡树沙滩酒吧创作，只是颜色似茶而得名的，是一款代表水瓶座的鸡尾酒。该款鸡尾酒的酒精度很高，酒精度甚至可以达到40%vol以上。长岛冰茶的配方和调制方法如表9-6所示，调好的长岛冰茶鸡尾酒如图9-20所示。

图9-20　长岛冰茶鸡尾酒

表9-6　　　　　　　　　长岛冰茶的配方和方调方法

品名	长岛冰茶（Long Island Ice Tea）
配方	30mL金酒、30mL特基拉、60mL伏特加、30mL朗姆酒、15mL君度（Cointreau，属于水果类利口酒，此处用君度橙酒）、60mL柠檬汁、可乐和大量冰块
调制方法	采用雪克壶摇和法，具体步骤如下： 第一步先在雪克壶中放入4~6冰块，倒入除可乐以外的所有配料摇晃均匀。 第二步在杯中放入大半杯冰块，倒入调制好的鸡尾酒。 第三步添加可乐，可乐的添加量可以加到接近杯口。 第四步加上柠檬片进行装饰
载杯	柯林杯
装饰	柠檬片

2. 大都会（Cosmopolitan）

源于海洋喷雾公司在20世纪60年代为蔓越莓果汁做的市场推广，用伏特加、蔓越莓果汁、青柠再加上橙味力娇酒，然后就成了大都会，其口味酸甜，适合女士，是20世纪美国鸡尾酒大奖赛的冠军作品，在电视剧《欲望都市》中出现过，是女主角最喜欢的鸡尾酒。大都会的配方和调制方法如表9-7所示，调好的大都会鸡尾酒如图9-21所示。

表9-7 大都会的配方和调制方法

品名	大都会（Cosmopolitan）
配方	60mL伏特加、15mL君度、10mL柠檬汁、糖浆、60mL蔓越莓汁
调制方法	将所有材料与碎冰倒入雪克壶，充分摇匀后，过滤后倒入冷却的鸡尾酒杯
载杯	鸡尾酒杯
装饰	燃烧橙皮 切橙皮，将橙皮精油挤在酒上，然后把橙皮放入酒杯中即可，作为装饰

图9-21 大都会鸡尾酒

3. 亚历山大（Alexander）

诞生于英国，据说这款鸡尾酒深受19世纪中叶英国国王爱德华七世的王妃亚历山大的青睐。本款酒品具有浓郁的可可香味，有奶油般的口感，香甜中略带辛辣，适合女性消费者饮用。在调制过程使用了鲜奶油，在摇和的时候，要用力进行快速、强烈的摇和。亚历山大的配方和调制方法如表9-8所示，调制好的亚历山大鸡尾酒如图9-22所示。

表9-8 亚历山大的配方和调制方法

品名	亚历山大（Alexander）
配方	60mL白兰地，60mL可可甜酒，60mL鲜奶油，豆蔻粉少量（也可以不加）
调制方法	将适量的冰块，少量的可可糊，鲜奶油和白兰地，加入到搅拌杯中，用吧勺搅拌后过滤，倒入鸡尾酒杯即完成
载杯	鸡尾酒杯
装饰	豆蔻粉

图 9-22　亚历山大鸡尾酒

4. 曼哈顿（Manhattan）

发明于 1874 年曼哈顿酒吧，珍妮·丘吉尔为纪念谬尔·詹姆斯·泰尔登当选成为纽约州州长而创作。口感强烈而直接，因此也被称为"男人的鸡尾酒"。曼哈顿的配方和调制方法如表 9-9 所示，调好的曼哈顿鸡尾酒如图 9-23 所示。

表 9-9　　　　　　　　　曼哈顿的配方和调制方法

品名	曼哈顿（Manhattan）
配方	40mL 波旁威士忌、20mL 红味美思、2 注安哥斯图拉苦精（一种苦味利口酒）
调制方法	将所有配料倒入一个装有冰块的玻璃杯中，用吧勺搅拌均匀后倒入鸡尾酒杯，最后加入一颗樱桃进行点缀
载杯	鸡尾酒杯
装饰	浸制樱桃

5. 特基拉日出（Tequila Sunrise）

该款鸡尾有龙舌兰酒的热烈火辣感，而且由于使用了多种新鲜果汁作为配料，因此其果香味好，饮后使人回味无穷。特基拉日出是以特基拉为基酒，诞生于美国。特基拉日出的配方和调制方法如表 9-10 所示，调好的特基拉日出鸡尾酒如图 9-24 所示。

图9-23　曼哈顿鸡尾酒

图9-24　特基拉日出鸡尾酒

表9-10　　　　　　　　　　　特基拉日出的配方和调制方法

品名	**特基拉日出** (Tequila Sunrise)
配方	60mL 龙舌兰酒，100mL 橙汁，10mL 柠檬汁，20mL 必得利石榴汁
调制方法	将龙舌兰酒、橙汁和柠檬汁混合冰块后倒入摇杯内摇匀并倒入长饮杯内，随后慢慢的加入必得利石榴汁至杯口，稍作搅拌后上桌
载杯	飓风杯、葡萄酒杯、坦布勒杯
装饰	香橙片

6. 海岸激情（Sex on the Beach）

此款鸡尾酒最初是由美国餐饮连锁店"感恩星期五"的调酒师于1980年创作，其口感酸酸甜甜，略带伏特加的刺激性。海岸激情的配方和调制方法如表9-11所示，调好的海岸激情鸡尾酒如图9-25所示。

表9-11　　　　　　　　　　　海岸激情的配方和调制方法

品名	**海岸激情** (Sex on the Beach)
配方	30mL 伏特加，30mL 桃子利口酒，60mL 菠萝汁，60mL 小红莓汁
调制方法	将所有配料倒入摇杯，配上冰块摇匀，然后将调制好的鸡尾酒倒入已放入九分满冰块的一个长饮杯中，即完成

续表

品名	海岸激情 (Sex on the Beach)
载杯	柯林杯
装饰	在酒杯上用橘皮条装饰，放入调酒棒即制作完成

7. 朱丽普（Mint Julep）

据说是第一款闻名全球的美国鸡尾酒，1845 年，英国牛津大学有了薄荷酒节后，炎热夏天人们就会在酒会上敞开肚子喝酒，那种清爽感浸透身上每一个毛孔。到了 1869 年后，Mint Julep 开始用波旁调制。朱丽普的配方和调制方法如表 9-12 所示，调好的朱丽普鸡尾酒如图 9-26 所示。

图 9-25　海岸激情　　　　　图 9-26　朱丽普鸡尾酒

表 9-12　　　　　　　　　　朱丽普的配方和调制方法

品名	朱丽普 (Mint Julep)
配方	60mL 波旁威士忌、2 吧勺砂糖、20mL 苏打水、4~6 片薄荷叶
调制方法	把薄荷、糖、水放入杯中，并压碎薄荷叶；将碎冰放入杯中至八分满；将波旁威士忌倒入杯中，搅匀；加上薄荷叶装饰
载杯	不锈钢朱丽普杯
装饰	青柠片、薄荷叶组合

8. 古典（Old Fashioned）

出现在约 1895 年，卡普勒的著作《现代美国饮品》中称它为 Old Fashioned Cocktail，使用一块方糖和水使它溶解，之后加入两滴注安古斯图拉苦精，一块冰，水果皮和一量杯的威士忌调配而成。据说是为了弥补早期美国黑麦威士忌口感上的不足创作，后来波旁威士忌代替了黑麦威士忌。古典的配方和调制方法如表 9-13 所示，调好的古典鸡尾酒如图 9-27 所示。

表 9-13　　　　　　　　　　古典的配方和调制方法

品名	古典（Old Fashioned）
配方	60mL 波旁威士忌、1 块方糖、橙皮、苏打水和少许安哥斯图拉苦精
调制方法	在专用的古典杯中加入一颗方糖，然后滴上一至两滴的安格斯杜拉苦精，再倒入少量苏打水之后加入一些冰块。如果想要酒味弱一些可以用普通美国威士忌，想要酒味强一些可以用波旁威士忌。假如没有方糖的话，糖浆或者砂糖也可以 调制方法：在酒杯中放入方糖；加入苦精、水，搅拌至方糖融化；倒入威士忌再次搅拌；加上冰块和柠檬皮装饰
载杯	古典杯
装饰	橙皮

图 9-27　古典鸡尾酒

9. 边车（Side Car）

大约在 1930 年由巴黎的哈利酒吧发明，说发明倒不如说出名，因为边车是一款非常老的饮品。据说有位军官经常骑着挎斗摩托车去酒吧喝酒，他经常喝的酒也就用他的挎斗摩托车来命名，又名"侧车"。这款鸡尾酒带有酸甜味，口味清爽，能消除疲劳，所以适合餐后饮用。边车的配方和调制方法如表 9-14 所示，调好的边车鸡尾酒如图 9-28 所示。

表 9-14 边车的配方和调制方法

品名	边车（Side Car）
配方	60mL 白兰地、30mL 君度酒、30mL 柠檬汁、4~6 块冰块
调制方法	雪克壶。把冰块放入雪克壶，倒入白兰地、橙味君度、柠檬汁，摇晃均匀，剥橙皮，拉出一条橙皮条，把酒倒入鸡尾酒杯中，缓缓放入弹簧形的橙皮条。将调好的鸡尾酒置于杯垫上
载杯	鸡尾酒杯
装饰	橙皮

10. 吉普森（Gibson）

诞生于美国，口味比干马天尼辛辣。吉普森的配方和调制方法如表 9-15 所示，调好的吉普森鸡尾酒如图 9-29 所示。

图 9-28 边车鸡尾酒

图 9-29 吉普森鸡尾酒

表9-15　　　　　　　　　　　吉普森的配方和调制方法

品名	吉普森（Gibson）
配方	50mL 金酒、10mL 干苦艾酒
调制方法	与干马天尼类似，首先要将金酒和苦艾酒混合冰块后放入摇杯中摇匀，然后倒入鸡尾酒碟中，最后用若干洋葱片进行点缀
载杯	鸡尾酒杯
装饰	洋葱片

11. 威士忌酸（Whisky Sour）

Sour 类的鸡尾酒最早可追溯到 1862 年杰瑞·托马斯的编著中 *How to Mix Drinks*，其最初是由威士忌、柠檬汁、糖和一点儿蛋黄调配成的。这款鸡尾酒略带酸味，口味不是很浓烈。威士忌酸的配方和调制方法如表 9-16 所示，调好的威士忌酸鸡尾酒如图 9-30 所示。

图 9-30　威士忌酸鸡尾酒

表9-16　　　　　　　　　　　威士忌酸的配方和调制方法

品名	威士忌酸（Whisky Sour）
配方	45mL 波旁威士忌、蛋清、20mL 柠檬汁、少许安哥斯图拉苦精、1 吧勺单糖浆
调制方法	调制方法：倒入青柠汁、威士忌，加入糖，摇晃均匀，把调制好的鸡尾酒滤入冰好的酒杯中，并用青檬片、樱桃进行装饰
载杯	蝶形香槟杯
装饰	柠檬皮、苦精点缀

图9-31　莫吉托鸡尾酒

12. 莫吉托（Mojito）

是最有名的朗姆调酒之一，起源于古巴，是古巴家喻户晓的鸡尾酒，创作灵感来自于朱丽普。将薄荷风味释放再混合青柠使酒体更清凉爽口，其酒精含量相对较低，大约为10% vol。莫吉托的配方和调制方法如表9-17所示，调好的莫吉托鸡尾酒如图9-31所示。

表9-17　　　　　　　　　　　　莫吉托的配方和调制方法

品名	莫吉托（Mojito）
配方	35mL浅色朗姆酒、15g白砂糖、6~8片新鲜薄荷叶、30mL柠檬汁、苏打水
调制方法	先把青柠汁、薄荷叶和白砂糖放入杯中，用研棒把薄荷叶稍微压挤一下，然后加入朗姆酒，然后加入冰块至八分满，加一点苏打水，用吧勺从上往下搅一下，放进薄荷枝进行装饰，插入吸管即完成
载杯	柯林杯
装饰	薄荷叶、青柠角

13. 特基拉碰（Tequila Boom）

特基拉碰的配方和调制方法如表9-18所示，调好的特基拉碰鸡尾酒如图9-32所示。

图9-32　特基拉碰鸡尾酒

表9-18   特基拉碰的配方和调制方法

品名	**特基拉碰**（Tequila Boom）		
配方	特基拉 20mL、雪碧加入杯子一半		
调制方法	将原料加入杯中进行撞击，这一碰便将酒和雪碧融合，同时雪碧的气泡完全震出，产生丰富泡沫，一应而尽		
载杯	古典杯		
装饰	无		

14. 干马天尼（Dry Martini）

是 007 最爱的一款鸡尾酒，诞生于美国的加利福尼亚州。马天尼的配方最早出现在书上是在 19 世纪末期，它们很多很相似，有时又不同，所以马天尼系列的鸡尾酒有太多，其中最经典的是干马天尼，口感锐利。干马天尼的配方和调制方法如表 9-19 所示，调好的干马天尼鸡尾酒如图 9-33 所示。

图 9-33 干马天尼鸡尾酒

表9-19   干马天尼的配方和调制方法

品名	**干马天尼**（Dry Martini）		
配方	50mL 金酒、10mL 干味美思		
调制方法	将金酒和苦艾酒混合冰块后放入摇杯中摇匀，然后倒入鸡尾酒碟中，最后用一颗橄榄进行点缀		
载杯	鸡尾酒杯		
装饰	青橄榄		

15. 吉姆雷特（Gimlet）

新鲜青柠汁加水早在几百年前水手们就开始饮用防止海上得坏血病。大约19世纪末在英国的东洋舰队上，吉姆雷特军医为了一些将领的健康，将青柠汁混入金酒饮用。由于该酒在著名小说《漫长的别离》中受到主人公的钟爱，因此，很快风靡于世。吉姆雷特的配方和调制方法如表9-20所示，调好的吉姆雷特鸡尾酒如图9-34所示。

表9-20　　　　　　　　　　吉姆雷特的配方和调制方法

品名	吉姆雷特（Gimlet）
配方	45mL金酒、15mL青柠汁
调制方法	鲜柠檬挤出汁，在杯中放入少许冰块，将金酒和柠檬汁倒入杯中搅拌后注入鸡尾酒杯，用柠檬片做装饰
载杯	鸡尾酒杯
装饰	柠檬皮增香

图9-34　吉姆雷特鸡尾酒

16. 52号轰炸机（B-52）

该款鸡尾酒以战争为题材，属于短饮类鸡尾酒的典型代表，其名字来源于美国越南战争时期，美国使用的B-52轰炸机，用来投放燃烧弹，燃烧弹的作用是放火，因为这个缘故，该鸡尾酒也使用了点火燃烧的做法。该鸡尾酒名字虽然叫轰炸机，但其酒体风格却较为柔和。

该鸡尾酒的喝法比较独特，饮用52号轰炸机既需要胆量也需要技巧，需要配上短吸管，餐巾纸和打火机。在开始饮用52号轰炸机时，要将酒和火一口气倒入嘴中，因为酒杯很烫，小心不要碰到嘴唇，然后闭上嘴，火就熄灭了，这种饮用方法可以体验到先冷后热的感觉。如果没有胆量或者没有经验的话，也可用吸管插到杯子底下，用吸管来喝，很多女士选择使用吸管，一口气吸完，也可体验到先冷后热那种冰与火的感觉。52号轰炸机的配方和调制方法如表9-21所示，调好的2号轰炸机鸡尾酒如图9-

35 所示。

表 9-21　　　　　　　　　52 号轰炸机的配方和调制方法

品名	52 号轰炸机（B-52）
配方	咖啡利口酒 1/3、百利甜利口酒 1/3 和君度利口酒 1/3
调制方法	分层。由于密度不同，层次鲜明
载杯	子弹杯
装饰	火焰，如果需要点火，上面最好加点高度数酒，如伏特加、白酒或朗姆酒

图 9-35　轰炸机鸡尾酒

17. 得其利（Daiquiri）

此款鸡尾酒是以古巴"萨奇西哥"城市近郊得其利矿山的名字来命名的，最初是由在得其利矿山工作的美国技师用当地产的朗姆酒和砂糖调和成的一款鸡尾酒，时间是 19 世纪末。这款鸡尾酒适合餐前饮用或者佐餐用，可助消化，增进食欲。得其利的配方和调制方法如表 9-22 所示，调好的得其利鸡尾酒如图 9-36 所示。

表 9-22　　　　　　　　　得其利的配方和调制方法

品名	得其利（Daiquiri）
配方	朗姆酒 45mL、青柠汁 20mL、白砂糖 2 勺、糖浆 15mL
调制方法	波士顿摇和
载杯	鸡尾酒杯
装饰	柠檬皮增香

图 9-36　得其利鸡尾酒

18. 深水炸弹

深水炸弹的配方和调制方法如表 9-23 所示，调好的深水炸弹鸡尾酒如图 9-37 所示。

表 9-23　　　　　　　　深水炸弹的配方和调制方法

品名	深水炸弹
配方	啤酒七分满、烈酒
调制方法	啤酒加入柯林杯，烈酒加入子弹杯。烈酒点火丢入柯林杯中一应而尽
载杯	柯林杯、子弹杯
装饰	无

图 9-37　深水炸弹鸡尾酒

19. 玛格丽特（Margarita）

诞生于墨西哥，流传众多，其中之一的说法是，1948年玛格丽特·萨姆斯在阿卡普尔科为一个宴会设计的鸡尾酒，口感浓郁，带有清鲜的果香和龙舌兰酒的特殊香味，入口酸酸甜甜，非常清爽。Margarita在世界酒吧流行的同时，也成为以特基拉为基酒调制的鸡尾酒的代表。玛格丽特的配方和调制方法如表9-24所示，调好的玛格丽特鸡尾酒如图9-38所示。

表9-24 玛格丽特的配方和调制方法

品名	玛格丽特（Margarita）
配方	30mL特基拉、15mL君度酒、15mL青柠汁
调制方法	先取一个在冰箱中冰冻处理过的鸡尾酒杯，先制一层盐边，后放置桌子上；第二步将三种配料及适量冰块后倒入摇酒壶内，进行摇匀操作，然后倒入刚才处理好的鸡尾酒杯中
载杯	玛格丽特杯
装饰	盐边、柠檬

图9-38 玛格丽特鸡尾酒

20. 新加坡司令（Singapore Sling）

Sling原本是一种流传于美国的混合饮料，由烈性酒、水和糖配制而成，"司令"是音译。该鸡尾酒诞生于新加坡莱佛士酒店的长酒吧（Long Bar）

里，1910年，华人调酒师严崇文（Ngiam Tong Boon）在该酒店里发明了这款享誉世界的鸡尾酒，其口感酸甜，有碳酸气，有带果味的酒香。新加坡司令的配方和调制方法如表9-25所示，调好的新加坡司令鸡尾酒如图9-39所示。

表9-25　　　　　　　　　　　新加坡司令的配方和调制方法

品名	新加坡司令（Singapore Sling）
配方	40mL金酒，20mL樱桃白兰地，30mL柠檬汁，10mL必得利石榴汁，1注安格斯特拉苦酒，冰镇苏打水
调制方法	将苏打水以外的所有配料加冰块后倒入摇酒壶内，进行摇匀操作，接着倒入一个平底杯中，加入冰镇苏打水直到杯口，最后用一颗樱桃和一块菠萝进行装饰
载杯	平底杯
装饰	一颗樱桃、一片菠萝

图9-39　新加坡司令

21. 血腥玛丽（Bloody Mary）

16世纪中叶，英格兰的女王玛丽一世当政，她为了复兴天主教而迫害了一大批新教教徒，因此，被人们称为"血玛丽"。

这是一款世界流行的鸡尾酒，诞生于巴黎的哈利纽约酒吧，看起来全是通红通红的"血样"，有点令人不安，喝起来却甜、酸、苦、辣四味俱全，富有刺激性，可增进食欲。这款鸡尾酒洋溢着一种番茄汁的香味，但入口时因为其中的伏特加，使口感极其顺滑，还有微辣，在舌尖和牙齿间颤抖，非常缠绵悱恻。血腥玛丽的配方和调制方法如表9-26所示，调好的血腥玛丽鸡尾酒如图9-40所示。

表9-26   血腥玛丽的配方和调制方法

品名	血腥玛丽（Bloody Mary）
配方	50mL伏特加，10mL柠檬汁，鲜磨的胡椒粒，盐，2注塔巴斯科辣椒酱（Tabasco），4注伍斯特酱汁，120mL番茄汁
调制方法	在长饮杯里，加入适量冰块，再加入除番茄汁以外的其它配料，用吧勺搅拌，接着加入番茄汁至杯口，再次用吧勺进行搅拌，最后用芹菜梗或虾进行点缀
载杯	柯林杯或鸡尾酒杯
装饰	芹菜梗或一个整虾

22. 金菲士（Gin Fizz）

源自于1915年的美国新奥尔良酒吧调酒师亨利·拉莫斯，"Fizz"名字是根据苏打水加入酒中使泡沫爆响发出的"滋滋声"，口味清爽，口感刺激。金菲士的配方和调制方法如表9-27所示，调好的金菲士鸡尾酒如图9-41所示。

图9-40 血腥玛丽鸡尾酒

表9-27   金菲士的配方和调制方法

品名	金菲士（Gin Fizz）
配方	50mL金酒、20mL柠檬汁、糖浆、蛋清、冰镇苏打水
调制方法	除苏打水之外，将所有配料加冰块倒入摇杯中，持久用力摇匀，倒入长饮杯中，最后加苏打水直到杯满
载杯	柯林杯
装饰	柠檬片

图 9-41　金菲士

第五节　预调酒

一、预调酒是什么

预调酒是预调鸡尾酒的简称，就是指预先调制好的定量预包装鸡尾酒，开瓶即可直接饮用，产品的保质期很长，预调酒在分类上属于配制酒，大约是自 2011 年以来在中国市场上兴起的一类新酒品。通过对市场上预调酒的调研分析，可以发现，预调酒和现制的鸡尾酒一样，都具有丰富多彩的颜色，但是酒精含量不高，其酒精含量一般在 2%~10%vol，酒精度比国产啤酒略高。使用的基酒常常有金酒、伏特加、威士忌、龙舌兰、白兰地、朗姆酒，也有不少使用中国白酒作为基酒。

二、预调酒的创新分析

作者在本章提出了酒品创新的"身怀六甲"理论，按照这个理论，可以看出预调鸡尾酒创新成功的原因主要有以下四点。

一是性价比高。和现调鸡尾酒相比，预调鸡尾酒的价格相对便宜，一瓶330mL的预调鸡尾酒的价格才不到10元人民币，比鸡尾酒吧的现调鸡尾酒要低很多，在北京三里屯一带的酒吧里，一杯现调鸡尾酒的平均价格要100元人民币左右，容量也就100mL。

二是包装新颖。市场上出现的预调鸡尾酒多以磨砂玻璃瓶进行包装，外观和瓶型看起来都很舒服，也很显档次。

三是外观令人耳目一新。预调鸡尾酒刚在我国市场上出现的时候，就引起了广泛的关注，因为其花花绿绿、五彩斑斓的色泽，给人带来耳目一新的视觉冲击力。

四是风味柔和。预调酒虽然含有类似啤酒的酒精度，但是其却有完全不同于啤酒的香气和口感，预调酒具有浓郁的水果香气，喝起来有酸酸甜甜的口味和口感，让人全然不觉有任可酒精的刺激，因此预调酒一经出现就受到原本不太能接受传统酒水刺激口感的女生和年轻人的追捧，有风靡全中国之势，几个人，买上几瓶预调酒，坐在家里就可以品尝到各种水果风味的"鸡尾酒"，既时尚也不贵。预调鸡尾酒虽然喝起来不觉得有酒的刺激，但是其确实含有酒精，喝下去的酒精同样会被人体吸收，产生酒精带来的兴奋感觉。

五是便捷性。中国现调鸡尾酒的历史文化较短，目前只有北京、上海或深圳这样国际化程度较高的一线大城市才有一些提供现调鸡尾酒的酒吧，在二线城市很少或几乎没有，在县级城市及广大农村更是没有。预调鸡尾酒是预先调制好的鸡尾酒，免去了现场制作的复杂操作，既不需要技艺精湛的调酒师，也不需要相关的配套设备设施，正好可以弥补目前中国的这些短板，应该说预调酒的便捷性对大多数中国人来讲是非常高的。这也是其一经出现便受欢迎的很重要的原因之一。

预调鸡尾酒作为一个新型酒品类，以包装个性时尚、低酒精度、色彩丰富、口感较好等特点获得了年轻消费者的青睐。

三、 预调酒的发展情况

据说世界上第一瓶预调鸡尾酒诞生在英国，时间是 1995 年。当年一名澳大利亚人在英国发明了预调鸡尾酒，令他不曾想到的是，这种预调酒在英国大受欢迎，并传到了美国、加拿大、日本等世界其他时尚中心。

国内预调鸡尾酒的出现大约是在 2011 年，自那以后就开始迅速发展，到 2013 年时，年销售金额达到了 10 亿元人民币左右。

2013 年，百加得旗下冰锐（Bacardi Breeze）鸡尾酒和百润股份的锐澳（RIO）鸡尾酒是中国预调鸡尾酒市场的前两大品牌，这两家预调鸡尾酒的市场份额约占到整个行业的 50% 左右，冰锐和锐澳的市场份额占比分别为 30% 和 20%。而在 2014 年，锐澳通过大范围的广告宣传，冠名热门影视剧及综艺节目，市场占有率达到了 40%，超过了所有的竞争对手，锐澳的大规模营销也让预调鸡尾酒迅速进入消费者的视野之中。

2013 年由于很多高端白酒的销量有所下滑，持续多年的高增长态势不再，所以吸引了众多品牌厂商加入这一市场。2014 年，古井贡酒、黑牛食品、五粮液相继推出自己的品牌鸡尾酒，2015 年汇源果汁、洋河股份加入这一阵营，2016—2017 年，贵州茅台、泸州老窖也推出了自己的预调鸡尾酒，贵州茅台的预调鸡尾酒为悠蜜预调鸡尾酒、泸州老窖的预调鸡尾酒为百调鸡尾酒。

国内预调鸡尾酒市场经过 2015 年和 2016 年的高潮后，现已进入消退期，许多小厂家被市场淘汰。在线下大型商超，预调鸡尾酒的货柜一改以往"百花齐放"的画面，几乎只剩锐澳一家。虽然预调鸡尾酒在性价比、包装、外观、风味和便捷性方面做足了文章，是其推出就受欢迎的主要原因，但是这个强劲的势头现在为什么会消退呢？这也是有其原因的，就是其健康性受到消费者的质疑。

预调鸡尾酒和现调鸡尾酒最大的区别就是其保质期长，为了保证预调酒的保质期，使用天然水果很难保持颜色和风味的稳定，这样预调鸡尾酒的制作就少不了要用到化学合成的色素、化学合成的香料香精，另外为了保持其突出的甜酸口味，就难免要用到大量的糖和有机酸等食品添加剂。而现在的国家标准又要求厂价在标签上如实标注出所使用的各种配料，消费者看到一连串的食品添加剂，心里就打鼓。这就导致预调酒将是一个不温不火的品类，国内的预调酒的市场容量测算应该不到 100 亿元，未来整个预调鸡尾酒市场不会有较大的市场容量和体量，应该不会超过 150 亿元。

2018 年 7 月 1 日，中国酒业协会为了加快中国酒业供给侧改革，丰富酒类产品结构，促进酒类市场消费升级，根据《中国酒业协会团体标准管理办法（试行）》的规定，批准了 T/CBJ 5101《预调鸡尾酒》团体标准，该标准自 2019 年 1 月 1 日起实施，由中国标准出版社出版。该团体标准是由上海市酿酒专业协会作为牵头单位组建标准起草组，拟定详细的团体标准制定工作进度和时间表等，作者也被邀请作为该标准的评审专家对该团体标准进行了评审。

第六节　洋河蓝色经典绵柔型白酒的创新解析

2002 年前后洋河的销售在全国白酒行业排名并不靠前，但是到了 2008 年，洋河重新回归名酒第一阵营，洋河借"蓝色经典"在这六年间实现了"惊天大逆转"，打了一个漂亮的"翻身仗"，成为了其跃居全国名酒排行榜前列的重要一战。中国酒业也因洋河刮起了"蓝色风暴"，洋河蓝色经典成为中国中高档酒市场的领导品牌。2019 年 2 月 27 日，洋河股份发布了 2018 年的年度业绩快报，快报显示洋河股份 2018 年实现营业总收入为 241.22 亿元，同比增幅在 21% 左右；归属于上市公司股东的净利润约为 81.05 亿元，和 2017 年 66.27 亿元相比，增幅在 22% 以上，稳居第三，远超排名第四的泸州老窖，2017 年泸州老窖的营业总收入 103 亿元，2018 年预计 130 亿元，"茅五洋"格局形成并得到稳固。洋河在竞争异常激烈的白酒行业无疑是成功的，洋河的成功绝非偶然，对洋河的成功进行研究，对其他白酒企业具有很好的借鉴意义，下面就结合酒品创新的"身怀六甲"理论，对洋河的成功进行解析。

一、 洋河蓝色经典系列酒的性价比

性价比和价格有关系，但是性价比不等于低价，提高性价比不等于降价，性价比和品牌品质都有关。据了解，洋河蓝色经典系列中的梦之蓝系列酒，占位高端，在高端阵营中，梦之蓝是目前行业唯一的"家族化"运作，包括梦之蓝 M3、M6、M9 和手工班 4 个常规化产品，覆盖 400 ~ 1800 元价格带，这明显区别于飞天茅台、普五等超级大单品的高端战略。洋河酒的价格是靠品牌品质共同支撑的，这样就成就了洋河酒的高性价比。

洋河品牌含金量很高，所获荣誉无数，1915 年获得巴拿马金奖，1979 年入选中国"八大名酒"，并连续三届蝉联"中国名酒"称号。洋河的酿酒历史可以追溯到隋唐，隆盛于明清，曾入选清皇室贡酒，素有"福泉酒海清香美，味占江淮第一家"的美誉。洋河股份的双沟基地，因"下草湾人""醉猿化石"的发现，被誉为是中国最具天然酿酒环境与自然酒起源的地方。双沟酒，经考证发源于 1000 万年前的双沟下草湾地区，是中国酒源头。

洋河酒的品质也是过硬的。洋河酒厂所在地宿迁，位于江苏省北部，北纬 33.95°，正好在北纬 30°世界名酒带范围，宿迁坐拥"三河两湖一湿地"（京杭大运河、古黄河、淮河，洪泽湖、骆马湖）。境内平原辽阔、土地肥沃、河湖交错，自古便有"北望齐鲁、南接江淮居两水（黄河、长江）中道、扼二京（北京、南京）咽喉"之称。属暖温带季风性气候，光照充足，四季分明，温暖湿润，雨量充沛。宿迁境内无山丘，属黄泛冲积平原。土壤种类较多，其中黏土呈中性或偏酸性，保水及保肥能力较强，适宜建筑窖池，不易坍塌。黏土特别适宜棱状芽孢杆菌等多种微生物生长、发育、繁殖和富集，这些微生物在窖池内经酒醅发酵能生成多种有机酸和酯类，是绵柔型白酒的呈香呈味物质。

二、 洋河蓝色经典系列酒的包装

洋河蓝色经典一反常态，打破白酒以红色、黄色为主色调的老传统，将蓝色固化为产品标志色，实现了产品差异化，突显了产品个性。洋河酒蓝色经典的包装如图9-42所示。

图9-42　洋河蓝色经典系列酒的包装

蓝色象征着时尚与潮流，深蓝色容易使人联想到大海，以及大海的深沉等特征，从而将大海所具有的特点移植到产品上来，这能够让消费者在看到产品时联想到大海博大胸怀，而消费者购买该产品也能够体现自己的价值取向及消费品位。

洋河蓝色经典的海之蓝酒瓶通体都是蓝色的，酒瓶的设计很有艺术性，造型别致，这能激起消费者保存的欲望，同时它像一滴蓝色的水滴。洋河蓝色经典的品牌内涵是"世界上最宽广的是海，比海最高远的是天空，比天空更博大的是男人的情怀"，蓝色的酒瓶把酒水包容起来，这就象征着男人像大海一样的胸怀，包容万物、海纳百川，无言之中透漏出一种大气，契合了成功人士特点及消费观念。

洋河蓝色经典之天之蓝的包装盒也是渐变蓝色的，酒瓶与酒盒的浑然一体，视觉上更有冲击力，使消费者在进入商超或餐饮店后，在5米外的距离就能第一时间能吸引消费者的眼球。采用最新光刻技术，通过设计手段，巧妙地将印刷技术和科技材料完美的结合，成功地打造出一款引领白酒包装一贯形象的印刷新技术：光刻定位，在不同角度和不同的光线下看到的效果不同，图案立体感也特别强。

洋河蓝色经典之梦之蓝的包装盒的蓝色更深一些，同时包装盒图案与梦之蓝所宣传的梦境观念很好的结合起来。梦之蓝的瓶体十分具有艺术性，它与中国的陶瓷有些相似，瓶体大部分是白色的，瓶颈是蓝色的，独特的艺术造型使它更好地表达出了产品所要宣传的特点及意境。

三、 洋河蓝色经典系列酒的酒体外观

洋河蓝色经典系列酒的属性是中国白酒，中国白酒的外观为无色或微黄，清亮透明，无悬浮物。为了保证酒体的外观质量，洋河形成了"分五段、把三关"的接选酒流程，实现了优级酒品种、数量的最大化，保证了酒体外观质量。

洋河蓝色经典酒由于酒瓶本身的蓝色，使得消费者看到瓶里的酒也是蓝色的，酒水的晃动使消费者联想到大海波涛汹涌的情形，这更能激起消费者的品尝欲望。

四、 洋河蓝色经典系列酒的风味

洋河股份董事长王耀曾说过："我们把99%的精力都用在产品打造上。瓶身美，包装美，但比包装更极致的是酒质的极致，就是创造消费者的感动和愉悦。"

洋河酒以"甜、绵、软、净、香"五字风格著称，具有高而不烈、低而不寡、绵长尾净、丰满协调的独特绵柔型风格。

绵柔型白酒风格的提出，是洋河人根据当下商旅人士的接待需求，而研发的酒体风格，满足了大家既要喝酒又不能醉酒的痛点。洋河绵柔型白酒的开创，打破了中国白酒以"香"分类的标准，开创了以"味"为主的白酒新流派，进而确立了绵柔型白酒的国家标准。

五、 洋河蓝色经典系列酒的健康

洋河一直注重饮酒对健康影响的机理研究，并不断强化酒的营养健康因

子。洋河绵柔型白酒具有丰富的微量成分，这些物质形成了绵柔的口感风格，根据绵柔型白酒非挥发性组分的分子量排布及种类结构特征方面的研究表明，以非挥发性小分子化合物和水溶性物质居多，因此，代谢快、醒酒快，轻松畅饮不伤身。绵柔型白酒中除了含有呈香物质醇、醛、酮、酸、酯，还含有氨基酸、α-亚油酸等多种营养物质，以及核苷类、黄酮类、吡嗪类、萜烯类物质。

洋河近两年推出了52°梦之蓝·手工班酒，从酒体设计上看52°梦之蓝·手工班的美，其实主要体现在"三老两多一少"上。"三老"即老窖池、老酒、老工艺，"两多"即黄酮类、核苷类营养物质多，这些健康物质具有明显的保肝护肝、抗氧化、抗肿瘤、增强免疫等鲜明特点。"一少"是数量太少，我们虽然拥有行业最多的窖池数量，但其中只有2.8%的窖池能够酿出，也只有2%的酒才符合它苛刻的质量要求，无法实现规模性生产。

洋河酒的绵柔风味和健康品质，与洋河选用的原料、制作的大曲、窖池和酿酒工艺息息相关。

（一）原料甄选

"好粮酿好酒"。洋河酿酒一直沿承古法，精选高粱、大米、糯米、小麦、玉米等用来酿酒，科学的多粮配比促进酒体产生丰富的风味物质和健康活性物质，将玉米的甜、糯米的绵、小麦的满、大米的净、高粱的香有机糅合，形成了"甜、绵、满、净、香"的独特风格。其中，高粱来自辽西地区，小麦、大麦来自中原地区，大米、糯米来自洪泽湖湿地生态圈内的稻米小镇。

"水为酒之血"。洋河酿酒所用地下水，均是来自距洋河2000公里外的青藏高原和云贵高原一带，水质酸碱适中、清澈甘甜、硬度小，富含丰富的锶、硅、硒等对人体健康有益的矿物质与微量元素，其可溶性偏硅酸含量是国家矿泉水标准的最低含量的3倍，该物质有软化血管功能。

（二） 制曲工艺

洋河酒曲生产恪守古代时令"曲蘖必时"的道理，仅在春季和秋季节最适合的时间生产大曲，自古即以优质小麦、大麦和豌豆为原料，传承至今，形成了其独特的绵柔"四色曲"。

绵柔"四色曲"，是白酒香味或香味前体物质提供者，是糖化剂、发酵剂，同时也是形成洋河白酒风格不可缺少的因素。洋河制曲生产采用传统生产工艺，从原料的择选、润麦、粉碎、拌料等都注重精细，发酵过程以"主发酵培菌、潮火控温、大火增香、后火缓降和养曲合调"五大阶段纯人工操作，以"曲香纯正、菌类丰富、理化协调"的特性为洋河绵柔型白酒生产提供了产酒稳定、理化协调、矿物丰富的最重要保障。

（三） 窖池

"千年老窖万年糟，酒好全凭窖池老。"洋河拥有名优酒窖池 7 万多口。现在正在使用的最古老窖池为明朝万历时期的老窖，窖龄达 400 多年，是中国白酒企业最古老窖池的活文物。窖池中含有优质的老窖泥，"窖香浓郁、色正，己酸菌含量高，有效磷、氨态氮及有效钾含量适中，比例协调"，所产的基酒主体风味物质显著，醇厚感突出，复合感强，骨架成分协调，酒体风格自成特色。

（四） 酿酒工艺

绵柔是洋河酒的核心品质，绵柔酿造工艺的核心就是"三低工艺"。"三低"，是指低温入池、低温发酵、低温馏酒，三低工艺就如煲汤一样，小火慢炖才会营养好。

低温入池：洋河酒酒醅入池温度在各类香型酒中属于最低，比传统浓香低 2~3℃，比酱香低 15℃。低温入池有利于保持酿酒微生物活力，缓慢生长，持续繁殖代谢出种类繁多的小分子物质。

低温发酵：坚持低温缓慢发酵，发酵温度不超过 30℃ 。不仅利于微生物菌群的繁殖代谢，让微生物协同作用，自然产生醇类、酸酯类及醛类物质，确保呈香呈味物质比例协调，酸酯含量适中，醇酯平衡有度，有利于醇甜物质、酯类物质、小分子物质和健康物质的生成，也就是通常所说的"小火慢炖营养好"。

低温馏酒：蒸馏摘酒温度控制在 20~25℃ ，为行业中最低。低温馏酒让酒蒸汽在酒醅间反复汽化、冷凝、回流，减少了酒中的刺激性和无益人体健康的物质成分，实现对风味物质最大限度的富集浓缩。

六、 洋河蓝色经典系列酒的便捷性

洋河酒的包装不但具有很强的视觉冲击效果，同时也具有简约的特点，显得高贵但不奢华、不浪费、不笨重，拎着轻便，既有很好的防伪技术，但开启操作方便，采用玻璃瓶装酒，杜绝了瓷瓶易渗酒的问题，总之洋河酒的便捷性是很好的。

附

录

酒精体积分数（%）、质量分数（%）、密度对照（20℃）表

体积分数/%	质量分数/%	密度/(g/mL)	体积分数/%	质量分数/%	密度/(g/mL)	体积分数/%	质量分数/%	密度/(g/mL)
0	0	0.99820	34	28.04	0.95698	68	60.27	0.89047
1	0.79	0.99670	35	28.91	0.95558	69	61.32	0.88803
2	1.59	0.99523	36	29.78	0.95415	70	62.39	0.88556
3	2.38	0.99380	37	30.65	0.95268	71	63.46	0.88306
4	3.18	0.99241	38	31.53	0.95117	72	64.53	0.88054
5	3.98	0.99105	39	32.41	0.94963	73	65.62	0.87798
6	4.78	0.98973	40	33.3	0.94804	74	66.72	0.87540
7	5.59	0.98843	41	34.19	0.94642	75	67.82	0.87279
8	6.4	0.98716	42	35.09	0.94475	76	68.93	0.87015
9	7.2	0.98592	43	35.99	0.94305	77	70.06	0.86748
10	8.02	0.98471	44	36.89	0.94131	78	71.19	0.86477
11	8.83	0.98352	45	37.8	0.93954	79	72.33	0.86204
12	9.64	0.98235	46	38.72	0.93773	80	73.48	0.85927
13	10.46	0.98121	47	39.64	0.93588	81	74.64	0.85646
14	11.27	0.98008	48	40.56	0.93400	82	75.82	0.85362
15	12.09	0.97897	49	41.49	0.93208	83	77	0.85074
16	12.91	0.97787	50	42.43	0.93014	84	78.2	0.84782
17	13.74	0.97678	51	43.37	0.92816	85	79.4	0.84485
18	14.56	0.97570	52	44.31	0.92615	86	80.63	0.84183
19	15.39	0.97463	53	45.26	0.92412	87	81.86	0.83876
20	16.21	0.97356	54	46.22	0.92205	88	83.11	0.83564
21	17.04	0.97248	55	47.18	0.91996	89	84.38	0.83244
22	17.87	0.97140	56	48.15	0.91784	90	85.66	0.82918
23	18.71	0.97031	57	49.13	0.91570	91	86.97	0.82583
24	19.54	0.96921	58	50.11	0.91353	92	88.29	0.82239
25	20.38	0.96810	59	51.1	0.91133	93	89.64	0.81884
26	21.22	0.96696	60	52.09	0.90911	94	91.01	0.81518
27	22.06	0.96581	61	53.09	0.90687	95	92.41	0.81138
28	22.91	0.96464	62	54.09	0.90460	96	93.84	0.80742
29	23.76	0.96344	63	55.11	0.90231	97	95.31	0.80327
30	24.61	0.96221	64	56.12	0.89999	98	96.81	0.79890
31	25.46	0.96095	65	57.15	0.89765	99	98.38	0.79425
32	26.32	0.95966	66	58.18	0.89528	100	100	0.78923
33	27.18	0.95834	67	59.22	0.89289			

参考文献

［1］GB/T 26760—2011.酱香型白酒［S］.北京：中国标准出版社，2011.

［2］GB/T 10781.1—2006.浓香型白酒［S］.北京：中国标准出版社，2006.

［3］GB/T 10781.2—2006.清香型白酒［S］.北京：中国标准出版社，2006.

［4］GB/T 10781.3—2006.米香型白酒［S］.北京：中国标准出版社，2006.

［5］GB/T 20824—2007.芝麻香型白酒［S］.北京：中国标准出版社，2007.

［6］GB/T 20825—2007.老白干香型白酒［S］.北京：中国标准出版社，2007.

［7］GB/T 16289—2018.豉香型白酒［S］.北京：中国标准出版社，2018.

［8］GB/T 23547—2009.浓酱兼香型白酒［S］.北京：中国标准出版社，2009.

［9］GB/T 14867—2007.凤香型白酒［S］.北京：中国标准出版社，2007.

［10］GB/T 20823—2017.特香型白酒［S］.北京：中国标准出版社，2017.

［11］GBT 22736—2008.地理标志产品酒鬼酒［S］.北京：中国标准出版社，2008.

［12］DB 52/T 550—2013.董香型白酒［S］.贵州省地方标准，2013.

［13］DB 511500/T/12—2010.宜宾酒（浓酱兼香型白酒）［S］.宜宾：四川省宜宾质量技术监督局，2010.

［14］DB 511500/T/10—2010.宜宾酒（浓香型白酒）［S］.宜宾：四川省宜

宾质量技术监督局, 2010.

[15] GB/T 26761—2011. 小曲固态法白酒 [S]. 北京: 中国标准出版社, 2011.

[16] DB52/T 878—2014. 麸曲酱香型白酒 [S]. 贵州省质量技术监督局, 2014.

[17] GB/T 20821—2007. 液态法白酒 [S]. 北京: 中国标准出版社, 2007.

[18] GB/T 20822—2007. 固液法白酒 [S]. 北京: 中国标准出版社, 2007.

[19] GB/T 10345—2007. 白酒分析方法 [S]. 北京: 中国标准出版社, 2007.

[20] GB 12904—2003. 商品条码 零售商品编码与条码表示 [S]. 北京: 中国标准出版社, 2008.

[21] GB 7718—2011. 食品安全国家标准 预包装食品标签通则 [S]. 北京: 中国标准出版社, 2011.

[22] GB 2760—2014. 食品安全国家标准 食品添加剂使用标准 [S]. 2014.

[23] GB 31640—2016. 食品安全国家标准 食用酒精 [S]. 北京: 中国标准出版社, 2016.

[24] 刘敏. 杜康酒商标争夺步步升级 "诉讼大战" 隐现执行乱局. http://baijiahao. baidu. com/s? id=1603953311808260140&wfr=spider&for=pc

[25] 凤凰网酒业. 中国白酒地理 | 我们的餐桌上, 为何离不开一壶好酒? https://jiu. ifeng. com/a/20190223/45316375_ 0. shtml

[26] GB/T 11856—2008. 白兰地 [S]. 北京: 中国标准出版社, 2008.

[27] 学好 "六脉神鉴" 品酒体系练就品酒神功. http://www. cnfood. cn/shendubaodao112863. html

奥地利安东帕

密度测量行业引领者，专注密度研发50余年

www.anton-paar.cn

奥地利安东帕公司于1967年生产推出了世界上首台全数字密度计，此后不断进行更新换代，至今在密度和浓度测量领域已有超过50年的行业经验，是密度和酒精含量测量领域的先驱者和市场引领者，在国际啤酒、烈酒、葡萄酒行业中具有举足轻重的地位。

2018
黏度修正能力加倍
8项新专利
16个新功能
包含粘度测量
最佳FillingCheck™

2015
成立"密度科研组"
不到3年时间，发明
脉冲激发法，重新
定义密度测量

2008
首次在DMA M
系列中推出了
自动气泡检测
功能——
FillingCheck™

1997
DMA 4500
Classic引入了
"参比测量池"概念

1988
获得黏度补偿
的密度结果

1967
安东帕制造
和展示首台
数字密度计

1960s
Otto Kratky
教授发明数字
密度测量

准确： 通过测试密度，精准换算酒精含量且测试结果自动温度补偿，精益求精。

稳定： 采用先进的U型管振荡技术，测量不受人为操作影响，稳定性极佳。

轻便： 手持式设计，轻巧便携、随时随地为您服务。

快速： 仅需几秒即可完成测试，真正的快捷高效。

安东帕在线商城

安东帕微信公众号

since 1922

Great People
Great Instruments

安东帕具有全球完善的密度和浓度测量仪器和解决方案，目前安东帕可用于白酒酒精度测量的手持式产品主要有四个型号，分别为基础型Snap 41和高精型Snap 51酒精计。
DMA 35、防爆型DMA35 EX、基础版Snap 41和高精版Snap 51酒精计。